門得列夫的夢

從四元素、煉金術到週期表，
跨越2500年的化學與人類思想演進的故事

Mendeleyev's Dream

The Quest for the Elements

保羅・史查森 著
顏涵銳 譯

化學家們是一群獨特的凡人，被近乎瘋狂的驅力所推動著，埋頭於煙霧瀰漫、煤灰火燄、毒物與貧窮中尋找樂趣。但在這些惡魔之中，我卻過得格外愉快，讓我寧可死在這裡也不願成為波斯國王。

——十七世紀德國化學家，約翰・約阿姆希・貝夏

（Johann Joachim Becher，1667）

目錄

前言

俄國化學家門得列夫（Dmitri Mendeleyev）有一張攝於十九世紀末的照片，褪色的照片拍於聖彼得堡，呈現他工作時的樣貌。照片中門得列夫有點像是花園裝飾小矮人，有副討喜的模樣，眼前的大桌子相當凌亂。乍看之下，他還真有點像西伯利亞的傳統巫醫，只差身處的環境不是西伯利亞野外，而是這位天才教授的研究室，這裡是這位現代版巫醫的書房。照片中看得出門得列夫一嘴桀驁不馴的大鬍子，鬍尖分成三縷，顯然是他聚精會神思考時習慣用手掐捻鬍子造成的。瞧他一頭乖張的頭髮長及兩肩，他習慣一年只剪一次頭髮。每年春日回暖時，他會找來當地牧羊人用羊毛剪來為他剪頭髮。這頭招牌髮型，被蘇格蘭化學家威廉・拉姆齊爵士（Sir William Ramsay）形容為「作風奇特的外國人，頭上每根毛髮都自成一家。」拉姆齊因此猜測門得列夫是來自西伯利亞，可能是「卡爾梅克（Kalmuch）族，或是類似的化外民族。」

照片中門得列夫正聚精會神端詳著一張紙，用他長長的手指拎著蘸水筆書寫。偌大的桌面一片凌亂，堆放著成疊的紙張、杯子與盤子、一些不知用途的儀器，桌子下方的櫃子裡則堆了成疊的科學文件。

門得列夫背後書架上三排精裝本書籍，倒是出人意外擺放得整整齊齊。在兩個書櫃中間則有一把上有標籤的大鑰匙，宛如他頭

上的一道科學聖人光環，或者一個驚嘆號（我想到了！）。書架上方暗處，舊式花紋壁紙上參差不齊地掛著裱框的肖像，都是過往的偉大科學家。伽利略、笛卡兒、牛頓和法拉第，從上方暗處看著下方在凌亂桌面上奮筆疾書、一頭亂髮的科學界後輩。

一八六九年，門得列夫苦思化學元素的問題但不得其解。化學元素就像是拼寫出我們世界的字母一樣，靠著它們才能寫作出世界上那些優美的化學詩篇。在那時，

人類已經發現了六十三個化學元素。其中銅和金在史前時代已經為人類所知，銣（rubidium）則是當時才剛從太陽的大氣層中驗出來的。當時的人已經知道，這六十三個元素各由不同的原子所組成，而每個元素的原子都有其不同的化學性質。但是，這當中的有些元素之間，卻有稍微相似的性質，可以形成一個類別。

組成不同元素的原子也有著不同重量。最輕的元素是氫，其原子量是一。當時所知最重的元素是鉛，其原子量是二〇七。也就是說，可以照各元素的原子量依大小排列。另一個排列法則是將元素依其性質分類。當時有些科學家已經進一步推測，會不會這兩種分類方式之間有某關連性存在——所有的元素，都由一種看不到的結構所連貫而成。

就在這之前不到十年的時間，達爾文才剛發現所有的生命體，都是依演化的方式形成的。再早兩百年前，牛頓則發現了我們的宇宙依萬有引力運作。化學元素正是串連起兩者最重要的那個關鍵。若能發現元素排列的結構，那對於化學的意義，就如同牛頓萬有引力之於物理、達爾文演化論之於生物學一樣。建構宇宙的藍圖將得以揭露。

門得列夫深明這份研究的重要性。

這將會成為未來數百年許多新發現的第一步，包括物質的終極秘密、生命建構的模式、甚至是宇宙的源起。

坐在辦公桌前，背後滿是歷代哲學家和自然科學家的照片，門得列夫不斷思索著這個讓他百思不得其解的問題。各元素有著不同的重量。也有著不同的性質。既可以依重量排列、也可以依性質分類。這兩種不同的模式之間肯定有什麼關連存在。

身為聖彼得堡大學的化學教授，門得列夫素以其對元素的淵博知識聞名。他對每個元素的瞭解，就像小學校校長瞭解他的學生一樣——哪幾個一湊在一起就吵架、哪些會欺負人、哪些很聽話、哪些有潛能有待發掘、哪些又是要時時盯著以免惹禍。但儘管他對各個元素瞭解這麼深入，卻還是無法從它們多變的性質之間找到一個貫通所有元素的通則。但他深深相信這通則肯定在的，只是不知道在哪。宇宙一切都符合科學，不可能是由許多不同粒子任意結合所構成。這完全不符合科學。

一八六九年二月十七日，門得列夫的同事伊諾斯特蘭傑夫（A. A. Inostrantzev）上門造訪，他記載了這次會面的過程。但因為是事後所寫，所以添加了一些想像和附會的成分，不過還是可以讓我們深入瞭解當時的一些細節。門得列夫自己也留下不少（和上述不太一樣）的紀錄，談及他當時的工作和想法。

很顯然，門得列夫在那段期間有將近三天的時間幾乎不眠不休、為了元素這個問題想破了腦袋。但他也知道時間不多了。同一天他已經排好計畫，得趕一早的火車，從莫斯科火車站出發前往他位於特維爾（Tver）省的鄉間小莊園。這位化學教授要和特維爾省的志願經濟合作社（Voluntary Economic Cooperative）開會。他也會對當地一群起司農代表團演講，針對起司生產方式給予建議，之後則會有三天時間視察當地農場。他的木製行李箱已經打包好，擺在大廳。從他書房的窗戶可以看到來接他的馬拉雪橇也在街上等候著，馬車伕全身裹得緊緊在雪地上跺著腳，口裡碎碎念地抱怨，在冷空氣中變成白煙飄散。

但家裡的傭人不敢打擾門得列夫，他的壞脾氣是出了名的，有時候甚至會氣到跳腳。但要是害他因此搭不上火車那他會不會更氣？

包括俄國心理學家凱卓夫（B. M. Kedrov）[1]在內的門得列夫的評論家們推測，正是這迫切想要搭上火車的壓力，對門得列夫勾勒週期表產生了影響。很可能就是這個事件，讓他從馳騁的白日夢之中，獲得了靈感……在從聖彼得堡到特維爾這漫長的火車旅途中，門得列夫經常為了打發時間玩起撲克牌接龍（patience）。他會把那只木製行李箱夾在雙腳中間，然後把牌面朝下。隨著窗外銀樺木、湖泊、山丘一一往後飛逝，他將紙牌三張、三張地翻開來。翻到A時，就會將之單獨抽出來，然後放在行李箱面的最上緣，以便形成一組十三張牌：紅心、黑桃、方塊、梅花。然後他繼續翻牌——需要的牌色就會一一出現。紅心K（13）、紅心Q（12）、方塊K、紅心J（11）以此類推……慢慢地，各色牌組就會依序而降排列在行李箱上。10、9、8……成為一組。這就跟元素依原子量跟類型排列一樣！

那天早上，門得列夫肯定吩咐了傭人，將外頭等候的馬拉雪橇取消。因為傭人隨後就告訴駕車的人，教授要改搭下午的火車。

門得列夫交待完後又回到座位上，在抽屜裡翻翻找找，最後拿出一疊白色紙牌。與此同時，他應該依稀聽到馬拉雪橇的叮噹聲消失在白雪靄靄的遠方。門得列夫在這些空白的紙牌上一一標記。他先逐一寫下化學元素的符號，再在每張元素卡上寫下其相對重量，以及該元素的性質。當他把全部六十三個元素寫在六十三張卡片上後，他將牌面向下蓋在桌面上。

他看著牌，一邊捻著自己的大鬍子、一邊沉思，就這麼沉浸在這片紙牌陣中，各種思緒和胡思亂想接連出現，對外在世界渾然不關心，但還是能夠察覺外界動靜。

大約一小時後，他決定改變策略。他把這些牌聚在一起，然後一組一組地排好。他再次陷入與外面隔絕的長考中；這時他的眼睛已經因為疲倦開始不聽使喚地一直闔上了。最後，他在無可奈何下，只好選了最直接的排列方式，依照原子量從重往輕排列。但這樣排一定排不出究竟的啊，因為其他研究者也都排過了。更何況，重量只是物理性質。他想要找的，是化學性質之間的模式。他開始打起瞌睡來，頭一直點個不停，他撐著睡意，卻還是克制不住地一直倒向眼前紙牌。他似乎注意到窗外等候的雪

---

1 譯注：關於門得列夫是從撲克牌接龍遊戲中領悟到週期表排列的這個說法，始於凱卓夫於一九四〇年代末在聖彼得堡國家博物館的門得列夫博物館館藏文物中找到他首份週期表（一八六九年二月十七日）。凱卓夫於是投入鑽研門得列夫週期表發現的過程，並於一九五八年寫成 *The Day of a Great Discovery* 一書。之後多數提到這段過程的著作，引用來源都來自此處。（見 *Mendeleev to Oganesson* 第十二章，作者 Masanori Kaji，pp.219-244）。

橇。它一直在那嗎？還是之前走了現在又回來呢？這麼快嗎？是不是該去搭下午那班火車了？那是當天最後一班車，他不能再錯過。

當門得列夫的目光再次沿著原子量逐漸增加的那排序列移動時，他突然注意到一個東西，頓時讓他心跳加快了起來。他注意到，看似規律的元素重量排列中，會有某些性質一再重複出現。這裡頭一定有什麼！但是什麼呢？這些數字的排列一開始似乎相當規律，但之後這個規律卻消失了。但越觀察門得列夫就越有把握，自己應該快要有重大的突破。這裡頭似乎有個明確的模式存在，只是他一直摸不透……因為實在太累了，門得列夫趴到桌上，枕著手臂睡了。他很快沉入夢鄉，並作了一個夢。

第一章　話說從頭

那個讓門得列夫苦思不得其解的問題究竟是什麼呢？要瞭解這個問題，就有必要一探科學思想的源頭。而這個人類進步的源頭，可以很明確地指向一個時間點——兩千五百年前的古希臘。真正科學思想的起源，一般都歸功於泰利斯（Thales），他生活在西元前六世紀，居住於米利都（Miletus）這座位於希臘愛奧尼亞（Ionia）海邊的城市（現屬土耳其西南部）。

在這個時期，這些說著古希臘語的人們住在沿著整座愛琴海（Aegean）多礁岩岸零星分布的島嶼和幾座與外界孤立的平原上。就因為這樣破碎分散的地理形勢，造成古希臘人的世界裡幾座島國和城邦總是爭戰不斷，也讓他們在整個地中海地區建立了一整個由許多貿易聚落所形成的網路。在這段期間，乃至整個古希臘文明最輝煌的時期，古希臘人之間唯一共通的地方只有語言，這一點可以從他們連居住的地方地名都沒有共同的名稱就知道。之所以後來會被通稱為古希臘，那是古羅馬人取的，他們稱古希臘人居住的那個地方為「葛雷西亞」（Graecia）[2]，但古希臘人自稱「Hellenes」（音譯為希臘，來自古色薩利〔Thessaly〕一個不為人知部落首長的名字Hellen）。後世學者認為，古希臘人可能不是單一種族，而是由數個同樣講著古希臘語、有著共同文化和宗教信仰的不同種族所組成。

為什麼人類是在這個地區開始用理性的科學方法思考事情呢？這個問題始終難以解答。早在古希臘之前一千多年前的巴比倫人和古埃及人都已經發展出擁有先進思想的優越文明。巴比倫的占星學家會站在金字塔形的神廟高台上觀測夜空，辨視星子的行進模式，畫出其橫越天空的軌跡。尼羅河每年定期氾濫，水退後，古埃及的司書會前往尼羅河谷重新計算退潮後所留下的大片沃土泥地面積，以便法老重新把土地分配給農民，而其所使用的計算單位精準到三百分之一。古巴比倫人和古埃及人這樣先進的觀星和度量手法，屬於其社會階級中祭司的職責，因此這些技術方面的能力以及由此所衍生的理論性推斷能力，都屬於宗教活動中的一環。技術科學和宗教神學密不可分——衍生出相信數字中藏有魔法以及星星在天上的移動與人間命運息息相關這類的想法。這樣的迷信直到現在還存在，才會有「幸運數字」和「星座」這類的說法。

與此相比，古希臘人的信仰則是個笑話，希臘眾神高居奧林帕斯神山上，不乏行為不檢、喝酒喧鬧、偷腥劈腿之流。在麥錫尼文明崩壞後，緊接而來的中世紀黑暗年代，古希臘信仰始終沒有走出這個幼稚階段；這麼一個擁有像是漫畫書一般滑稽信仰的文明，很難想像會產生稍微帶有科學概念的嚴肅思想。

但沒想到這卻是科學思想降生的關鍵時刻。當人類對科學的好奇心最早在古希臘開始蠢蠢欲動時，它沒有受到宗教信仰的半點影響，所以它無需遵奉任何已然根深蒂固的神學思想、也無需為了可以進入某個虛幻極樂世界的目的服務。這個科學的念頭純然無拘無束——唯一綁縛它的只有理性，以及它所面對的世界真實面。

據說，泰利斯喜歡在米利都附近的山丘散步。我們可以想像那情景：從山上遠眺，腳下是沐浴在耀眼陽光中的海港城市米利都，其潔白無瑕的大理石柱和棋盤狀的

2 譯注：中文「希臘」是 Hellas 或 Ellada 的音譯。Graecia 則據亞里斯多德說，是希臘最古老的城市之名。

街道，宛如雕刻在蛋殼上的微型畫，既精緻又脆弱。往北可以看到港灣和海岬延伸至亞洲大陸，平靜無波的藍色愛琴海遼闊無際，遠方的小島在熱氣中朦朧可見。此時，或許一艘風帆垂萎的商船剛從米利都在尼羅河三角洲、黑海或西西里島的某個海外據點歸來，停泊在無風的海灣中——它甚至最遠曾航行至西班牙的直布羅陀銀礦區。

當泰利斯沿著山邊小徑行走時，他注意到有些岩石裡頭明顯含著海貝的化石，這讓他意識到這些山丘從前一定是在海裡的。他更因此猜想，我們的世界從前可能原本都是水，進而斷言水是生成萬物的基本元素。正因為這樣，米利都的泰利斯被公認為歷史上第一位哲學家。是史冊上第一位具備科學思維的人物。

在古代，科學是屬於哲學的一個範疇——日後因此被稱為「自然哲學」。泰利斯的思想之所以可以稱得上是科學，是因為它為結論提供了證據。而它之所以算是哲學，則是因為這個結論是以推理的方式達成的：過程中沒有求助於神明或是任何神秘的超自然力量。他的論據完全植基在這個真實世界之中，從這裡面他搜集到足以證明或推翻這個結論的證據。

我們對米利都的泰利斯所知甚少。據說他曾預言了一次日蝕，我們現在推算得到這個時間是在西元前五百八十五年，而這也成了我們唯一足以證明他存活年代的證據。另一個傳說則說他因為研究星象而跌落山崖：這成了後代對這位哲學家印象最深的代表意象。但泰利斯並不是像這個描述那般傻呼呼。曾有人問他，如果他真的那麼聰明，那為什麼會那麼窮？他說要變有錢哪有什麼難的，然後就證明給大家看。他算準了這一季的橄欖會豐收，就將當地所有的榨橄欖油機都租來。結果橄欖真的大豐收，而因為他獨佔了所有的榨油機，所有人都要跟他租用機具，讓他得以任意開價，大發利市。

泰利斯這種新型態哲學思維說有多重要就有多重要，整個西方文明就植基在這之上。以現代的眼光來看，這種新型態的思維方式，本身就必須在一些預設的基本前提下進行。這些基本前提決定了所獲得知識的形式和內容，而且在接下來的兩千五百年來裡也都一樣。這些前提是日後所有科學思想的基礎。泰利斯問了這樣的問題：「為什麼世間萬物會是這個樣子？」而在他回答前，他已經設好了答案的框架，其前提必須是論及組成世界的基礎物質。他的另一個前提是，世界萬物之間存在一個共通性。但所有前提中最重要的一個是，這個問題必然能找到答案，而且這個答案還能夠以可面對檢驗的理論形式提出——理論一詞也出自古希臘文，意謂「檢視、思酌與推測。」

一些未經證實的野史告訴我們，泰利斯是因為看到了在當時海平面上存在著海貝化石而提出他的理論，但讓他產生這樣推論的背後成因肯定不只如此。他一定也看過從安納托利亞（Anatolian）山丘升起的霧氣到高空後形成雲朵、也看過雨水自愛琴海上空的暴雨雲落下。潮濕的空氣由地面升起、然後凝結為水。就在米利都北方兩英里外，有一條大河蜿蜒流過遼闊的平原後流入大海。（這條河在古代就名為米安德〔Meander〕，也就是英文現在「meander」〔蜿蜒〕一詞的由來。）泰利斯肯定也看過米安德河慢慢乾涸淤塞的情形：原本的河水變成爛泥滿地。他肯定也到過附近山上的泉水：地面變出水來。講到這裡，大家就不難想像泰利斯是如何想出萬物皆由水所構成的想法。但第一個把這一切未知想出這番道理來的人，肯定擁有驚人的想像力。

有趣的是，在西元前六世紀人類思維出現驚人轉變的不只這件事。遠在地球另一邊，也有其他人一樣在思想上往前邁出一大步，從此改變了人類的發展進程，而這些事件的發生都是獨立的。在中國，有孔子和老子（道家學說的創始人，與儒家背道而馳）；另外佛陀也開始在印度講道；而在波斯則有拜火的查拉圖斯特拉（Zarathustra）創立的祆教（Zoroastrianism），該教對猶太教和伊斯蘭教都有很大影響。同時，地中海地區見證的不僅是史上第一批哲學家在艾奧尼亞出現。西元前六世紀末，畢達哥拉斯（Pythagoras）生活在古希臘世界的另一端——義大利南部。畢達哥拉斯在宗教方面的教學工作，對基督宗教中不同於猶太教部分的元素（天主教、東正教和新教）留下深遠影響，有數則新約中的比喻就是出自畢達哥拉斯。同樣地，畢達哥拉斯的數字信仰也影響了日後的音樂理論、以及現代科學中認為宇宙的終極運作可以用數字來描述的信念。西方與東方文明日後發展的方向，可以說都不約而同是因為這些發生在西元前六世紀的事件所鋪下的路。

對西方世界而言，這裡面最重要的就是後世認為米利都的泰利斯這位史上首位哲學家兼科學家所帶來的發展。他認為世界是由單一元素（水）發展而成的理論只是雛形。這個想法問世後，很快就被泰利斯在米利都的眾多學生進一步演繹——這些哲學家學生被後世稱為米利都學派。其中一位學生安納齊曼尼斯（Anaximenes）看到了泰利斯論點的漏洞：要是萬物原來都是水，那是怎麼形成現在世界萬物的呢？水是怎麼變成萬物的？安納齊曼尼斯認為，組成萬物的基本元素不是水，而是空氣。世界被空氣所圍繞，空氣離地心越近就越被壓縮。一被壓縮就化為水；水再進一步壓縮就化為土；再壓縮則化為石。萬物皆來自空氣，差別只在壓縮的程度。

這個想法將泰利斯的理論推進了一大步。這是第一次有人想解釋世間萬物多樣性——也是第一次從量的變化來解釋質的變化。

這樣的解釋發現了一種新的思維模式，從此開啟了一個非常重大、但至今未解的哲學探討議題，所有人都可以加入辯論。至於泰利斯對此的反應則沒有留下紀錄。他可能會以科學的角度思考這個問題；但他是否預料到自己的主張會遭遇到別人以科學角度來否定，則又是另一回事，但總之他的主張的確遭到否定了。泰利斯過世時，安納齊曼尼斯似乎還年輕，泰利斯的死訊就是由他傳遞出來的。他在給畢達哥拉斯的信中寫道：「泰利斯在晚年時遭遇不幸。一天他像往常一樣，在女僕的陪同下在夜間出門前去觀星。但仰望天空之際卻忘了腳下有陡坡，一腳踩空。」安納齊曼尼斯也預見自己更慘的命運。在另一封給畢達哥拉斯的信中他感嘆：「面對可能被屠殺或被奴役的命運，我哪敢想去研究星星呢？」此時，希臘世界各個城邦已遭受波斯帝國的威脅，當時的波斯帝國向西擴張進入了安納托利亞，朝著愛琴海岸步步進逼。西元前四九四年，波斯大軍佔領了米利都，安納齊曼尼斯的命運從此無人知曉，而米利都學派也在創派不到一百年後戛然而止。米利都城的遺址留存至今，就在離密安德河淤積的河口數公里遠的腹地。

米利都城雖衰亡，哲學卻留了下來。半是僥倖半是勇氣，古希臘世界不僅成功抵抗，甚至戰勝波斯大軍的入侵。古希臘對抗波斯大軍的戰役中，最壯烈的一場就是西元前四九〇年的「馬拉松之役」，這場戰役中，希臘軍隊以極其懸殊的兵力打得波斯大軍落荒而逃。負責遞送希臘軍隊打勝仗消息的傳令兵一路從馬拉松跑到雅典，全程二十六英里又三百八十五碼，到達目得地後終於不支倒地而亡。現代馬拉松競賽的距離就是為了紀念這件事而定下的。

米利都城亡城時，從該城孕育出來的哲學思想已經從愛奧尼亞沿岸散播到愛琴海諸島，再從那裡傳播到古希臘世界的其他地區。厄弗所（Ephesus）是愛奧尼亞地區的大城，波斯大軍入侵時，它權宜之下選擇和波斯結盟，一起對抗在商業上的勁敵米利都城，因此得以逃過一劫。該城最知名的哲學家赫拉克利圖斯（Heraclitus）和他出身的厄弗所一樣多有爭議。他出生於西元五四〇年，是個厭世又傲慢的人。老年時他更因為對家鄉厄弗所的人民深惡痛絕而選擇遠離該城，在深山過著漂泊的人生，靠著野草和香草裹腹為生。他的哲學卻和他的為人不同，是冷靜、幽微而深刻的思想。赫拉克利圖斯對於構成世界的基本元素有著自己的一套想法，他認為火才是基本元素。

安納齊曼尼斯深知世界的多樣性需要有一套解釋。赫拉克利圖斯則認為安納齊曼尼斯的說法沒能完全回答這個問題。安納齊曼尼斯說空氣化為水、土、石等等是什麼意思？要是這個元素不能一直是空氣狀態，那就不可能是組成世界的那個元素。這是一個複雜又嚴肅的問題。赫拉克利圖斯深知，如果這個元素始終被視為一個有形的物質——比如說空氣或水，那就永遠無法解答這個問題。所以必須要將這個組成元素視為「非物質」。「世界古往今來都是一團不滅的火，燃燒了多少、就少了多少。」在赫拉克利圖斯眼中，世界處於不斷流動變化的狀態，這個想法就體現在他知名的格言中：「沒有人能兩次踏進同一條河中」，以及「每天升起的太陽都是新的」。他視火為宇宙背後的基本模式或是秩序，形態雖會有所變化，但恆存不滅。

幾個世紀以來，具科學思辨力的哲學家通常認為赫拉克利圖斯這些想法純然是密契主義（mysticism）——直到二十世紀出現的新科學發現才有所改變。這時大家才看出他思想中具有科學性的深奧之處。赫拉克利圖斯所稱那團不斷變化的火，和現代物理學中的能量概念可以說驚人相似。他這樣的哲學科學思想，可以涵蓋相對論和量子物理的模糊性。（相對論中，根據愛因斯坦的 $E = mc^2$ 公式，質能等價。能量理論上會轉化為物質，這就像赫拉克利圖斯的火會不斷流動變化。）

赫拉克利圖斯的晚年堪憐，原因還是出於他自己的行為。他那以草與香草為主食的特殊飲食方式過於單薄，導致他不得不離開離群索居的深山回到厄弗所城。這時的他，不但不像大家以為的那般骨瘦如柴，反倒變得臃腫不堪，整個人明顯浮腫好多，原因是水腫造成他組織都是水。回到城裡後他還是一貫的高傲，要求城裡的眾醫生必須回答他的謎題才能為他治病：「你能在大雨之後創造出乾旱嗎？」當眾醫師一一被他問倒後，他決定照自己的方式來治療自己。他住進牛棚，將自己埋在牛糞中，想靠貼在皮膚上的毒牛糞熱度吸出體內有毒的液體。這麼極端的治療方式終究沒有用，他最後死狀極慘。

對於組成世界基本元素的看法發展到此時，分別出現水、空氣和火三種說法。那到底是哪一個呢？有一個很顯而易見的答案呼之欲出：何必一定只有一個元素呢？為什麼不是好幾個元素？為什麼不是三種元素都是——再加一種解釋世間堅固物質的元素？所以一個解釋組成世界的元素的明顯答案就這麼脫穎而出，那就是世界是由四種基本元素所組成：火、氣（風）、土（地）、水。[3]

將解答從單一元素的束縛解脫出來，以多種元素來回答問題，這個做法本身就有著一絲科學的思維在。這是一種折衷——我們以現代人的觀點去看，更可以看出這做法讓對於元素的理解出現了大幅的變化。可惜的是，這是我們現在看才看得出來的。這樣「明顯」的折衷——也就是對於四種基本元素的想法——日後將成為人類思想最大的謬誤，而其所造成的影響，更將成為人類知識發展上的重大災難。

當早期哲學思想在愛奧尼亞和古希臘世界傳播時，人類的心靈因此突然茅塞頓開。人類思想出現重大轉變：原本被迷信和形上學所佔據的渾渾噩噩，逐漸變得清明開朗。我們的眼睛突然張開了！人類開始學習用不同的方式看待身邊的世界。但與此相反的是，人類卻受到世界由四種元素構成的想法所荼毒，其對科學思想的危害貫穿了之後的兩千年。

但這絕對不是最初想到四種元素那位充滿創意的哲學家的錯。四種元素這個理論出自恩培多克利斯（Empedocles），西元前五世紀居住在希臘屬地西西里島上。他受畢達哥拉斯影響，在古希臘時代早期，畢達哥拉斯一直是充滿謎樣色彩的重要人物。他是史上最出色的數學家之一。他發現了不可通約數（無理數），並證明了日後以他為名的畢氏定理。他也是結合精神洞察和胡言亂語的神祕教派創始人，這也顯示出他另一方面超凡的才華。恩培多克利斯追隨恩師畢達哥拉斯的腳步，既是思想家，也是個江湖術士。他所創的四種元素理論可謂天外飛來一筆，但他並不以此自滿。他進一步以許多非常高明的理論推廣了這個科學觀。他稱世間萬物既沒有創生也沒有毀滅（不生不滅）——並且主張萬物都以這四種元素所構成，只是不同的排列組合。這也是史上第一次人類對化學有了粗略概念。

3 譯注：「地水火風」譯法見鄔昆如《西洋哲學史》一書（國立編譯館，1971）。

恩培多克利斯和畢達哥拉斯一樣，是既超前時代又同時落後時代的奇妙組合。這種像是精神分裂一般跨在兩個不同時代的特性，往往能創造出歷史上最具原創力的心靈。比如莎士比亞兼具中世紀和文藝復興的特色、牛頓一方面投入鍊金術，一方面又沉迷於數學物理。恩培多克利斯正是這類型的先驅人物。雖然當時多數希臘哲學都已經以散文平鋪直敘寫成，但恩培多克利斯卻選擇採用舊時代韻體詩框架來撰寫他的科學推論。他最好的作品《論自然》（*On Nature*）是五千行的長篇詩作，但今人僅知其中斷簡殘篇。這部傑作似乎草率地把出色原創的想法和完全沒根據的鬼扯混在一起。好的部分是演化的想法，這個想法全然不是詩興大發的想像之作，而是細節構思得相當完整的理論。恩培多克利斯從解剖單位的角度構想了演化：四肢、器官、頭等等。這些單位以不同方式組合在一起。一開始有各種奇特的組成生物——像是「人面牛身」（例如希臘神話中的人馬和羊男），只有最能適應環境的才能生存。但因為萬物生生不滅——換言之，這個世界的原料始終不變——他因此主張：「我得以同時既為男性亦為女性、是樹也是鳥、是隻騰躍遨遊的魚。」要等兩千多年後，西歐才得以再度看到以同樣不凡的智慧來看待演化的科學觀點。

天才的靈感和無稽之談往往一線之隔——能言善道的假內行很容易就得以偽裝成功，這些人有些更因此自欺欺人。恩培多克利斯就自以為是不朽之身，為向追隨者證明此事，他縱身埃特納火山（Mount Etna）火山口。對於他的生死，一開始眾說紛云，但多年過去他始終未再現身，其不朽之身的說法因此被推翻。

恩培多克利斯對於四種元素的看法在理論上雖然不正確，卻讓我們得以清楚看到化學實際的一面。要是我們重新定義地、水、火、風，或許能看到這四個元素所代表的重要涵義。地代表的是固體、水則是液體、風則是氣體、而火則可以視為能量。這是一種很實用的物質分類方式——人們通常會預期這樣的分類是出自實作化學家之手，而不是理論哲學家。

但將元素做這樣實際的分類，倒也不是多出人意表的事。雖然當時對於化學的概念，只是還在稍微點到、懵懵懂懂的階段，但其實際的操作，雖出於無心，卻已經有相當的進展。古人早就知道許多化學變化的程序。人類最早具有化學家身份的一群人是女性，她們是古代巴比倫的香水調配師，運用最早期的蒸餾器來生產香水。史上第一位具名的化學家是「香水調配師塔布蒂」（Tapputi），她的名字以楔形文字寫在一塊西元前一千多年前美索不達米亞的石板上。

實作一向先於理論。到了古希臘時代，古代世界已發現了六種以上的金屬元素，以及幾種非金屬元素。古埃及人知道有金、銀、銅、鐵等元素；這四種元素在紀錄這時代歷史的聖經舊約中也有提及。我們也知道當時的腓尼基人會在木製船錨加鉛以增加重量，但當他們遠航到西班牙時，發現多到運不完的銀後，索性就將船錨用的鉛丟棄，改以銀替代。日後他們又航向更遠的不列顛，這讓他們得以和當地的康瓦耳（Cornish）礦場交易，換到另一種金屬元素——錫。

西元前三千年左右開始，地中海地區則是因為錫和銅合金的青銅獲得青銅時代的封號。也就是在青銅時代期間，即西元前一二五〇年，邁錫尼文明攻佔了特洛伊城。將錫與銅熔鑄就能形成堅硬的青銅金屬，這個合金被用於飾品和餐具上，但它最重要的用途是武器和鎧甲。大約兩千年後，青銅被另一種比它更為堅硬、以鐵和碳熔煉成的合金取代，開啟了鐵器時代。

另一種當時古人所知的金屬元素是汞，這在古代中國和印度古籍中都提到過，也在西元前一五〇〇年的古埃及墓室中發現。由於其獨特的外觀和材質（鏡般的表面、液態的金屬、毒性極強），古人從一開始就對其極其敬畏，認為它充滿魔力。

至於非金屬元素，碳和硫磺當然是很古早時就知道的。古羅馬學者老普林尼（Pliny）記載了西西里島上的硫磺礦被用於醫療用途和製作火柴。穴居人則早就已經從木炭和煤灰中認識碳這種元素了。碳最堅硬且貴重的形式是鑽石，早在舊約和西元前一千多年前的印度吠陀經中就已提及。

古希臘和古羅馬人都知道一種他們稱為「砒霜」的物質。但那不是單一元素——這是一種硫化物；他們用砒霜來固化獸皮、毒死仇家。重點就在此，古人對這些元素雖知其然，卻不知其所以然，不知道這是元素。他們並沒有元素這樣的概念。元素這樣的概念是哲學家率先提出的，而不是化學家。也就是說，出自從事抽象思想的人，而非實際操作的人。而泰利斯稱水為萬物之源的說法，正是元素概念的源頭：也就是以科學思維去看待元素的開始。

安納齊曼尼斯將他的想法推前一步，而在這之後不久，古希臘人又發展出一個同樣具原創性的科學概念。五世紀時的哲學家路西布斯（Leucippus）提出一個問題：「物質是一個單一完整的個體，還是由許多個體組成？」換言之，可否無限地分割一個東西，還是分割到一個地步，就無法再行分割？路西布斯認為答案很顯然是後者，因此發展出「原子」（atomos）的概念。古希臘文中，「atomos」意謂「不可切割的」，也就是無法分割。路西布斯是第一位指出我們的世界是由不可分割元素所組成的人。驚人的是在離泰利斯開創出科學思維短短一百年後，他就獲得這樣的結論。路西布斯可能也是生於米利都，但在波斯人入侵前就離開了。他似乎曾在希臘北方大陸的阿德拉（Abdera）辦學校。在這裡，他所教導的學生中最知名的一位就是德謨克利圖斯（Democritus），他把路西布斯的原子想法往前推進。德謨克利圖斯認為，原子的數量無限，並且在空間中不斷地運動；而且原子種類繁多，大小、形狀、重量、溫度都不同。他主張，世上所有可見的變化，都是來自這些不變的原子以不同成分和方式組合和重新組合所形成。

德謨克利圖斯的觀點和化學元素以及演化論一樣，有著驚人的現代性——遠遠超前其時代。這樣的原創性，在人類思想史上是前無古人的。感覺古希臘人好像一旦發展出哲學方面的思想後，就立刻將之推進到幾乎極限。近代英國哲學家羅素（Bertrand Russell）甚至聲稱：「幾乎所有主導現代主要哲學的學說，都是由古希臘人首先想出來的。」但這樣的思想遺產卻是兩面刃。後面我們將會看到，當希臘思想走上錯路時，人類思想發展也跟著走上長達數百年的迷途。

在德謨克利圖斯生活的時代，希臘哲學在雅典進入其黃金年代。雅典成了古希臘世界最富強的城市，是古希臘文明的巔峰。雅典衛城的帕德嫩神殿（Parthenon）柱式比例完美，是人類建築史上最精美優雅的成就之一。雅典的露天劇場可以遠眺四面風景，音響設計絕佳，古希臘悲劇作家埃斯庫羅斯（Aeschylus）、索發克里斯（Sophocles），以及尤里匹底斯（Euripides）等人的悲劇作品在此一一上演。希臘悲劇就是在這裡以短短一代人的時間，從原始的宗教儀式發展成在舞台上演出的深刻戲劇。但當希臘哲學進入黃金年代的同時，雅典卻因為和斯巴達之間展開漫長且重傷國力的伯羅奔尼撒戰爭（Peloponnesian Wars）而逐漸勢微。諷刺的是，希臘哲學的黃金年代，雖然是哲學史上無與倫比的成就，卻是針對德謨克利圖斯、恩培多克利斯、赫拉克利圖斯等人的反動而來。

第一位偉大的雅典哲學家是蘇格拉底，約出生於西元前四七七年，在西元前三九九年被處死。蘇格拉底是哲學史上的偉大人物，既受人愛戴卻也讓人忿恨。他被德爾菲阿波羅神殿神諭（Delphic Oracle）稱為「最聰明的人」，他雖聲稱自己一無所知，但緊接著就論證其他人更加無知。在古希臘集會場所，他有時候會在眾多年輕學生面前用這種「辯證法」來批評雅典那些知名學者——這樣的作風當然讓他有意無意間得罪了許多在高位的人，這在他日後被以「敗壞青年學子身心」罪名被判處死刑上肯定起了作用。蘇格拉底的辯證法中有一招是假裝自己一無所知，然後再質問對手的知識，反詰其話中的涵義、拆解其主張的基本概念。這是分析手法的雛形。古希臘文中「analytika」意謂「抽絲剝繭」，是現代英文中「analyze」（分析）這個字的字源由來。

要辨明涵義，分析當然很重要——但蘇格拉底使用的分析方式，往往是拆解知識而非建構知識。當科學初萌芽的當時，其概念還很模糊，很多這方面的知識也都還在假設性階段，遇到蘇格拉底這種不留情的質問很難能招架得住，因此讓他很輕易就從對手學問中找到破綻。現代科學依然有這缺點；但其可取之處在於在現實中發揮作用，而非僅在哲學範疇內。

蘇格拉底對於原子、演化或構成世界的基本元素都不感興趣。他的哲學著重於內省——他最知名的格言是「人貴自知」，自知才是真正的知識。但也因為這樣，哲學不再著重於現實世界，從而帶來嚴重的災難。

蘇格拉底的學生柏拉圖承襲了蘇格拉底這樣的哲學思維，他不再著重科學推論，而將哲學的關注擺在抽象概念上。數學、真理和美看重的不再止於「純粹表象」。我們身邊世界的種種不過是各種偶然的胡亂組成——只有思想才是真的。

柏拉圖來自雅典貴族家庭，被奉為古典時期最崇高的哲學家。後世認為所有重要的哲學議題都由他提出，在他之後所有的哲學都只是在為他的哲學作注。[4] 這種說法某種程度來說並不為過，但並非全然正確。至少，遇到「自然哲學」，也就是科學時就說不通了。柏拉圖的哲學無法質問「電力是什麼？」這樣的問題，因為他對於電一無所知。大家可能覺得這是當然的，但千萬別小看這一點差異。現代人雖然不再視科學為哲學的一環，但科學其實一直影響著我們對於知識和我們自己的瞭解。也就是

4 譯注：此語出自懷海德（Whitehead）。見傅佩榮《柏拉圖》，p.14。東大圖書公司，2020。

說，隨著哥白尼、達爾文、佛洛依德一步步增進人類的科學知識，我們對自己的瞭解也和柏拉圖及他的時代越來越不一樣。對於希臘悲劇，我們能看得懂，也能對其中情感起伏感同身受，但劇中人思考和行動的方式，卻不是我們會採用的。

西元三八七年柏拉圖在雅典郊外的橄欖樹林中開辦了他的學院，這座「橄欖樹林學院」成為歐洲第一所被承認的大學。其入口處寫著：「不識幾何者勿入此門。」抽象推論、抽象思維、抽象幾何——就連柏拉圖的政治學說，也著重於烏托邦理念，而非社會現實。柏拉圖的學院在數學上數一數二，但其所傳授的幾何只限於可用尺和圓規畫出來的形狀，因為他們認為只有這些形狀才是理想，也就是符合「真正」理念；其他的形狀則只是真實世界意外拼湊成的，真實世界純粹是假象，「只是外表」。後者被柏拉圖學派貶為「機械化」。這個學派所在意的幾何則著重於圓、三角形、以及規則的多邊形——這些都是自然界中看不到的形狀。在他們之前，德謨克利圖斯是將數學運用於自然而得出原子的概念——將分割方式運用在真實世界，直到再也無法分割。柏拉圖卻只對用數學來解決數學有興趣，這種態度至今依然存在於「純數學」的領域中。

古希臘哲學三巨頭中的第三位則是柏拉圖的學生亞里斯多德。三人中，蘇格拉底是「雅典人的眼中釘」，柏拉圖是哲學家中的哲學家，亞里斯多德則是第一位全能天才。亞里斯多德遊遍愛琴海地區，曾經是年輕的亞歷山大大帝的導師——雖然沒有留下紀錄顯示這位博學多聞的老師教了（或試圖教了）這位野心勃勃的古代大人物些什麼。亞里斯多德在除了數學以外的每個領域，都有重要貢獻。他什麼都有興趣，他的圖書館藏書也反映了這一點，在他之前從沒有一位私人收藏家會收藏如此大量的捲軸書冊。亞里斯多德讓當時的人所抱持的反科學的偏見一掃而空。但傷害已經造成。雖然亞里斯多德擁有史上最出色的科學家的頭腦，但卻被柏拉圖思想荼毒太深。（柏拉圖思想至今依然殘留在我們的日常用語中：我們常會說柏拉圖式愛情，意謂實際上什麼也沒有發生。）亞里斯多德一生的成就一路指引著日後的科學發展直到近代。從植物學到地質學、心理學到動物學各方面的自然哲學他都有重要貢獻。事實上，許多這方面科學領域的分類，就是出自他的手筆。而他所有成就中最了不起的一項，是發明了邏輯學。

那亞里斯多德又是哪裡出了錯呢？亞里斯多德其實已經顛覆了柏拉圖的主要理

念，也就是他主張，理型（ideas）只存在於體現出該理型的物體中。[5]但即使如此，他的思維依然受到柏拉圖世界觀的荼毒。比如說，他會認為物體具有某些特質——這些特質即存在物體中柏拉圖口中的理型——而非真實的特性。他這說法和柏拉圖有細微的差異。由物質或物件所組成的世界有的是性質，但由原子組成的世界有的則是屬性（非本質特性）。理型不存在於原子中。從這個角度去審視亞里斯多德的學說，就知道像他這麼聰明絕頂的人，依然擁有地、水、火、風四種基本元素的概念。但事實上這些都只是性質，不是基本元素。

就因為這樣的誤解，當亞里斯多德將他的科學才智用到錯誤的方向時，就造成災難性的結果。亞里斯多德用理性和觀察得出地、水、火、風各居其所。地居中、次為水、上為風、火則在風之上。世間的所有運動都是這四種元素想要回到自己自然位置上而產生的。所以石頭會沉入水底、氣泡要升到水面上、火會朝上空燒，以此類推。

但太陽、月亮和星星卻顯然不是用這種方式在移動，所以亞里斯多德認為有第五種元素。這種稀有的元素他稱為以太（aether）。這個字形成了現代英文中虛無、空靈（ethereal，意為天上的、虛幻的）和本質、精髓（quintessence，字面意思為「第五本質」）等字的字源。月亮以上就屬於以太的領域。以太和其他四種元素沒有關連，天體的定律和人間不同，所以它們不會落向地面。這個高高在上的以太領域，由以地球為中心、一層包覆一層的同心圓的透明水晶球體所組成，月亮、太陽、行星、恆星都鑲嵌在這些球體中，它們各自旋轉就形成了天體的運行。當透明水晶球體相互移動時，會產生人耳聽不見的美妙和聲，即「天體的音樂」（music of the spheres）。

亞里斯多德實在地位太崇高、思想太卓越了，所以他這些理論都被後人奉為圭臬。從此，地球被視為是宇宙的中心、但其實在蘇格拉底之前的思想家就已經知道真相並非如此。除此之外，又因為亞里斯多德稱天空有它自己的另一種元素、並奉行不同的法則，就此讓天文學難以發展，直到十六世紀哥白尼的質疑才改變這一切。

亞里斯多德和恩培多克利斯還有莎士比亞一樣，都是橫跨兩個不同時代的天才人物。他對政治的態度或許最能說明他的歷史地位。柏拉圖那種不切實際的烏托邦政治

5 譯注：理型（idea）請見《人類怎樣質問自然》（陳瑞麟）和《西方哲學之旅，上》（傅佩榮）、以及《亞里斯多德與形上學》（波利提斯著、李鳳珠譯、鄔昆如審訂）（五南，2009）。

觀可不是亞里斯多德能接受的——他認為政治是要用科學態度去看待的。為了要找出最好的政治體制，亞里斯多德把希臘所有城邦的憲法卷軸都收集到他的圖書館來。要是有哪個城邦因制憲前來徵詢他的意見，他草擬出的憲法不只會適合該城狀態，同時也會把各希臘城邦憲法中最好的要點列進去。要是以前管用，那以後肯定也會管用。可惜的是，它不只不管用、還完全沒機會用上。

怎麼會這樣？很諷刺的是，這一切都要歸咎於亞里斯多德的學生亞歷山大大帝。亞歷山大成功統一了希臘，但他的做法卻是訴諸武力的征服。然後，他又決定統一後的希臘，不該再遭受其他王國入侵的威脅——所以他就向東征服了波斯。成功之後，他又繼續挺進，朝征服全世界的壯舉邁進。暫且不論他好大喜功的問題，亞歷山大這個用征服阻止侵略的策略也不盡然明智。因為當時波斯帝國國力大衰，西邊的羅馬共和國則剛開始要擴張。在亞歷山大東征一個半世紀後，東邊已經全部被他征服，但他的帝國國力卻開始衰弱，終於落入西邊敵人的手中。雖然亞歷山大的計畫有所不足，但他還是短暫建立了世界上迄今為止最大的帝國。城邦被大城市（metropolis）取代，城邦時代從此告終，帝國時代開始。民主制度被帝國制所取代。儘管亞里斯多德智慧超卓，但他那些如何實現最佳憲法政治的主張就這麼完全無用武之地。

如果他的元素論可以同樣被科學界棄如蔽屣就好了。世界由地、水、火、風四種元素組成的想法是過時的思維。被這種前提所限制住的科學，不管出現多少絕妙想法，也無法有所進展的。但因為被這個四元素前提限制，人類對於元素的探索，朝向另一個方向前進——一個既不科學也不理性的方向。研究元素的科學因此走進了一個晦暗無明的領域。

第二章　鍊金之術

長久以來大家都說鍊金術始於亞歷山大港（Alexandria）。這座城市是由亞歷山大大帝在西元前三三一年建於尼羅河出海口，以此作為其帝國在埃及當地的首都。在其後兩百年間，亞歷山大港成長為全世界最大的城市，是埃及、希臘和其他地中海東岸（Levantine）文明的大熔爐。在亞歷山大港上立著一座當時世界的七大奇觀之一：法洛斯燈塔（Pharos）。這座高四百五十英尺的燈塔透過投射望遠鏡放送的光束，連遠在地平線外的海上都可以看到。

但亞歷山大港最引以為傲的是繆思神殿或博物館，其中的圖書館收有古典時期最好的藏書。當中藏書七萬冊，且都是卷軸和莎草紙，因此吸引了地中海各地學者前來。該圖書館也讓亞歷山大港成為古代世界最大學術中心，甚至超越了柏拉圖和亞里斯多德時的雅典。希臘時代的主要知識份子像是歐基里德（Euclid）、阿基米德

（Archimede）以及阿里斯塔克斯（Aristarchus，古代的哥白尼）都在這裡求學——之後天文學家托勒密（Ptolemy）以及第一位偉大女性數學家暨哲學家海帕希亞（Hypatia）也是。亞里斯多德那龐大的私人藏書最後也被併入此館的館藏，他的哲學更在這裡成為教材中的主要部分，授課的教師都以亞里斯多德哲學為本。

但在亞歷山大港，希臘思想接觸到一種比希臘更久遠的古代知識，那是被稱為「科梅亞」（khemeia）的古埃及技藝，這個字後來成了「化學」（chemistry）的字根。「科梅亞」一字的起源因時代久遠已無人知曉，但在古埃及象形文字中，這個字與埋葬死者有關。羅馬歷史學家老普林尼甚至說過，埃及原來的名稱就是「科梅亞」，或是「黑」（black），因為尼羅河三角洲有肥沃的黑土。古埃及這門暗黑技藝相關的知識，在一些早期史料中出現過好幾次，包括「以諾書」（Book of Enoch，這是舊約聖經中屬於偽經的一部）。據這份史料所載，幾位墮落天使因為想贏得女性芳心，而將「科梅亞」的奧秘傳授給了她們。

一開始，「科梅亞」的技術主要是和為死者防腐上藥的化學過程有關。為了讓死者順利前往死後世界，屍體防腐保存是不可或缺的。又因為這個步驟和死後世界有關連，所以執行「科梅亞」的人就被視為魔法師或是巫師。但是不用多久，這種技術就發展到包括古埃及人發現的其他化學過程，像是吹製玻璃、染術以及冶金。「科梅亞」也因此與當時已知七種金屬元素密不可分：金、銀、銅、鐵、錫、鉛和汞。這個知識加上其與死者的關連就變成對於身體形上學知識的基礎。古埃及人又注意到，不只有七大元素，還有七顆行星，也就是會「移動的星星」，會在固定不變的天空諸星背景前移動。這七顆星就是太陽、月亮、金星、火星、土星、木星和水星。不久後，古人就將這兩個七的組合建立連結。太陽和金、月亮和銀、金星和銅，以此類推。現代英文中的水銀依然稱為「mercury」，就是從水星來的。古代的化學家和古代占星學家一樣，都覺得自己的學科揭示了宇宙的奧秘。認為這顯示地球（因此也包括人類）是與宇宙息息相關的。

就現實面而言，藉由牽扯上這層關連性，讓魔法師和巫師得以藏私，讓其技藝在一般人眼中顯得特別神秘。他們可以藉此不用明說青銅其實是兩種金屬冶煉而成，而假托是金星（銅）和木星（錫）的結合。

在將卑元素（粗鄙行為）鍊為金子（高尚）時，他們也可以假托是進行提升心靈的秘術。這一類的冶金知識，在他們口中都歸功給古埃及的智慧之神，也就是有著朱鷺頭人身的圖特神（Thoth，或稱埃神）。當希臘人接觸到圖特神時，他們認為祂就等於是希臘神話中的使者之神赫密士（Hermes），因此鍊金術在西方又有「赫密士之藝」（hermetic art）的別稱。

但鍊金術真正誕生，必須等到希臘哲學傳統接觸到「科梅亞」時。希臘哲學家過去曾經讓宗教和科學互不相干，但現在他們卻走了回頭路，將兩者混在一起了。更糟的是，他們還將這種錯誤變本加厲：從事「科梅亞」的人原本已經認識了其中真正的元素，現在卻要廢棄這個知識，重新尊崇亞里斯多德學派的四種元素。

所幸，原本差點要釀成大禍的錯誤觀念，卻激發了後人靈感。當時的化學（科梅亞）接受了地、水、火、風四種元素的概念後，很快就意識到這些是非定性元素。這四種是性質——類似冷熱、乾濕一樣的性質。性質會變化。熱會變冷、濕會變乾，以此類推。但也因為這樣，讓他們開始想到，要是元素像冷熱乾濕一樣會變化，那神秘的古代文獻認為卑金屬會變成金子的說法，或許有幾分可信的地方。（我們現在去看當然知道這想法又引進了另一種錯誤：將物理性的變化誤為化學性的變化。）

這一來，出現了推動鍊金術的核心動機。鍊金術不再追求靈性智慧或是化學技術——而在追求純金。看起來，科學是毫無機會從中出現的。

然而，諷刺的是，科學的雛形竟從中而生。鍊金術士們窮思竭慮地想要反對元素說，因此孕育了一套科學知識補足哲學家之不足。希臘哲學傳統此時因為羅馬帝國逐漸往亞歷山大大帝的舊帝國擴張而來到垂死邊緣。羅馬人是個實際的民族，他們不愛空洞的哲思，他們沒在古希臘人的思想中增加任何原創的想法。據說數學史上出現的唯一一個羅馬人，就是殺死阿基米德的那位羅馬士兵。

鍊金術也跟希臘哲學一樣走入頹勢。它淪落為不知所云的迷信崇拜；那原本具創造力的科學活力被用到別的地方，想要煉出金子。為了這件事，當時的人想了很多獨門妙招，累積了不少「學問」，後來雖然慢慢把眼光放低，不再追求煉出純金，但這番功夫卻無心插柳自成一家。穿著古希臘大袍子在晴朗天空下沉思天地大義的場景不再，換成了在滿是黑灰、洞穴一般工作室裡渾身髒兮兮做實驗的巫師。不管是前者還是後者，在世時都是世人嘲弄的對象，這樣的命運，正是擁有原創力的人必然的下場。儘管如此，鍊金術和哲學都以各自的方式存活了下來。但或許今人受惠於前者的要比後者的多得多。今天我們（勉強）可以沒有哲學，但我們不能沒有化學。

史上所知最早一位精通這門黑魔法的專家是曼底斯的波羅士（Bolos of Mendes），他是西元前兩百年一位希臘化的埃及人。他的主要作品日後被稱為《物學與秘學》（*Physica et Mystica*），當中他列舉許多玄奧難懂的化學實驗，每一則最後都要念一道經文：「一物生。一物滅。一物能剋一物。」這道經文中，真正化學的奧義呼之欲出。（這像不像在描述有些物質溶解在別種物質中、有些物質則會腐蝕其他物質，有的物質則會結合成化合物？）可惜的是，波羅士真正的實驗卻完全違背化學知識，因為他的目的是想要製作出真金白銀。他的行文之間，不時就摻雜希臘哲學和希臘宇宙觀，也太過抽象，完全禁不起時代的考驗和證明。

但真相終究水落石出。一八二八年在埃及古城底比斯（Thebes）發現一份古代的莎草紙，上頭所列的實驗和《物學與秘學》所載極為相似，只是刪除了不切實際的空談和花巧的難懂文字。這莎草紙更言明，這套方法說是要製造真金白銀，但事實上卻是騙人的，這只是騙騙外行人的技倆。不幸的是，在那之後的兩千年裡，鍊金術越演越烈，到最後由盛而衰，即使隱藏其中真正屬於知識的部分也救不了其衰敗。這麼說來波羅士是個冒牌貨了，但卻有跡象（騙人技倆除外）顯示他的確對化學的本質略知一二，也就是他知道化學反應並不會改變元素本身。

但潘諾波里斯的佐西莫斯（Zosimos of Panopolis）可就不一樣了，這位西元三〇〇年在亞歷山大港「演練」的術士被公認是最偉大的早期鍊金術士。這邊所謂的「演練」，是指鍊金術始終只停留在像是私下練習樂器一樣「演練」，而不像醫學或是科學的「執行」：但這種正式登台前的私下演練，並沒有發展成像真正登台演出後那樣成熟的產品，而始終停留於演練階段。

佐西莫斯編纂了二十八冊的鍊金術百科，每個希臘字母一冊。（古希臘文中原本只有二十四個字母，拜占庭時期曾一度增加了四個。）這本百科全書同樣也和現實保持若即若離的程度，以一種時而晦澀、神秘和曖昧不明的風格寫作。書中盡是一些充滿符號的秘方和只有自己人才懂的實驗指示，只有很少數地方會有機會卸除神秘兮兮和充滿譬喻的謎霧，讓人看到比較清晰的描述。佐西莫斯在書中將鍊金術定義為研究「水的成分、運動、生長和靈魂脫離肉身、以及靈魂與肉身結合」[6]的學問。我們看到這裡頭密契主義和真正的化學操作透過比喻混為一談。但他到底要說的是什麼呢？

這樣的模稜兩可的字句在書中到處都有。書中還有像這樣的句子，提到將卑金屬「高貴化」成為金子，之所以講得這麼模糊是為了什麼想也知道。但即使這樣，也已經足夠讓我們窺見作者對於化學實踐有相當深入的瞭解。

以下這段文字，就描述了一個化學程序中的幾個步驟。

> 將蛋黃與磨碎的蛋殼混合。將混合好的蛋液倒進密封容器中，烹煮四十一天，然後將容器擺在鋸木屑的火燄餘燼中冷卻，這時會發現容器中的蛋液變成綠色的物質。將這剩餘物質加水煮沸，這溶液會蒸發，成為神水。別用手去觸碰，只能用玻璃器具去碰。將神水放進密封容器中，再煮兩天，然後將內容物倒進貝殼中，攤平並曝曬於太陽下。這些液體會逐漸變稠，變成油油的物質。融化一盎司

6 編注：佐西莫斯認為金屬也有身體和靈魂，身體大同小異，但靈魂卻有高低貴賤。煉金術士的作用就是讓金屬的靈魂離開身體，在煉金術的幫助下讓靈魂得到昇華，當高階的靈魂再次回到金屬的身體中，就會嬗變成更高級的金屬。

的銀，加進這些物質後就會出現金子。

在實驗中，各個階段會用特定顏色來表徵——在殘餘物、蒸發物或是溶液中顯而易見——是該階段是否成功完成的標記。（比如，有個實驗是必須通過黑、白、綠等階段，才能出現預示黃金出現的紅色階段。）書中很多實驗所描述的有色混合物——尤其是硫酸鹽和硫化物——都特別容易辨認。像是蒸餾、過濾和溶解等過程也描述得很清楚。其中一段用字頗含糊的文字還暗示佐西莫斯可能是史上第一位分離出砷元素的人。但更有可能的是，該文字指的是某種化合物，可能是雄黃（硫化砷）。全書中最有趣的，則是佐西莫斯顯然瞭解化學變化可以透過催化劑促成。催化劑是在實驗中引進的外物，可以造成其他成分互相作用、或者加速其互相作用，而且實驗最後催化劑本身沒改變。佐西莫斯描述了數個使用催化劑將卑金屬鍊成金子的化學過程，書中他把催化劑稱為「染色劑」（tincture）。

但並非所有鍊金術都著迷於將卑金屬鍊成黃金的神話。有趣的是，鍊金師們神神秘秘的做法，有時反倒陰錯陽差助長了科學——可說是一種負負得正。佐西莫斯書中鍊金手法裡有提到「治療有病金屬」以將之轉化為金子這樣的用語。這種神秘的比喻法被一些初入門的鍊金師誤解，結果意外走向與佐西莫斯不同的鍊金道路，陰錯陽差之下反而讓鍊金術走上了有用的正途。這些被誤導的鍊金師們變成不是在治療有病的金屬，而是去治療真正的疾病。鍊金術士們先是誤打誤撞地為化學學科打下基礎、現在又意外開啟了科學製藥的新局，讓醫療化學成為可能。

可惜好景不常，鍊金術很快又從為凡人治病走上追求信仰靈性治療的道路。就好像多數寫作修改進步的過程一樣，藉由寓言譬喻、象徵符號和隱喻所要表達的真正內容太過強烈，單靠故事中人物互動和感情的簡單劇情無法撐得起來。鍊金術從滿足人性的貪慾、到製藥、到宗教救贖：提出論點、反方論點、再到結合論點——鍊金術的演變也像這樣任性地交互詰問。但最後，人性畢竟是人性，一切還是回到了起點：金子！

貪婪、醫藥和救贖三者一直是鍊金術發展史重要的一環。它們不只在亞歷山大港鍊金術中扮演關鍵角色，在同一時期世界其他地方的鍊金（丹）術中也如此。西元前幾個世紀，包括南美洲、中美洲、中國和印度等地，都相繼出現鍊金術。雖然都不外乎出自上述三種動機，但相隔千里的這些地區，所獨立發展出來的鍊金方術，則和亞歷山大港的不同。印度可能不在此例，因為它可能透過亞歷山大大帝在印度成立的希臘領土犍陀羅國（Gandhara）而受到西方鍊金術的影響，該國屹立數百年之久。這些地區散居世界各個角落，卻不約而同都在這個時期獨立發展出自己的鍊金術，表示鍊金術是人類演化的普遍進程，也是人類智慧發展中的一個必要階段。當然，各地鍊金術一定存在著差異，畢竟都因應不同社會演變的需求。比方說，西方的鍊金術一直對製造黃金深深著迷，但中國的鍊金（丹）術，則側重於丹藥和宗教救贖，並結合兩者，意在追求長生不老之術，也就是「長生不老仙丹」。當然，會服用仙丹的人，都是日子過得很滿意的人，所以才想要永永遠遠這樣過下去。在中國，只有統治階級能夠過這種生活。不幸的是，隨著仙丹越煉越複雜，其毒性也就越強。據科學史家李約瑟（Joseph Needham）所言，中國有好幾位皇帝都是死於仙丹中毒。這些長生不老丹，不久也在西方國家獨立發展出來，雖然藥方不同，但動機卻沒有兩樣。

今人來看，當然會覺得古人發明鍊金術的動機很可笑：無數的財富、萬靈丹、長生不老等等，但卻也正是這些實踐賜給了我們日後的化學。檢視近代化學的動機，有比較高尚嗎？我們對於元素的研究（以及藉由核分裂成功造成元素嬗變[7]）讓我們幾乎走上自我毀滅的末路。相形之下，古代鍊金術只是貪圖黃金、玩弄詐術、靠著如簧之舌行騙天下，其影響簡直小巫見大巫。

但到這時，亞歷山大港發展出來的那套鍊金術已經日薄西方。那些巫師、方術士神神秘秘、深奧難懂的鍊金術寫作，注定鍊金術終究無法融入社會，既不能成為知識學門（如數學），也無法成為宗教（如基督教信仰）。西元二九六年，就在佐西莫斯去世後的幾年，羅馬皇帝戴克里仙（Diocletian）頒布法令禁止帝國全境施行鍊金術，並下令將所有鍊金術著作焚毀。焚書規模十分龐大，這就是為什麼我們對於古代鍊金術的瞭解會這麼粗略。戴克里先的敕令是第一份正式提到「科梅亞」一字的古代文獻，但這唯一一次的提及就是其消亡。矛盾的是，戴克里先之所以禁止鍊金術，是因為他深信真的會鍊出金子。他深怕鍊金術一旦普及，會危及羅馬帝國本就搖搖欲墜

7 譯注：指原子彈等武器。

的經濟。

一世紀後，西元三九一年，亞歷山大港圖書館被基督徒大肆搜括後放了把火燒成灰燼。大批古典知識就這樣灰飛煙滅，永遠消失在地球上，後人只能靠著其他著作提及，一窺這一人類重大損失。「科梅亞」相關寫作本來就沒機會被收錄在圖書館中，但少數想法比較開明的自然哲學家應該會在著作中提及。早期鍊金術士是否是最早分離出砷元素的人呢？是否有深諳「科梅亞」的學者重新信奉德謨克利圖斯的原子學說、拋棄亞里斯多德謬誤的四元素說呢？如果真有這樣的進展，那肯定會有更進一步的發展——但隨著這些書籍被焚，我們永遠不會知道了。

有趣的是，再次將鍊金術秘密發揚光大的是基督教其中一個教派——東方亞述教會，或稱聶斯托留派教會（Nestorian）[8]。此時，基督信仰已經被出生於塞爾維亞的君士坦丁大帝宣布為羅馬帝國正式國教。君士坦丁為了統一爭戰不休的羅馬帝國，將國都東遷到博斯普魯斯海峽（Bosphorus）旁的拜占庭，即現在的伊斯坦堡。

拜占庭不久就依皇帝之名改為君士坦丁堡。數十年間，居此的羅馬貴族以其奢華生活而聲名遠播。許多人擁有十多間房子，上千名奴隸供其使喚。在其宮殿中，象牙做成的門後，是鑲嵌細工貼成的花磚地板大殿、裡頭有掐絲金子繡成並鑲嵌著寶石的躺椅，上頭懸掛著絲綢簾幕，香爐飄散薰香。只能說，品味不是拜占庭人的強項。

西元三二五年，君士坦丁大帝召來帝國各地基督信仰領袖，在位於馬爾馬拉海（Sea of Marmara）畔的尼西亞（Nicaea，現土耳其伊茲尼克〔Iznik〕）舉行會議。這些領袖原本對於聖經的詮釋各持己見，但君士坦丁強制他們接受對於基督的神性、以及基督（聖子）和神（聖父）同質的統一看法。君士坦丁此舉基本上是一種政治手段，藉由將逐漸壯大的教會與羅馬帝國結合在一起，來強化統治帝國大權。但之後基督教內的異端邪說依然在羅馬帝國橫行。西元四三一年，為解決東方亞述教會爭議召開了厄弗所大公會議。這個基督教派相信基督有二性——神性和人性——事實上是二體合一。東方亞述教會在大公會議後被宣布是異端，其信眾被迫向東流亡到波斯。他們這種基督二位二性說獲得當地拜火的祆教包容而得以與之並存。

8 譯注：傳入唐朝稱景教。

當時有部分東方亞述教派的信眾還暗地裡在從事鍊金術，因此將這種奧秘之術帶往波斯。日後這種秘術就傳入祆教信徒之間，原本就拜火的他們見到鍊金術的神秘法術和學說能夠幻化出火來，都深深為之著迷。

所以這種原本在歐洲秘而不傳的知識開始擴散茁壯。但同時間，那些原本在歐洲受到肯定的知識學門卻反而逐漸凋零。西元五二九年，信奉基督教的查士丁尼（Justinian）下令關閉運行了九百年之久的雅典柏拉圖學院，斥之為「異教學說」的散播中心。這一天傳統上被認為是「黑暗時代」的開始，籠罩歐洲長達五百年之久。

這時分裂的羅馬帝國西半部已經被蠻族入侵了，只剩下東邊的拜占庭帝國（即東羅馬帝國）一息尚存，其首都君士坦丁堡位於歐洲東方邊陲，隔著博斯普魯斯海峽與亞洲相望。在這塊土地上，曾經孕育出阿基米德、傑出的數學家，和卓越的羅馬工程藝術。從此以後，歐洲有將近七百年的時間沒出現一位值得載入史冊的像樣科學家。

拜占庭帝國第一個面臨的重大外來威脅來自其帝國東側。（沒想到，這個威脅卻成了歐洲科學的救星。）在過去，阿拉伯人只是無足輕重的沙漠遊牧民族，住在阿拉伯半島的不毛之地上。西元七世紀時，一名來自麥加綠洲的生意人改變了這一切，他在西元六一〇年見到天使長加百列顯靈。加百列命當時四十歲正在從商的穆罕默德（Muhammad）帶領阿拉伯人民，讓猶太教和基督宗教信仰推向最終的成果。要達成此任務，唯有信靠唯一真神阿拉。就這樣，伊斯蘭教誕生了。（阿拉伯文中，伊斯蘭〔Islam〕意味著「謙卑或是服從」；穆斯林打招呼時祝平安的「salaam」和「穆斯林」〔Muslim〕兩字和「伊斯蘭」同字根。）

穆罕默德成功地讓阿拉伯半島上的諸部族在伊斯蘭信仰下團結起來，阿拉伯人在宗教的熱忱之下，開始了一場自從亞歷山大大帝以來從未見過的大型征服行動。阿拉伯人在短短不到百年的時間，建立了一個西到西班牙、橫跨整個北非和中東的大帝國，其東遠達印度北方，觸及中國南界。

西元六七〇年，阿拉伯艦隊甚至兵臨君士坦丁堡城下，這是羅馬帝國的最後據點，也是基督教信仰的中心。眼見君士坦丁堡投降指日可待，一旦該城攻陷，穆斯林大軍就能接著襲捲南歐，和另一支正朝西班牙前進的穆斯林大軍形成東西夾擊之勢，這一來，穆斯林的軍力就能越過庇里牛斯山，進入法國中部大城都爾（Tours）。穆斯林一旦攻入此處，等於如入無人之境，歐洲被穆斯林統治就只是早晚之事。

可是穆斯林這一計畫因一位名為卡連尼庫斯（Callinicus）的鍊金師而功虧一潰。卡連尼庫斯的爸媽可能是希臘人，但他出生在埃及，在穆斯林大軍襲捲北非時，他得以早一步離開埃及，走時帶走了「希臘火」（Greek fire）的秘方。希臘火的秘方如今已經失傳了，但其配方中顯然有提煉過的原油（中東地區有許多天然形成的原油湖，就是這些易燃原油讓波斯人深受影響，而成為拜火的信徒。）這些提煉過的原油產生了的燃油，卡連尼庫斯可能將之與硝酸鉀（硝酸鉀提供助燃氧氣來源）、生石灰（遇水生熱）混合。當希臘火倒進博斯普魯斯海峽中，遇水就將穆斯林艦隊的木製船艙引燃，而且越是想引水澆熄，火勢就燒得越旺。阿拉伯艦隊就這麼全軍覆沒，歐洲免於被穆斯林統治，全都歸功於這古代的「秘密武器」——由拜占庭帝國第一位也是唯一一位科學家所製造。

阿拉伯人見到希臘人的學問這麼厲害當然留下深刻的印象，於是馬上就開始在敘利亞和美索不達米亞等地尋找古希臘留下的知識。他們從巴格達（Baghdad）的東方亞述教會信徒那裡學到了「科梅亞」的技術，不久就將之稱為「奧—科梅亞」（alchemia，這裡面的al是阿拉伯文中的定冠詞。）阿拉伯人開始學習希臘人傳下來的知識並將之強化後，就將阿拉伯文引進這些知識所用的術語中。所以就有了後來英文中的alcohol（酒精）、alkali（鹼）、algebra（代數）以及algorithm（運算）等字，這些字原來都是阿拉伯文。

接下來五百年間的化學史，以及其他方面科學史的絕大部分（包括數學）都一直是阿拉伯人獨領風騷。當時阿拉伯鍊金術的技術核心主要落在《翠玉綠石板》（*The Emeral Tablet*）一作上，這是由傳說的赫密士．特里斯梅吉士托斯（Hermes Trismegistos，希臘文「三倍偉大的赫密士」之意）所著。關於特里斯梅吉士托斯這位神秘人物有各種說法，有人說他是摩西時代的人（西元前十三世紀）、有人說他是希臘天神赫密士或是赫密士的埃及版圖特神的後代，又有說他就是天神赫密士本人。長久下來，許多著作都說是由他所寫，其中最重要的一本就是《翠玉綠石板》，透過此書將許多古代的「科梅亞」知識傳遞下來，其中就有如何將卑金屬鍊成金子的秘方。

阿拉伯人很快就看出其中潛力，全心全力投入其中。希臘知識的所有類型，從天文學到哲學、從數學到鍊金術，都吸引了最聰明的阿拉伯人去鑽研。在鍊金術領域中第一位竄出頭來的就是賈比爾（Jabir ibn-Hayyan），日後歐洲稱他為「伽別」（Geber），有好幾百年的時間，許多人都誤以為他就是代數（al-geber 或 algebra）的發明人。

賈比爾出生於西元七六〇年，以巴格達為家，當時阿拉伯帝國在大名遠播的哈倫・拉希德（Harun ar-Rashid，意為正直的亞倫）統治下國勢正強。這也是《天方夜譚》誕生的年代，故事中雪赫拉莎德（Scheherazade）靠著一則又一則的故事讓君主哈里發（大概就是哈倫本人吧）延後死刑。她那一千零一則傳奇故事中，將阿拉丁、水手辛巴達、阿里巴巴等人講得扣人心弦，讓哈里發欲罷不能。當時的巴格達比起一千零一夜的故事來，可說絲毫不遜色。在西元九世紀時，這裡是全世界最富裕的城市，其在幼發拉底河上的多座碼頭，飾滿棕櫚樹，停泊著一艘又一艘大型帆船，這些船最遠的來自桑吉巴（Zanzibar）[9]和古代中國（Cathay）。該城中心有一座寬達兩英里的圓城（Round City），城外有三重圍牆層層保護著。圓城正中立著一座「金宮」（Golden Palace）和一座大清真寺，城外四條主幹道通往阿拉伯帝國的四個角落。在城外的郊區，噴泉和蓊鬱花園之間錯落著知識中心和公立醫院。與之截然不同的阿拉伯露天市集（souk，有頂的大型市場，還配有天台和阿拉伯式尖塔）則充斥著香水商、鑄劍師、造盾師的吆喝聲。市場攤子上賣著蘇門答臘來的月桂、非洲來的丁香、甚至有像是蘆筍和大黃等神奇作物（當時歐洲地區還不知道大黃這植物）。在人來人往的廣場上，說書人傳唱著阿拉丁神燈的故事、吞火表演和吞劍表演各放異彩、來自印度的絲綢商人出價競標來自非洲努比亞（Nubia）的奴隸。同一時期在歐洲，羅馬則百廢待興；而在德國森林中一座冷風陣陣的城堡中，查理曼大帝（Charlemagne）欣賞著身穿綢緞大袍的阿拉伯特使贈送的精巧水鐘，其精密程度看得他嘴都闔不攏。

阿拉伯世界對鍊金術的到來也同樣感到好奇和驚訝。鍊金術這一古希臘與古埃及智慧的產物初抵阿拉伯後，產生一系列雖不盡然稱得上科學、卻充滿創意的嘗試。古

9 譯注：位於非洲東岸島嶼，今屬坦尚尼亞所有。

蘭經本身就提倡醫學和學習科學與數學知識，認為這是認識神的旨意的途徑。（即使在現代基本教義派的伊斯蘭信仰中，基本上也還是抱持這樣的態度；但在實際面上，他們對這方面知識的產物和效果多半是避之唯恐不及。）但賈比爾卻跳脫宗教信仰的限制，逕自以熱忱追逐鍊出黃金的奧秘，進而成為史上最偉大的鍊金術師。對今人而言，賈比爾的作為最具意義之處在於，他不像其他鍊金師那樣不講方法，而是用科學態度在操作他的鍊金術。雖然他在化學思考上的前提有問題，但其分析的方式卻無人能出其右。就是他為未來的化學家點出另一種可能，而開始朝向構建物質的終極元素方向思考。

賈比爾修改了亞里斯多德四元素的錯誤教條，尤其是關於金屬的限制。賈比爾認為，金屬是由兩種不同元素所組成：硫和汞。硫（他稱為「燃燒之石」）的性質是可燃要素，汞則蘊藏著形成金屬性質的理想要素，只要以不同比例結合這兩種要素，就會形成不同的金屬。因此卑金屬鉛可以分解成汞和硫，只要再將這兩者以正確比例加以組合，就會鍊出金子。但賈比爾犯了一個跟佐西莫斯一樣的錯誤，就是他也認為這過程中需要有一樣催化物，這催化物能幫助鍊出金子，但最終產物中該催化物要能不被改變。當年佐西莫斯稱為「染色劑」的東西，其他像是赫密士・特里斯梅吉士托斯等希臘文獻則稱為「仙蓉」（xieron）——意為乾燥或粉末狀的物質。這個字日後在阿拉伯文就被拼成 al-iksir（elixir，仙丹）。凡是能將卑金屬鍊成金的物質，肯定有非凡的特性在。因此很快地，鍊金中的催化物仙丹就被視為一種能治百病的藥劑，然後演變為萬靈丹[10]（panacea，無病不治），最後更被視為「長壽仙丹」，服下能永保青春、長生不死。八百年前中國煉丹術所追求的，如今也重現在阿拉伯世界中，這說明了人性不分國界種族有其共通之處，而其野心也同樣有著不可救藥的貪婪之處。

賈比爾將鍊金術大幅推進，不僅對還在雛形階段的化學理論影響甚巨，也讓日後我們眼中的「真」化學有了長足的進步。具高揮發性的神秘物質鹵砂（sal ammoniac），即氯化銨（ammonium chloride），是在火山口找到的，早在《翠玉綠

10 譯注：潘拿夏（panacea）是古希臘時代荷馬筆下醫生艾斯克力庇斯（Asclepius）兩個女兒中的一位。又有一說艾斯克力庇斯是太陽神阿波羅之子，因為阿波羅是希臘神話中的醫神，因此艾斯克力庇斯乃成為醫界的守護聖徒。他的畫像中總會持著一把由雙蛇纏繞的拐杖，這成了醫學的意象。而他的畫像中，兩個女兒也都隨侍在側，其中之一就成為「萬靈丹」一字的由來。（見《醫學簡史》，商周，2019）。

石板》中就有記載，但賈比爾卻是第一位針對其性質進行完整檢驗的人。鹵砂是一種簡單的化合物，會和一些容易找到的物質起作用，形成各種不同的化合物。賈比爾的探討讓他幾乎就要觸及化學反應了——也就是瞭解什麼是化學反應、化學反應起了什麼作用。

賈比爾使用的常見物質中有一樣就是醋，這是他從醋酸（乙酸）中蒸餾得到的。早在古希臘時人們就知道醋這種酸性物質的存在，希臘人對其能溶解特定物質的能力相當好奇。賈比爾也有辦法製造弱的硝酸溶劑——這是比醋要更強的酸。這一來其實就具備了基礎化學實驗的幾種簡單原料了。阿拉伯人走到這一步可以說是已經快要可以破解化學，瞭解化學的潛力了。

賈比爾是靠著阿拉伯帝國哈里發的大臣賈法爾（Ja'far）的庇護才得以進行他的鍊金術的。賈法爾和賈比爾交好贊助他的研究，鼓勵他進行實驗並以文字紀錄。但在哈倫．拉希德宮廷中的明爭暗鬥之中一般人很難明哲保身，所以在賈法爾失勢被處死後，賈比爾為免被波及只能逃回家鄉，在那安度餘生，寫下大作《完美的極致》（*The Sum of Perfection*），將他一生龐大的鍊金術和化學知識做了一個總覽。

但除了他以外，阿拉伯的鍊金術士主要感興趣的還是鍊出黃金。而阿拉伯世界第二大鍊金術士拉齊（Al-Razi，在歐洲被稱為拉齊斯〔Rhazes〕）就是在這樣的雄心壯志下應運而生。拉齊其實是波斯人，活躍於十世紀初的巴格達。他也和當時其他阿拉伯思想家一樣，關注的領域很廣泛。他寫了一部音樂百科全書、也寫過非常具洞見的哲學著作和詩集。他在科學方面的興趣源自他三十五歲前後，在巴格達認識一名製藥師，這燃起了他對製藥的強烈興趣，最後更讓他被任命為巴格達最大醫院的主任醫師。在醫藥上，拉齊在診斷和實務兩方面都有相當成就。從他的寫作中我們知道他是第一位區分出水痘和麻疹最主要差異的人。他的寫作也描述了如何製造熟石膏、再用熟石膏固定四肢斷骨的方法。拉齊的科學寫作和賈比爾一樣，都清晰且講究細節到後人可以按其描述重複每一個步驟。凡是參照過他描述重製過程的人都確認他的描述非常精準且毫無虛假，和他那時代大部分的這類書寫截然不同——唯一例外是阿拉伯人拿手的數學，這方面大部分阿拉伯書寫都很翔實。不過不可免俗的，拉齊關於金屬嬗變方面的鍊金術寫作卻還是和傳統作風差不多，一樣採用很多的隱喻，讓人猜不透其意思。

拉齊最主要的著作是《秘中之秘》（*The Secret of Secrets*）。所幸此書的寫作不如書名那樣神神秘秘。這本書清楚地道出拉齊化學知識及其實踐之法，也因此成為阿拉伯極盛年代的科學代表著作。綜觀拉齊的成就及其原創性，主要在於其分類的方式。每一門科學學門，到了一個階段以後，都需要一位懂得分類的天才人物，讓各個不同的類別得以明顯區分開來，以便走上各自獨立進步的道路。科學史上第一位分類天才當然非亞里斯多德莫屬，他將古典世界所知的各門學科區分開來。而在化學史早期，拉齊也扮演了同樣的分類角色。

《秘中之秘》一書共分為三部分。第一部描述阿拉伯鍊金術的各式儀器工具：這些形形色色的玻璃器皿和儀器日後都成為化學實驗室常見的器材，大抵到十九世紀都還很常見。第二部分則是描述「調製法」，比如當時所知的一些鍊金技術像是蒸餾法、昇華提煉法（由固態到氣態）、鍛燒灰化法（將固體燒成粉末）以及溶解法（將固體溶解）。當時人對於後兩種方法屬於物理變化還是化學反應並無法區分。《秘中之秘》一書中最有意思之處在於對於物質的描述，這裡頭詳列了當時已知化學物質和礦物。拉齊是第一位將物質分類成動物、植物或礦物的人，同時也詳列當時鍊金術師們所使用的各種不同材料。這些材料包括：「實體」（金屬），指的是各類礦石、鹽等，以及「精神類」（spirits）（揮發性氣體）。在所謂的「精神類」中，他包含了汞和鹵砂（氯化銨）。賈比爾在鹵砂上的探討似乎引起當時鍊金師們廣泛的興趣，紛紛擴大他的實驗。於是眾位鍊金師紛紛投入真正算是化學方面的研究，探討各種物質的性質。從拉齊對於不同材料的分類，我們可以看出他已經在想辦法要摸索出一種和前人不同的元素分類法。在這方面的化學理論上，他甚至在賈比爾將固體是由硫（可燃性）和汞（揮發性）組成的理論外又增加了一種。拉齊加的是鹽。他認為這第三種要素是固體的重要成分，因為它既不具揮發性、也不具可燃性。

不幸的是，從事鍊金術卻為拉齊晚年帶來了些困擾。不知他是為了討好還是為了謀得一個好差事，總之他寫了一本鍊金術論集獻給波斯東北方忽兒珊省（Khorassan）的酋長。酋長讀了他這本書後對鍊金術大為好奇，乃召拉齊覲見，並命他當眾示範鍊金術。拉齊推辭說光是搜集那些器具就要花掉好多錢了，但酋長不以為意，給拉齊一千枚金塊要他把設備安置好，好讓他大開眼界。酋長在指定日子翩然來到，要一睹拉齊將卑金屬化作黃金——他一手拿著拉齊書中提到鍊金術的那段文字，一個步驟一個步驟緊盯拉齊示範。可是，幾個鐘頭下來，只見拉齊在好幾個熔爐之間手忙腳亂，不斷調整蒸餾爐和火爐，但這位年邁的鍊金大師始終沒能變出任何像黃金的東西。酋長見狀大怒，拿著拉齊的巨著直往他頭上敲。據說就因為被酋長這麼一敲，導致拉齊失明，他的晚年也因這次失敗「窮困潦倒」。奇怪的是，儘管這位偉大鍊金師出了這麼個大糗，後世的鍊金師們卻依然相信拉齊最終破解了鍊金之術。拉齊在西元九三〇年前後以七十以上高齡過世，至今依然被視為阿拉伯世界最出色的科學家，這名聲他的確當之無愧。

在拉齊過世半世紀後，另一位偉大的穆斯林科學家問世——後人稱之為阿維森納（Avicenna），阿拉伯文則稱為伊本・西納（Ibn Sina）。阿維森納可能是史上唯一一位在醫學、哲學、物理、阿拉伯政治和鍊金術多方面都同樣有重要建樹的人。而既然有這麼超卓的智慧，鍊金術是否真的存在——世間真有能把卑金屬鍊成金的法術這回事嗎？——這個疑問會出現在他心中也就不值得訝異了。可想而知，他在鍊金術界自然也就沒什麼朋友了。

阿維森納出生於西元九八〇年的撒馬爾罕（Samarkand），是波斯稅務人員的兒子。他還在襁褓之中時，就已經展現跟一般孩童不一樣的天分，據說十歲就能背誦整本的古蘭經。他的早慧很快就被人注意到。在伊斯法罕（Isfahan）和德黑蘭（Tehran）接受教育後，他先後被多位穆斯林的領導人聘用——有時還擔任宰相。即使在太平日子，這種差事都是危險萬分的，更何況是在阿拉伯帝國正在分崩離析的年代。阿維森納因此飽受在中東地區從政所帶來的職災：好幾次都險些就被處死，還被人綁架索取贖金過，還有好幾次入獄或在逃。但是，不管過去還是現在，當政治人物還是有好處的：阿維森納一生中不乏名利和美女入懷，可想而知更是妻妾成群。而且即使古蘭經明文禁止穆斯林喝酒，但據說阿維森納是擅飲之人。

生活這麼多采多姿的人怎麼還找得到時間從事這麼高深廣博的知識研究，我們無從得知。或許這些古代生活奢華的高官大臣們連裝忙都不用。

阿維森納在其科學著作中，主張物體除非受到外力，否則會保持原地不動，或以同一速度直線前進。這是史上第一個運動定律，早牛頓六百年的時間。阿維森納同時也以非常生動的詩意意象，指出時間與運動之間恆定的連結。他說，要是世間萬物都靜止不動，那時間就不具意義。（直到愛因斯坦，空間與時間的連結才獲得數學等式的證明。）

在醫學方面，阿維森納是在偉大的古羅馬名醫蓋倫（Galen）之後、到十七世紀發現了血液循環的哈維（Harvey）之間最重要的醫生。阿維森納的醫術，是直接源自拉齊的鍊金術知識和他自己的鍊金術研究中體悟而得。他跟拉齊一樣，相信醫術屬於科學的領域。他認為不管礦物或是化學解方，都比草藥和古老到不知何時開始流傳的迷信來得有效。阿維森納匯整了非常龐大的化學物清單，詳列作為藥物服用的功效，以及其所能醫治的疾病等等。這本醫藥百科很快就成為公認的醫藥權威作品。

但阿維森納的科學和哲學著作後來都因為政治因素而遭到大量破壞，未能保存下來。當他不再是波斯國王的寵臣後，他僥倖逃過一死，從此藏匿人間。一直到波斯國王病重，宮中御醫都束手無策之際，國王堅稱只有阿維森納才治得好他，這時他才結束藏匿重返朝廷。也因為有他，國王得以痊癒，他的人身安全也因此獲得保障。後來波斯國王戰敗，阿維森納的聰明才智被敵方視為戰利品，非到手不可；所以即使他曾親自投身戰爭、指揮波斯大軍，敵方依然不計前嫌安排他為己方效力。這種做法到二次大戰時依然方興未艾，當時俄軍和美軍都爭相接納德國飛彈科學家，完全不計他們曾為納粹效力的前嫌。

阿維森納發揮醫學專長的同時，也繼續思考哲學問題。他的哲學理念跟他的化學思想一樣，都深受亞里斯多德錯誤觀念所影響。再加上當時越來越傳統保守的伊斯蘭思想，更讓他的哲學理念受到限制。要是沒這些限制，阿維森納的哲學搞不好能夠發展出高度的原創性。他對於哲學和科學知識的渴望，是受到非常具有現代存在懷疑觀的驅使下產生的，從他的詩作中就能略見一斑：

> 多希望能知道自己是誰，
> 在這世界中尋找的是什麼。

雖然阿維森納在詩中謙稱無知，他卻無法忍受笨蛋，也因為他這種容易得罪人的性格，讓他沒什麼朋友。他甚至看不起教他醫學的恩師拉齊的哲學作品，指拉齊實在應該專心「驗屎尿」、不該不務正業。阿維森納卒於西元一〇三七年，可能是中毒身亡。

在他過世後短短不到幾年的時間，他的哲學和醫學作品就在阿拉伯世界廣為流傳。一〇九五年，當西班牙人重新從穆斯林手中奪回托雷多（Toledo）城時，在其大圖書館中甚至能找到他的藥學百科全書。而早在這之前，書中的秘密早就已經被非洲的君士坦丁（Constantine of Africa）偷偷傳遞到歐洲——他是那種常見於史冊，但我們對其言行和生平都僅知一二，其餘只能靠想像的人物。非洲的君士坦丁出生時為穆斯林，地點可能是在迦太基（Carthage），後來在巴格達受教育。有天他帶著阿維森納的藥學百科全書突然出現在義大利薩雷諾城（Salerno）的醫事學校。他先是用很差的拉丁文翻譯了這本藥典，之後又改宗成為基督教僧侶，在卡西諾山出家（Mont Cassino），最後卒於一〇八七年。之後幾百年間，阿維森納的藥學百科成了歐洲最具影響力的醫藥著作——更成為現代藥學的前驅之作。

第三章　天才與胡言亂語

當阿拉伯帝國開始分崩離析之際，其對科學和數學的了不起貢獻也就戛然而止。這些知識於是西傳，同時西傳的還有當年被阿拉伯思想家所保存和使用的許多古希臘文字，這些過去歐洲國家都不知有其存在。在當時的歐洲，只有少數亞里斯多德的作品被保留下來。但隨著西班牙重回歐洲人懷抱、再加上巴勒斯坦地區的聖地有幾次被十字軍佔領，亞里斯多德的許多作品開始回流到歐洲。歐洲人重新把這些作品從阿拉伯文譯回拉丁文，因為在當時拉丁文還是整個歐洲地區傳遞知識的主要語言。

這些重新譯為拉丁文的作品出現時的歐洲，是一個死氣沉沉、階級化非常明顯的社會，而教堂就成了保存這些價值不容質疑作品的地方。那時，地球被視為宇宙的中心，教宗則是上帝在人間的代言人、而所有問題的答案都掌握在上帝手中。

那個年代不是反科學，而是不科學。在一個凡事原地踏步、相信永恆的靈性價值遠高於現實變幻莫測的時代，科學這東西一點用處都沒有。一個人是否有罪是靠酷刑和浸刑椅嚴刑逼供出來的，不是靠現代鑑識證據檢驗或是理性推論。之所以能戰勝黑死病，靠的是祈禱而不是醫藥預防。（黑死病在十四世紀中葉襲捲歐洲時，總共死了三千萬人——足足是整個歐洲大陸人口的三分之一。）這恐怖的疫情以及當時的種種，讓這個年代歐洲的知識停滯不前：歐洲之後還深受其苦將近百年之久。但塞翁失馬焉知非福，拜黑死病大量死亡、全面性摧毀了封建制度所賜，為歐洲開啟了改變的大門。

當時，科學思想被邊緣化、也沒有表達的機會，但深深被宗教挾持的歐洲社會，還是能見著一些零星的科學星火在邊陲地區閃爍著。許多人都說中世紀歐洲在科學方面全無建樹。此言差矣。當時的技術的確少有進步也不值得大書特書——但逐個去看還是相當重要的。中世紀最值得一提的進步應該算是發明了獨輪手推車。更嚴格檢視的話，那就是發展出蹄鐵和馬軛——以及機械鐘。進步慢如牛步，鎮上大機械鐘的齒輪和砝碼紀錄其移動、逐個小時逐個小時地報時響著。這些機械鐘指出天上星象的運行、為晨禱和晚禱、為黎明城門開啟和黃昏城門關閉報時。儘管維持著這樣數百年不變的傳統，時間的遞變終究還是將時代推前到對於度量衡要求更為精確細微的日子。分鐘制對當時人沒有用處，更別提秒鐘制了，但為了讓機械鐘維持精準，其機械構造還是得細分到秒鐘和分鐘。所以感覺就像秒鐘和分鐘在一旁預備著，累積著分分秒秒，等到一個更忙碌、要求分秒準確的年代到來。

跟同時代分秒制一樣，中世紀的思想到這時也不可避免地走向一個追求準確檢視的年代。中世紀人對於科學的基本心態是：因果律。所有事情的發生都是前因結成果——這樣的想法源自亞里斯多德。之後被中世紀的神學哲學家阿奎那（Thomas Aquinas）借用來證明上帝的存在。因為有上帝這個因，才有後面所有發展的果。這種把科學和神學混為一談的做法，釀成了日後的大禍。科學的進步是靠著質疑前人假設而來的，但質疑神學卻會被譴責為異端邪說。科學和上帝就這樣被綁在一起不容分開，開啟了一場原可避免的衝突，而這場衝突至今未歇。

從很多角度來看，鍊金術也正在調適朝向中世紀人的心態演變。鍊金術開始把形上學和現實世界混為一談：卑金屬可以化為黃金的話，那肉身的慾望也可以昇華，轉為追求宗教靈性。但這也有其風險在。鍊金術的目的是要改變世界：將卑微的自然轉變為高貴的完美、在渾沌中創造出秩序。可是只有上帝才有權這麼做——就算鍊金術只是嘗試並未成功，這也已經是褻瀆了上帝。

儘管有這層考量，第一位歐洲偉大的鍊金師卻還是位神職人員，而且還被羅馬天主教會封為聖人，成為科學家的守護聖徒。他就是大雅博（Albertus Magnus），出生於西元一二〇〇年德國南部。他在義大利帕多瓦（Padua）受教育，之後成為那個年代巴黎最優秀的教師。阿奎那二十歲時從義大利南部前來，拜在他的門下成為門徒。

十三世紀初，歐洲對於知識的心態是：只要努力，人能「無所不知」。大雅博不僅大膽挑戰這個任務，還想擴展人類知識：不管在哲學、今日的化學以及生物學都要——以及鍊金術。他廣博的知識讓他在神職人員之間有巫師之名。但這對他並不公平：因為他對待鍊金術的方法非常科學（依當時的標準）而且正統（亞里斯多德立下的原則他都有遵守）。在鍊金術上，他對卑金屬化為黃金的事抱持懷疑的態度，但也不完全否定這個可能——或許是因為亞里斯多德對此並未留下隻字片語。他在自己的鍊金師小屋裡進行領先當時的前衛實驗，從他留下的實驗筆記顯示他極有可能是第一位分離出砷元素的人。

儘管鍊金術帶著異教和魔法的色彩，大雅博還是深深受其吸引，他那個時代一些有求知慾的人也不例外，因為鍊金術提供一種發現真相的獨特新穎方式。在當時，鍊金術是唯一真正探究事物的真科學。在這之前，人們對於變化的解釋，都是沿用亞里斯多德的看法——不管是解釋投擲物、老化、四季變化等等都不例外。大雅博可能是第一個想清楚化學變化和這些都不一樣的人。

亞里斯多德所設下的知識限制對大雅博似乎沒有形成任何障礙，但和他同時代的羅傑．培根（Roger Bacon）則沒他這麼幸運。羅傑．培根出生於西元一二一四年前後，他是方濟會修士（Franciscan），在牛津和巴黎受過教育，後來就落腳巴黎執教鞭。他跟大雅博一樣，擁有廣博且深刻的知識，他甚至還想把當時人類的知識寫成百科全書，但最後不得不認輸。要培根認輸是很難的，因為他是非常自負傲慢的人，見到別人在知識上有缺失之處，從來不假辭色。他的個性不適合出家：修道院的貧窮和守貞他偶爾可以忍受，但要他服從教會是不可能的。

培根的聰明才智過人，引起教宗克勉四世（Clement IV）的注意，出錢贊助他的研究。克勉四世過世後，培根的敵人開始報復。方濟會的當權者把他關在巴黎長達十五年之久，還下令銷毀他所有的作品。所幸，一些和他有志一同的修士偷運了一些出來，但他的《大作》（*Opus Majus*）還是一直到他過世四百五十年後的一七三三年才得以首度出版。

培根有很多點子和達文西（Leonardo da Vinci）筆記本中畫的創意相似——他早達文西有兩百年的時間，卻有很多地方比他走得更前面。培根預測了蒸汽船、汽車、潛艇、甚至飛行器的問世，他還認為有一天人們能夠環遊地球。他有一封信中還出現了歐洲第一次提到火藥的紀錄，也因為這樣，多年來人們一直認為是他發明了火藥。後來的歷史學家主張火藥是中國傳至西方的，但近年的研究表明，火藥可能是獨立在歐洲被發明出來的，且發明者很有可能就是培根。他不僅擁有超卓的想像力、也深具原創力。不過他也有非常實際的一面，那就是他非常強調做實驗，認為這是唯一可以推進科學的方法。（培根獨特的個性讓他可以心無旁鶩地把自己關在牛津實驗室中不斷做研究。）他也強調科學實驗中要找出正確真相，運用數學很重要。但他這些想法卻要一直等到將近四百年後，才由伽利略加以落實。

儘管培根擁有超凡的科學遠見，他仍堅信鍊金術的基本前提：他相信卑金屬是有可能變成黃金的。他還是擺脫不了亞里斯多德的遺毒。亞里斯多德在世時最愛生物學。自然界萬物的存在都有其目的——從玫瑰的刺到貓的鬍鬚。亞里斯多德和其學派的思想家對這教誨不敢稍忘。世界是有目的、方向性的：萬物都朝著完美前進。人類的精神努力想要克服肉體，在金屬的世界中也是同樣的道理。所有的卑金屬都努力想變成黃金，但想變為黃金，就需要某些介質協助。培根採納了阿拉伯人對於仙丹靈藥需要有催化劑助長煉丹的說法。但我們找不到紀錄證明培根成功完成這項實驗。

這麼一來就不免讓人想到這個問題：既然鍊不出黃金，那鍊金術又怎麼能欺騙世人這麼久？不是早該被拆穿是騙局了嗎？當然，一方面鍊金術士們總是支吾其詞、言不及義，有助他們逃過嚴格檢視。他們對實驗的描述——採用隱喻和神秘作風的手法讓外行人無法看穿其門道。而真正能看穿這些符號的人，又都是懂這門暗黑魔法的內行人。但更重要的是，有一些基本的因素支撐著鍊金術長久不崩壞的神話——也就是人們自己選擇相信。除了自己選擇相信，還有就是人性對金錢的貪念和不知足的野心。神秘作風、一知半解的門外漢、秘技和獲得無盡報酬的可能等等因素混合在一起——在在讓人目眩神迷，讓人性最原始的慾望受到滿足。但另一方面，鍊金術卻也以其自成一格的方式，成為物質的科學。它代表了人類對於物質世界瞭解的進程。在追求黃金的同時，鍊金術也在追求知識。要是當初鍊金術被人拆穿是騙術，從此從人類知識中消失的話，那人類對於化學的瞭解可能也會因此逸失長達數百年的時間。就跟占星術一樣，鍊金術是人類知識的迷途產物。在心理學作為一門科學來到之前，占星術讓我們得以對性格中特別的元素加以分析並區分，並讓我們思考自己的本性。同樣地，鍊金術也讓我們對物質世界提問——至今仍持續提問——並質問其真正的本質。

以後見之明將過去的真相和傳說分開是很容易的，因為我們有現代的標準可以衡量。但在古代，事情可沒那麼清楚。對於羅傑·培根畢生最偉大的創作，也是他過世後被人們稱頌了幾百年的作品，現代要怎麼去看待呢？根據傳說，這位預見了潛艇、飛機的預言家自己造了一台機器——一具頂著「黃銅製頭部」的機器人。一天晚上，培根在睡夢中時，機器人突然開始說話了，然後就自行粉碎化為烏有。所以培根也算是早科學怪人（Frankenstein）五百年的先驅嗎？

培根晚年貧困潦倒。一二九一年，在被囚於巴黎監於十五年後，他終於以健康為由獲釋。已經高齡七十多歲的他，拖著重病踏上返回牛津的歸途，隔年就與世長辭。

這時的鍊金術進入一個百花齊放著重創新的新時代，其主要目標大受關注。可是這樣的盛世，卻是建立在一樁災難慘劇之上。西元一二〇四年，在第四次十字軍東征中，法國軍隊攻陷了君士坦丁堡，罷絀了當時的皇帝。兵荒馬亂之際，他們還讓一名醉醺醺的妓女坐在索菲亞大教堂（Hagia Sophia）這座基督宗教史上最大教堂之一的皇帝寶座上。之後的燒殺掠奪中，無數古希臘和拜占庭的手稿全都逸失——包括龐大的鍊金術知識遺產。這對鍊金術的發展可說憂喜參半。一來，有很大一塊古人的智慧找不回來了；二來，十三世紀的鍊金師們為了解讀古代鍊金秘術的殘存文稿，不再有紀錄可以依樣畫胡蘆，只好自行發揮創意，結果反而將鍊金術大幅推進。傳說中的阿拉伯靈丹，現在換上了「賢者之石」（philosophers’ stone）的稱號。這種傳說中的寶物——讓人一聽就想到神秘的鍊金術、其最崇高的智慧結晶和真理——十四世紀西班牙鍊金師維蘭諾瓦的阿諾德（Arnold of Villanova）這麼形容它：「大自然中有一種純粹的物質，找到後運用法術將之提煉到完美狀態後，任何不完美的物體被其一碰就化為完美。」其他人的形容更誇張。雖然從來沒人真的見過這顆神出鬼沒的石頭，但大家都說它是顆極重、會發光的石頭，還會飄出天國一般的香氣。當石頭變紅時，會將卑金屬變成黃金；石頭變白時，會將卑金屬化為白銀。賢者之石就像獨角獸一樣，有著各種驚人的特質——但總是神出鬼沒。

將哲學家／賢者拉進鍊金術中，實在很不搭，但這也讓我們看到鍊金術這項「科學」和其最早源自哲學的概念離得有多遠了。只要想想亞里斯多德當年是怎麼看著池底陷在泥層裡的石頭，上頭黏著氣泡脫離石頭浮到水面上，然後逸散到空氣中，從而揣想著風火地水四種元素如何附在自然環境中。真正哲學家是這麼透澈又不含混其詞地看待事物的，跟賢者之石妄有哲學家之名，卻欺世盜名差之千里。但化學畢竟是個一直在含混不清中思索的領域，追尋賢者之石的工作其實也與之相差無幾。在鍊金師又小又髒的研究室中那讓嗆得人睜不開眼的煙霧中，和那些不實的迷人比喻之中，追求賢者之石所可能引導出來的發展方向可說是無邊無際的。一份名為《世間榮耀》（*Gloria Mundi*）的鍊金術典籍中，就說賢者之石：

眾人皆知、不分老幼。無處不在，在鄉間、在村裡、在鎮上、在所有神創造的萬物中。但它被所有人鄙視。富人與窮人每天都摸著它、僕人將它扔到街上、孩子拿來玩耍。沒有人珍惜它，儘管它是除了靈魂以外人世間最珍貴的東西，能夠殺王毀爵。它被視為最卑劣低賤的東西。

到這個地步，賢者之石的神話已經變成像是一道謎題一樣、一道裝腔作勢的文學象徵、或是像是那種警告貪婪誤事的老生常談寓言。但就如十九世紀化學家優斯圖斯・黎比希（Jutus Liebig）所言：

再有想像力的人，也想不出比賢者之石更好的東西來刺激人類奮力研究了。要不是賢者之石，化學就不會發展成現在這樣。多虧了賢者之石這不存在的東西，讓人類窮極一切努力找出地球所有的物質加以分析。就因為賢者之石這麼虛無飄渺，反倒有著神奇無比的影響力。

到了十四世紀中葉，歐洲各地修道院中的抄寫員全都忙著從古代鍊金術手稿中抄錄如何鍊出賢者之石的部分，而這其中就涵蓋了許多前人對於化學化合物性質的研究。這些古代無意間的化學家們多半名埋史籍不為人所知。而中世紀抄寫的僧侶們在抄寫時，或許是覺得沒必要、或許是不夠專業，也在其抄本中沿續了中世紀手稿這種不留作者名或是誤植作者名的做法；有些情況下，的確也是錯在原作者——他們前後作品的落款名字就不一致。那個時期部分最重要的作品，都是由一位名為「伽別」（Gerber）的化學家所寫，與八世紀阿拉伯鍊金師賈比爾的歐洲譯名同樣。這位十四世紀的鍊金名家可能是西班牙的僧侶，後代人現在稱他是「假伽別」（False Geber）。

其他鍊金師就沒這麼隱密了。有不少鍊金師還出了回憶錄，有一位甚至還詳細描述了他成功鍊金的過程。住在巴黎的抄寫員尼可拉斯．弗拉梅爾（Nicolas Flamel）[11]在他的《象形符號解密》（*Exposition of the Hieroglyphicall Figures*）一書中，講述自己為了尋求鍊金術而從法國千里迢迢前往西班牙，在這裡遇到一位猶太醫師康奇斯大師（Master Canches）。康奇斯過世前，將鍊金術中的一小部分傳給了弗拉梅爾：「最主要的成分，但不包括如何準備這些成分，這部分是最困難的地方，比世上其他事物都難準備。但最後終於讓我在經過三年左右的嘗試錯誤弄到了；在這段期間裡我心無旁騖地只是專心研究和實驗。」最後「在人類獲得救贖的一三八二年，」他寫道：「我在四月二十五日傍晚五點左右將紅石兌著與水銀相同的量……我真的鍊出了幾乎等量的純金，而且要比普通黃金還更像黃金，更柔、可塑性更高。」可惜的是，他對於怎麼鍊出金子的方法，卻用傳統那種滿是比喻的方式描述，所以其他想從書中學到他如何點石成金的讀者，始終也未能破解其中奧妙。不管弗拉梅爾的說法可不可信，不可否認的是，出身寒微的他不久就成為富翁，還以樂善好施聞名於巴黎眾教堂之間。他那時代留下一片大理石刻的匾額就紀錄了他這些捐贈，至今依然能在巴黎國立中世紀博物館（Musee de Cluny）中看到。

11 譯注：在J. K. Rowling小說《哈利波特》系列中多次提到Flamel這位鍊金師，中文將他翻譯成尼樂勒梅。他分別在《哈利波特與神秘的魔法石》（小說中是Philosopher's Stone，電影版被改成Sorcerer）、以及《葛林戴華德的罪行》中出現，就是片中長生不老的老魔法師。

但成功鍊出黃金的人可不只弗拉梅爾一人。據說，當時的文獻也支持這說法，說是有位加泰隆尼亞（Catalan）的僧侶雷蒙多．魯爾（Raimondo Lul）同樣也在這「偉大的工作」（Great Work）中成功了——這是後人稱鍊金術的另一種說法。魯爾在英語國家較常被稱為雷蒙．盧利（Raymond Lully），他是神祕的苦行僧侶，同時也是位成功的鍊金師。據說他因為成功鍊出金子，幫英國放蕩不羈的同性戀國王愛德華二世還清欠債，愛德華二世在位期間多半都在和他那些有恐同症的臣子侯爵搏鬥。盧利自己在年輕時可能也和愛德華有同樣的癖好，後來才出家為僧。許多為他說好話的學者都否認這件事，也替他辯解說他對鍊金術沒興趣——但他在世時，許多人相信他對這兩者都有癖好，也深信他的鍊金術相當成功。歷史這東西本來就不是記載真相，而是記載人們相信的事。雖然當時很多招搖撞騙的鍊金師，但還是有很多這時期的鍊金師是不作假的。這些人對自己從事的鍊金術是由衷相信的，而且是有所本的。中世紀的哲學家雖然是本著亞里斯多德的哲學做研究，但他們卻發展出一套屬於他們自己的亞里斯多德理論。這個理論主張大自然追求完美的特性，同樣也發生在埋於地底的礦物身上。石生岩、岩則生各色金屬，這樣的演變過程不斷地在進行著。經年累月下來，卑金屬就會慢慢踏上完美的階梯，一一化為錫、然後銀、最後就化為金。

這樣的想法乍聽很荒謬，但探究下去卻沒那麼離譜。在冶煉的過程中，平凡的礦砂會產出純粹的金屬。這個過程相對於中世紀科學家們所觀察到大自然中轉變的過程要簡單多了。看看那腐肉生蛆、爬蟲化蝶、撒種成林等情形，這可要難解釋得多，而這些才是真正的嬗變。相較之下，一種金屬化為另一種金屬，實在簡單到讓人相信一定可以透過鍊金術達成。

儘管如此，這些鍊金師卻意外為日後的化學打下紮實的理論基礎。在他們上窮碧落下黃泉地尋找賢者之石的過程中，這些十四世紀的鍊金師們成了歷史上第一批瞭解到酸性物質本性的人。在此之前，古人唯一知道的酸性物質只有醋中的弱醋酸。到了八世紀，賈比爾製造出弱硝酸溶劑，其他阿拉伯鍊金師則發現透過蒸餾可以從醋中提煉出更強的醋酸。但強醋酸再怎麼強也幾乎不具侵蝕性，所以似乎是沒有太大的作用力。這之後才出現突破。就在一三〇〇年之後不久，假伽別發現了礬，也就是大家熟知的硫酸。這種溶液可以溶解、腐蝕幾乎任何物體或和其起化學作用！此舉被稱為自三千年前人類發現如何從鐵礦石中提煉出鐵以來最重要的化學進展。日後，硫酸跟鐵一樣，都澈底改變了世界。二十世紀中葉以前，一個國家的發展指數，都是用其工業每年使用硫酸量來衡量的。

除了硫酸以外，假伽別也描述該如何製作硝酸的方法——在當時這稱為「強水」（aqua fortis），因為除了金子以外，它有能力溶化幾乎任何東西。在此前，多數鍊金師想使用酸的話，都只能靠著自然出現的那些弱酸——像是醋裡頭的醋酸或是酸敗牛奶中的乳酸。找到從礦物中取得強酸的方法，為鍊金師的實驗打開一個全新的領域。許多物質現在可以溶於礦物酸、金屬可以靠其腐蝕以形成鹽、而溶液在加入硝酸後就會出現沉澱物。鍊金師找到了讓他們可以進行許多種基本化學反應的方法——包括形成化合物和溶解化合物、將一種化合物轉變為另一種等等。同時，他們也找到方法讓他們可以把從前只知道是化合物的東西分離出不同構成元素。但這都是後見之明。當時的鍊金師們並沒有理論架構供他們把自己的實驗結果分類整理。他們在黑暗中摸索，只知道自己發現了很實用的東西。他們知道怎麼做——但並不真正知道他們在做什麼。

可惜的是，鍊金師誤解了自己的發明。他們自以為知道這是怎麼一回事。畢竟他們這些研究都只為一個目的設計的：將卑金屬鍊成金。化學的發現都要用來鍊金，不能鍊金那就拋到腦後。很少人針對這些新的鍊金術進行全面性的探討——在他們看來沒這個必要。

雖然態度狹隘，但竟也達成了某種程度上的全面性進步，雖然多半是無意間的。進步的關鍵在於他們對於仙丹的看法。中世紀歐洲從阿拉伯人那裡繼承了對於靈藥（elixir）的模糊概念。他們大概知道靈藥是用來引致嬗變的催化劑：催化劑有魔力的想法於是就這樣留存在中世紀歐洲鍊金師的心目中。靈藥同時也是賦予永生的靈丹，吃了能長生不老。因為這個聯想，讓他們開始相信靈藥應該也有治病藥效。這種概念上的混淆不清，可以從十四世紀中葉的鍊金師魯庇西薩的約翰（John of Rupescissa）留下的文字中看出來。他的生平我們所知不多，只知道他曾經出言中傷過教宗英諾森六世（Innocent VI）的德行而入獄，奇怪的是，英諾森六世是當時少數言行較為得宜的教宗。魯庇西薩的約翰的鍊金術作品卻不像他的行為那麼直接。在某些地方，被他用來作為鍊金催化劑的靈藥，和他開給病患治療用的靈藥，說法幾乎相同。將鉛的低賤性質清除，以及讓腸胃不適獲得清除，在他的寫作中看來似乎是同樣的做法——都需要同樣強烈的手段。但怎麼可能把設計來投入近攝氏四百度熔化金屬中的催化劑要人吞進肚裡去，這也太不可思議了吧。

先不論當時這些被要求吞下靈藥的病患作何感想，但此風日長。當時的鍊金師為了要增加他們亟需的收入，也很快就發明出各種醫治不同病症的靈藥。這讓他們整理出特定疾病所需要的有效靈藥。早在賈比爾的醫藥百科中，就已經有用化學物質來治療特定疾病的概念——而非洲的君士坦丁所譯的此書版本，這時也已經在歐洲廣為流傳。歐洲鍊金師們所製作的靈藥更強化了賈比爾這個概念。製藥產業就這麼在歐洲誕生了。

他們的製藥技術更因為一種史上最重要靈藥被發現而如虎添翼。這種靈藥也是一種強水（拉丁文為 aqua）；日後被稱為生命之水（拉丁文為 aqua vitae）。這是將酒精蒸餾而成的液體。第一位製作出幾乎純粹酒精的鍊金師維蘭諾瓦的阿諾德（Arnold of Villanova），出生於十四世紀的西班牙。阿諾德的思想結合了密契主義和科學洞察力。他觀察到，如果在不通風的房內燒柴，房內會累積有毒氣體——他因此發現了一氧化碳。但他同時又相信所有物質之中都含有賢者之石，所以可以從中提煉出賢者之石。這種密契主義的觀念其實就反映在他從葡萄酒蒸餾提煉出純酒精的作為中。因為鍊金術界有將事物符號象徵化的做法，所以酒精成了陽光照過葡萄並留在其汁液的日光精華（天上的黃金）。關於酒類的寫作似乎也是同樣在這時期被發明出來的。

維蘭諾瓦的阿諾德精通阿拉伯文，擁有廣博的醫學知識。他讀過阿維森納原始阿拉伯文版的藥學百科全書、而不是經過非洲的君士坦丁有點隨興的拉丁文譯本，因此他在處方上也比同行更能對症下藥得多。在整個南歐地區，維蘭諾瓦的阿諾德被公認是當時最優秀的醫師，皇親貴族和教宗的病榻前都可見他的身影（他一生中服侍過近二十位教宗）。要照顧這些本來就壞脾氣的生病君王和驕縱的教皇可不是件容易的事，隨時都有掉腦袋的危險。不管對醫生或病患，一個不小心兩邊都要沒命。但高風險自然有高報酬，醫得好的話那回報也是可觀的。阿諾德就從亞拉岡（Aragon）佩德三世國王（King Pedro III）那裡獲得一座豪華的城堡，也從教皇那裡獲得一份高薪的教授職位，得以在法國蒙佩利葉大學（Montpellier University）執教。他還在義大利、西班牙還有南法等地擁有許多鄉村別莊——這些地方都非常適合供他研究如何提煉葡萄酒。

就跟強水（硝酸）一樣，生命之水（酒精）也被拿來當做溶媒，只是溶解力比較弱。酒精同時又有保存防腐的作用。在醫療上，酒精可以用來消毒殺菌、清潔傷口。一些沒有濟世救人大志的人，則是紛紛拿自己當實驗品來測試這種新發現的神奇液體。這種拿自己測試酒精的風氣很快傳遍整個歐洲，「生命之水」跟著被翻譯成不同語言：法文稱其為「eaudevie」[12]（白蘭地，生命之水）、北歐各種語言稱之為「akvavit」[13]（蒸餾酒）、蓋爾語（Gaelic）則稱為「usquebaugh」（whiskey，威士忌）。這些人體酒精實驗肯定都沒有研究出什麼成果來，才會到現在大家還是不停往自己肚子裡猛灌酒精，想找到生命之水的神奇妙用。

鍊金師們這時也開始紛紛想出各種重要的科學點子，雖然不見得是他們的目的，而只是意外產生的。同時，鍊金術繼續產出只能騙騙人的愚人金（fool's gold）。毫無意外的，鍊金術這門黑魔法第三度走入頹勢——前兩次分別是羅馬帝國的結束和阿拉伯帝國的崩潰。鍊金術再次被明令禁止：這次是教宗若望二十二世（Pope John XXII）在一三一七年下的禁令。但在下禁令之前，他曾花了幾年的時間嘗試這項偉大的工作，並接受維蘭諾瓦的阿諾德的指導。當時對於若望二十二世明令禁止鍊金術的原因眾說紛紜。有人說是因為他對鍊金術的期待幻滅、有人則說是因為發現自己沒這才能惱羞成怒。但更多人認為是因為他想要獨占鍊金術的神奇妙用，在明令禁止後，他卻私下在亞維儂（Avignon）教皇皇宮地下室裡偷偷施行鍊金術。若望二十二世過世後留下不計其數的金子，價值一千八百萬法郎，抱持這種說法的人深信這就是證據。之後有好多年的時間，形上學家和主計官員對於這筆財富的來源因此爭論不休。

但教皇禁令只是讓鍊金術走入地下化而已。鍊金術這門黑魔法獲得人性廣泛的共鳴——黃金、隱密、密術：這組合對於任何追求知識的人都有無窮的吸引力。即使中世紀最具智慧學養的人，神學哲學家湯瑪士・阿奎那都對鍊金術相當有興趣。他曾接受恩師大雅博指點鍊金術，據說還曾寫過一本名為《鍊金術百科全書》（*Thesaurus Alchemiae*）的作品，同時還有幾本類似的小冊。這些作品的作者真實性尚有爭議，

12 譯注：法文 eau de vie（生命之水）合成一個字。Eua-de-vie 在現代法文指的是白蘭地酒。
13 譯注：akvavit 在現代各北歐國家指的是一種加味蒸餾酒，酒精濃度為百分之四十。

但據鍊金術史家魏特（A. E. Waite）所言：「一些現代化學家還在使用的字彙，都是在這本偽稱為湯瑪士・阿奎那的著作中出現的——比如汞合金（amalgam）這個字，這是用來指汞和其他金屬的化合物。」在阿奎那腦中，那謹奉聖經、一絲不苟的哲學治學作風，是怎麼和胡說八道又深奧難懂的鍊金哲學和平共處的，我們實在難以參透。但正是鍊金術的胡說八道，對歐洲人的心智以及其所謂的生命哲學有了根本的影響。

最能夠點出這一點的就是《翠玉綠石板》這本由神秘的赫密士・特里斯梅吉士托斯所著的古代鍊金術典籍。這本書可能是他在西元第一世紀於亞歷山大港寫下的，此書在阿拉伯鍊金術發展過程中一直居於中心地位，之後可能在十五世紀前後開始在歐洲流傳。據信是在君士坦丁堡這座拜占庭帝國國都於一四五三年被鄂圖曼土耳其人攻陷前，在那邊的希臘學者帶著此書逃往西方而開始在歐洲散播。希臘學者的逃亡對於許多古典時代的知識在其他地區重生有很大的幫助，這最後就促成了文藝復興，但同時也促成了許多形上學胡說八道的散播。

《翠玉綠石板》中收錄了許多最經典的這類胡說八道。「舉凡在下者一如在上者、而在上者一如在下者，都參與了奇蹟的發生。」但在這些胡言亂語之中，該書也收錄了一條不容推翻的金科玉律。據《翠玉綠石板》所載，神以前人所不理解的相似度依自己的形象創造了人。所以人不僅有著理性的靈魂、同時也跟神一樣是創造者。但人若想要施行這創造的神能，首先要發現大自然中的秘法。而要發現這些秘法，就要折磨大自然——用火來烤、用強水（硝酸）來溶解、再用像是蒸餾法之類的其他化學方法來逼大自然屈服。

能成功左右大自然事物的變化，讓人成了擁有長生不老的神。他因此擁有操控物質的能力、擁有無盡的財富、以及將人間變為天堂的能力。這許多操控自然的神力中，不難看出是哪個成為日後未來科學發展的主要動力。人類透過技術革新、實驗和採用科學思維，得以主宰大自然、改變大自然、讓世界依自己的意志運行。據科學史家皮爾斯·威廉斯（L. Pearce Williams）所言：「這儼然已是現代科學觀了，我們要特別點出，這樣的觀點只出現在西方文明中。但可能就是因為這樣的態度，才讓西方在左右物質世界方面，在落後東方數百年後得以後來居上、超越東方。」在頑強迷信的鍊金術之下，卻埋著科學幻想的種子，成為日後推動世界的驅力——雖然我們不見得歡迎。

科學思想這麼繞了一大圈終於找回初衷。它始於希臘哲學，現在又回一開始時的澄澈無罣礙。但這一路上卻沾染上許多不科學的迷思，這些迷思一時之間難以甩脫，有些還意外特別派得上用場。《翠玉綠石板》中有太多神秘兮兮的觀念和牽強附會。一開始的七種元素被硬和七大行星扯上關係，而七大行星則轉而控制了一週七日。黃金於是附會上太陽、太陽（sun）又附會上星期天（Sun-day）。銀硬是附會上月亮（moon），然後又附會上星期一（Monday）。這樣的強烈帶有鍊金術影響的概念，至今依然攀附在我們的曆法制度上，甩都甩不掉。其他類似的鍊金術遺毒甚至還左右了一些最重要的科學觀念。《翠玉綠石板》中採納了許多後期柏拉圖式的密契主義，包括像是太陽是人類在靈性和身體方面開竅的來源，這個觀念源於柏拉圖那著名的洞穴寓言。該寓言說人就像被束縛在黑暗洞穴的囚徒。我們背後燒著火，將我們的影子投射到前方的洞穴石壁上。透過這火與影所投射的表象世界其實都是虛幻，卻被我們誤以為真。只有學著不再看那個假象的世界，才能夠看到洞穴外太陽所照射的真正光芒。這個太陽才是真的現實世界，是我們世界的中心。

日後哥白尼（Copernicus）沿用了這個觀念到科學具體事實上，因此宣稱地球和其他幾大行星都是在其各自軌到上繞著太陽轉，他的靈感來源其實本身並不科學。在他所著《論天體繞行》（*De Revolutionibus Orbium Coelestium*）一書中，他特別提到赫密士・特里斯梅吉士托斯，引用他的理論來支持自己的行星繞行理論。哥白尼在此書中的行文始終很抽象，而他的行星理論中最大的一個錯誤，正是因為受到柏拉圖的影響。因為柏拉圖說，天體，也就是太陽系諸行星，只能奉行「真正」的幾何圖形，也就是只限於用圓規和尺所能畫出來最完美理想的那些形狀。就是因為柏拉圖這麼說過，才讓哥白尼錯誤推論出行星軌道一定都是正圓形；直到日後科學家才發現其實行星軌道是橢圓形的。

此時科學已經來到新的時代，其發現從此改變了人們看待世界的方式。但這時代人們對世界的看法卻又同時沒完全脫離舊時代，因此影響了其整體的思維。這兩股新舊力量的拉扯可以從一位臭名滿天下、與哥白尼同時代的人身上看出來，他可以說就是那個時代科學的表徵。

第四章　帕拉塞爾瑟斯

提歐弗拉斯圖斯・邦巴斯特・馮・霍亨海姆（Theophrastus Bombast von Hohenheim）在史冊中以帕拉塞爾瑟斯（Paracelsus）為人所知，他出生於一四九三年底瑞士小村落艾恩席登（Einsiedeln）[14]。在他出生前一年，哥倫布（Columbus）才剛抵達美洲，而「偉人羅倫佐」（Lorenzo the Magnificent）則剛卒於正處於文藝復興時期的佛羅倫斯城。火藥在這時改變了戰事、讓原本封建貴族無堅不摧的城堡變得脆弱如危卵；複式簿記法（double-entry bookkeeping）也改變了銀行業，使其能夠為大型商業企業籌措資金和查帳；而古騰堡（Gutenberg）發明的印刷機更已經在西方各地從英國到義大利南部都被採用。歐洲這時處於一個重要時代的轉捩點上。

帕拉塞爾瑟斯的名字中有個邦巴斯特（Bombast[15]，意譯為愛說大話、作風浮誇）絕不是空穴來風——而且有很長一段時間，大家都以為這個字的意思就是源自於他，因為他的行事作風讓「bombast」這個字更加意象鮮明。但其實原本不是這樣的。帕拉塞爾瑟斯從小體弱多病，還有佝僂症。他的父親是私生子，他母親則是賣身為奴。這樣身體和社會地位雙重弱勢的背景，對帕拉塞爾瑟斯複雜且叛逆的性格起了關鍵的作用。另外，據說他在童年時期就遭到去勢。至於原因為何又是如何去的勢，則無從得知——有可能是因為生病造成的。他一生中始終面上無鬚、外形也總是帶著女性特質。他對性愛不感興趣，喝起酒來總是毫無節制、會發酒瘋又孩子氣，藉此掩飾他不像男人的外觀。

帕拉塞爾瑟斯小時候母親就過世了，他和父親隨後遷往奧地利的維拉赫（Villach）。要一個小朋友從瑞士徒步兩百五十英里穿越阿爾卑斯山前往奧地利，顯然對他還在發育的身體造成傷害。帕拉塞爾瑟斯終生未婚。到了維拉赫後，他的父親在村裡的礦業學校教授鍊金術實作和理論。換作在現代，他教授的學問應該會被稱為

14 譯注：Einsiedeln 德文是隱士之家的意思。而帕拉塞爾瑟斯原姓 Hohenheim 則有高處之家的意思。

15 譯注：此字德文和英文的意思是一樣的，拼法也一樣。原始字源來自希臘文，指蠶（bombux）。

冶金學實作與理論。毫無疑問地，帕拉塞爾瑟斯的父親課餘時會在自己那滿室生煙的鍊金術小屋中鍊金，由兒子帕拉塞爾瑟斯擔任助手。他的鍊金實驗肯定不會只是理論性假設或是沒有根據地亂搞。在當時冶金理論依然沒有擺脫舊式觀念，認為一些較低賤的金屬會在地裡慢慢被精鍊成銀、最後則化為黃金。鍊金術的點石成金只是用科學的手段來加速其在大自然中的過程而已。

帕拉塞爾瑟斯早期擔任父親助理的經驗，讓他在礦物性質和處理方面極具專業知識，這樣的知識在他正式工作後獲得拓展。他曾在當地一位西吉斯孟德·富格（Sigismund Fugger）的礦場和工作室裡擔任學徒與監工，富格這人也是很老練的鍊金師。他出身德國龐大的經商世家，其家族在十五和十六世紀歐洲商界扮演舉足輕重的角色。歐洲各地都有富格家族的礦場，橫跨匈牙利到西班牙各地，他們還擁有金融借貸商行，遍布於冰島到地中海東岸等廣大地區。富格家族所累積的財富多到足以左右誰可以當神聖羅馬帝國的皇帝這等的大事，為了讓查理五世坐上寶座，他們不惜全面進行賄賂，只為拱他上位、並確保其對手法國的法蘭索瓦一世不致出線。（富格家在北歐和東歐不可一世；而在南歐和西歐這邊則由更有文化、傳承更久的梅迪奇

（Medici）金融世家雄霸一方，梅家在某些方面凌駕在富格家之上。）在富格家礦場工作期間，帕拉塞爾瑟斯學到了讓他終生難忘的教訓——在這裡，鍊金理論不如實作重要，成功與否要看產出。

一五〇七年，十四歲的帕拉塞爾瑟斯結束在富格家的工作，徒步前往歐洲各大學遊學。在中世紀歐洲，壯遊是很常見的，但帕拉塞爾瑟斯這麼年輕就展開壯遊，顯示他很有主見且才智過人。接下來幾年間，他以流浪學者的身分行走各地。他先到伍騰堡（Württemberg）聽發明了第一份為人廣泛使用的速記符號的鍊金師兼占星師崔瑟米厄斯（Trithemius）講課。然後又前往巴黎，在法國外科軍醫翁布霍斯・帕黑（Ambroise Paré）門下學習，帕黑是第一位懂得將人體血管結紮的醫師，現在被公認是現代外科醫學之父。帕拉塞爾瑟斯這人心高氣傲又愛和人爭論，所以他很少在一個地方久待。他聲稱自己在義大利大學取得學位——但沒有人知道究竟是哪間大學。他總是會在資歷中列出自己在一五一七年獲得醫學博士文憑。但史學家找不到證據來佐證他的說法，義大利費拉拉大學（Ferrara University）這一年的畢業生紀錄又剛好遺失，帕拉塞爾瑟斯可能就是知道這件事才這麼聲稱的。

帕拉塞爾瑟斯在二十出頭來到義大利北部後，就開始主張跟學院傳統相左的鍊金理念。當時歐洲各地大學還是很信奉中世紀過去的傳統，雖然文藝復興人本主義的觀念已經出現——也就是強調人為中心（而不再是宗教）的價值，並主張人類的價值和尊貴。當時各大學授課用的還是拉丁文，任何意見相左的學術見解，最後都要以古典時期的文獻為尊，而不是以現實生活或是人類經驗為尊。哪些古典文獻呢？亞里斯多德的影響力在這時開始在各種知識學門中發揮強大的限制，幾乎任何進步都受到其學說的阻礙。在醫學方面，蓋倫和阿維森納都同樣占主導地位。蓋倫這位古羅馬時代的偉大醫師曾治好多位羅馬皇帝，但他的人體解剖知識是靠著解剖豬和狗得來的；而阿維森納對症下藥之法其實只是稍具雛形，卻被奉為金科玉律。

帕拉塞爾瑟斯可不願被這些教條綁住。他很快就開始推翻學院的理論。在他眼中，學醫只有一條路。「真正的醫生應該四處走訪高齡婦人、吉普賽人、魔法師、流浪部落、老盜匪之流的化外之民，向他們求教醫術。好醫生要行萬里路勝讀萬卷書……知識源於經驗。」他知行合一，說到做到，就此上路。既然立下鴻鵠之志，那就不能平平凡凡被人當作池中物。原本以出生名提歐弗拉斯圖斯・馮・霍亨海姆行走江湖，還有個邦巴斯特（狂人）中間名的他，現在乾脆改名帕拉塞爾瑟斯——意為「比塞爾瑟斯偉大」。這位塞爾瑟斯（Celsus）是西元一世紀的羅馬醫師，此時人們重新發現他的作品，更在學術圈掀起轟動。但帕拉塞爾瑟斯卻一眼看穿塞爾瑟斯的作品沒什麼原創性，大多源自早期古希臘作品，尤其是卒於西元前四世紀的「醫學之父」希波克拉底（Hippocrates）。但在過去的兩千年裡，世界已有進步，這種對古典時期想法的頌揚只是讓這位社會地位低下的私生子的年少兒子更加看不下去。他絕對比塞爾瑟斯出色的，而且絕對有條件自稱比他優秀。他會證明給大家看。

他在接下來的七年間，上山下海遊遍歐洲各處。有時擔任軍醫以賺取盤纏、有時則擔任遊方醫師。偶爾會有些貴族召他前去治病，這時就能獲得大筆獎賞；有時則要靠著在市集兜售自治藥方。就這樣，他走過荷蘭、又到了蘇格蘭、然後前往俄羅斯、甚至遠及君士坦丁堡。他吹牛也從不打草稿，對外他的講法總是比真實去過的地方多，他宣稱自己還遠赴埃及、聖地耶路撒冷以及波斯。但後來，有次他難得坦誠，終於承認：「我從沒到過亞洲或非洲，雖然我曾這麼說過。」但舉凡他真實到過的地方，他總能從中獲取知識——特別是化學化合物和其效用、一些老媽媽的家庭秘方、鍊金術秘方等。他所到之處人們也總會記得他。據一名當時人的回憶：「他過著像豬一樣的生活，樣子則像是趕羊販子。他最喜歡和一些低下的賤民混在一起，多數時候都是醉醺醺的。」但凡是見證過他醫術的人都對他讚不絕口，稱他是「德國醫神」（German Hermes）、「學識淵博、備受愛戴的高貴王子」、「無所不知之王者」。對帕拉塞爾瑟斯的評價總是這麼兩極，而他教導學生也是這樣。這麼一個不修邊幅、愛吹噓的人顯然就是招搖撞騙、譁眾取寵的江湖郎中；但是他所留下的科學理念，儘管有時含混不清，也不見得總是他的原創，卻為日後的化學點出一條明路。因為他讓中世紀鍊金術第一次能走出江湖術士不切實際的泥淖，一腳踏上朝向科學研究方法前進的實地。或許他就是因應這個需求而降生的人。

比如說，一五二二年他造訪君士坦丁堡時，這座鄂圖曼帝國的國都正在蘇萊曼大帝（Suleiman the Magnificent）治下，這裡可容不下任何異教徒，就連歐洲派來的特使，都會照慣例被當成奸細扔進耶地庫爾堡（Yedikule）的地牢中。（古代的外交官當然都是來打探的奸細，但蘇萊曼大帝可沒興趣玩外交禮儀裝客氣。）但帕拉塞爾瑟斯卻得以在君士坦丁堡挖掘出古拜占庭鍊金術的失傳秘技，將之首度帶回歐洲。他也在這趟旅程中順道帶回了同樣重要的道地科學知識。他發現當地農婦採用一種原始醫療手法，似乎可以預防天花之類的疾病。她們的做法是把人身上的血管割開，插進一根沾了天花膿液的針頭。後來，帕拉塞爾瑟斯成為第一位發表這個預防理論的人，他主張只要在身體裡放進微量的膿液，「那原本會讓人生病的病源會成為治病的妙方。」但就跟帕拉塞爾瑟斯其他的知識遺產一樣，這個說法卻帶來兩極的效果。有些人將之解讀為接種疫苗原則的先驅，早了人類真正發明疫苗兩百年的時間；另一些人則將之看成是更具爭議的順勢療法（homoeopathic）的先聲。

一五二一年馬丁・路德（Martin Luther）因為攻擊天主教會而被傳喚到沃木斯國會（Diet of Worms）去說明自己的立場，帕拉塞爾瑟斯也在場。看到路德這位礦工之子這麼頑強地對抗教皇、還譏斥教會販售贖罪券是販售「進入天國的門票」，他覺得自己找到了志同道合的人。路德在國會中不僅拒絕收回自己的話，還堅稱「這就是我的立場；除此無它。」從此開啟了導致歐洲分裂的新教運動。帕拉塞爾瑟斯深受感動，認為自己的使命也跟路德一樣。不過他在信仰上還是天主教，只是不那麼虔誠，也總是避免沾惹有爭議性的宗教議題，因為他的戰場是在科學方面。

但帕拉塞爾瑟斯除了對前人作為不滿以外，他真正想要讓世人知道什麼呢？是發現新的科學方法嗎（還是那些大家還在使用、卻被一些較有地位的知識學門排擠而受到忽視的舊方法）？或者是他想要強調經驗勝於權威？還是只有能治病的才值得重視？上述這些的確都與前人不同——但卻看不出有個一貫性。

帕拉塞爾瑟斯很快表明自己的真正用意是要發展醫療化學（iatrochemistry）。這實際上不是他的點子，但他為了推進做了很多事情，以至於幾乎把這變成了自己的點子。醫療化學一詞源自希臘文「iatros」，即醫師之意，這門學科是要讓化學成為醫學的中心學門。

事實上，當時的化學其實還只是鍊金術，但帕拉塞爾瑟斯非常果斷地斥責鍊金術把時間用在鍊出黃金，根本是在浪費時間。他認為應該把鍊金術的技術用在醫療服務上——為病患和各式疾病製造化學解方，依特定疾病製作特定藥物以治病。醫學要這樣才能成為科學，而不是當時那種啟人疑竇、故弄玄虛的技藝。醫學知識應該要記載下來並出版成冊，供所有醫師參考，並據以完成自己需要的藥物。每一種藥物都應有清楚而且舉世接受的名稱，並且有簡單、明確的製作方式可供查詢。不再容許出現像鍊金術教科書裡那樣，滿是沒必要的推論、含混不清的文字。從現在開始，要強調的是做法和如何以科學方法準備和使用療程。理論、迷信偏方和草藥都不再需要。

但顯然地，帕拉塞爾瑟斯說一套做一套。首先，他依然相信有一天鍊金術可以鍊出金子，而且終其一生都不斷在做鍊出金子的實驗。同時，他也深信一些迷信偏方和草藥。這當中的區別似乎在於，他做可以，但如果是別的醫生使用，就不行。

帕拉塞爾瑟斯對事物的見解總是這樣，新舊交雜、時而大膽時而怯懦。他主張應澈底研究礦物以瞭解它們的性質；之後才能夠用來針對特定疾病製成方藥。他也堅持要依嚴謹的方式來將化學物質製成化合物，而不能照舊式鍊金師那種隨意混合的方式處理。他這樣的態度，引起化學史上最重要的觀念革命，這個觀念重要到我們現代人都習以為常了——但在帕拉塞爾瑟斯的時代卻沒有人瞭解。當時的人不清楚化合物的性質受到其中元素組合的方式所影響。這件事讓我們清楚地瞭解到，在帕拉塞爾瑟斯時代正處於起步階段的化學，是多麼原始幼稚。鍊金術能夠帶給化學的，就只夠它觸及皮毛而已。化學的真相——也就是物質本身——在當時基本上就是一個未知數。

在這方面，帕拉塞爾瑟斯倒是言行一致。他對於化學化合物的研究真的是一絲不荀、精闢入理，現代的藥房都存放著他所開立且研究過的化合物：鋅鹽和銅鹽、鉛鎂化合物、治療皮膚問題的砷化物等等。但是對於其他鍊金師取得的進步，帕拉塞爾瑟斯卻又嗤之以鼻。別人解剖屍體被他譏為「死人解剖」；對於身體內部在疾病中運作的研究也同樣被他貶低（除了他自己點出的情況外）。

帕拉塞爾瑟斯雖然涉獵鍊金術，但他的確是位不折不扣的化學界後起之秀。他相信所有的生命都是由一系列化學構成所形成的，身體不過就是化學的實驗室，生病了就是這些化學物質不平衡或是運作出問題，透過給患者制衡的化學物或是引發適當的化學反應，就能將疾病治癒。以上這些說法都沒問題。但同樣地，帕拉塞爾瑟斯既有前瞻的化學觀念，卻又深陷於落後的理論中。他的元素觀和傳統觀念大同小異。他採用亞里斯多德的地、水、火、風四元素觀，同時也接受阿拉伯人所發展出來的三本質論：硫（讓物體有可燃性或催化作用）、汞（讓物體有揮發性和相反的性質）、鹽（則是固化作用）。帕拉塞爾瑟斯認為這三本質是萬物基礎，還引傳統對於木燃於火的說法來為此說辯白。因為汞具有凝聚本質，所以在木頭起火生煙時，木頭就不再凝聚而瓦解。煙代表了揮發性（汞本質），生熱的火燄代表可燃性（硫）、燃燒剩下的灰燼代表了凝聚性（鹽）。這三本質不是物質（物質包含四元素）、而是代表物質運作的特性。

一五二四年，帕拉塞爾瑟斯終於回到家鄉維拉赫，隨身帶了一柄他聲稱是在威尼斯從軍時獲得的長劍。（從此以後他隨身配戴此劍；這成了他的護身符、他的商標。許多他的畫相中都可見這柄濃厚封建意味的顯眼寶劍，據說就連上床睡覺都不離身。）帕拉塞爾瑟斯的父親這時已經是當地居民間受備受尊崇的長者，對兒子返家他自然表示歡迎。帕拉塞爾瑟斯靠著不斷地吹捧自己，到這階段也小有名氣。但隨著他聲名遠播，他也越來越大頭症。這位飽經旅行歷練的博學之士，開始覺得自己可以任意而為、沒人管得了他。一五二五年，他因為公開聲援德意志農民戰爭獲罪，好不容易逃過一劫來到薩爾茲堡（Salzburg）。他的旅遊經歷中不乏這類情節——有部分無疑是誇大其詞，有些則可能帶點真實性，大概是親身經歷再加油添醋編成的。喜歡豪飲再加上對於當權者總是毫不留情的批評，成了帕拉塞爾瑟斯人生的寫照。

一五二七年，帕拉塞爾瑟斯來到巴塞爾（Basel）。當地一名舉足輕重的大人物約翰·弗洛班尼厄斯（Johan Frobenius）在遍尋良醫未果之下請帕拉塞爾瑟斯來治療他不良於行的右足。當地的醫師都主張截肢，但帕拉塞爾瑟斯及時勸阻了他們，並以非常出色的醫術成功將患者治癒了。方法為何我們不得而知，但他的確成功了。

此舉讓帕拉塞爾瑟斯交上了一名身居要津的朋友。弗洛班尼厄斯是位有著人文觀的出版富商，他的出版生意讓他得以結識歐洲當時頂尖的知識界權威人士。帕拉塞爾瑟斯在弗洛班尼厄斯家治病時，荷蘭文藝復興大學者伊拉斯謨斯（Erasmus）恰好寄住在他家中。

伊拉斯謨斯博學多聞，以獨立的見解自豪。他的想法受到天主教會學說影響很少；另一方面也和那些自許為路德同路人、見識淺窄的宗教改革者不同。伊拉斯謨斯這種不偏不倚的客觀態度，為哲學、科學、數學的進步清除路障，才讓這些學科得以在接下來數百年間有了突破性的進展。伊拉斯謨斯深知自己不足，因此說了這句名言：「在盲人的國度，獨眼龍就稱王。」這句話簡直就像在形容帕拉塞爾瑟斯——不過他本人當然不會承認。

伊拉斯謨斯和帕拉塞爾瑟斯一見如故。很難看出這位身體欠佳的老學者和遍遊諸國又愛發酒瘋的遊方鍊金師之間有什麼共同之處。伊拉斯謨斯縱然會在他這位衣衫襤褸的朋友口沫橫飛地談論醫療化學時，「眉頭深鎖，老眼昏花」地坐在一旁聽，可是他對帕拉塞爾瑟斯的說法可是深信不疑。他請帕拉塞爾瑟斯為他治療痛風和腎臟的問題，帕拉塞爾瑟斯也確實想出了療法。伊拉斯謨斯對帕拉塞爾瑟斯的醫術和學識都極為讚嘆，曾為文寫道：「你的技藝和才智，我付再多的酬勞都不夠。」獲得當代最傑出智者如此的讚美可不容易。伊拉斯謨斯甚至還答應要幫帕拉塞爾瑟斯謀到一個與其才幹相當的職位。

因為有了伊拉斯謨斯和弗洛班尼厄斯的推薦，帕拉塞爾瑟斯獲得巴塞爾城醫學官員，以及巴塞爾大學醫學講師的職位。這時的他只有三十三歲。他頭已禿，寬闊而粗糙的面容因沒有鬍鬚和中性氣質而變得柔和，歲月對他一點也不留情：經年累月的舟車勞頓和困苦生活都在他外表留下了痕跡。但他終於有機會一展長才——前提是他願意循規蹈矩的話。

但要他循規蹈矩簡直就是要他的命，帕拉塞爾瑟斯天生就沒辦法循規蹈矩。從剛赴教職，他就將課程大綱貼在大學入口的告示牌上，宣布不只是大學生，所有人都可以來聽課，而且他會用德語講課、不用官方語言拉丁文授課，這樣才能讓沒受過教育的人也能聽得懂。連本地的鍊金師和身份低下的外科理髮師[16]都會受邀來上課。校方見狀大怒，因為他們一眼就看出此舉是受到誰的影響。在此前十年，路德才剛在威登堡（Wittenberg）教堂大門前貼出「九十五條論綱」，反對天主教會販售贖罪券等錯誤做法。而路德也就是主張不以拉丁文宣教，選擇以平實在地的德語傳道。帕拉塞爾瑟斯被叫去向校方說明時，他裝傻反問「你們說我是醫學界的路德是什麼意思？你是想陷害我們兩人。」但他心裡其實知道，這樣做受到挑戰的只有正規的醫學——他完全不用擔心會被人送上火刑柱去。他想當英雄。他希望自己在歐洲臭名遠播，而他在巴塞爾的行為成功實現了他的願望。

事前的課程宣傳聲勢浩大，課程本身也沒讓人失望。帕拉塞爾瑟斯第一堂課就沒有穿教授袍，而是穿著鍊金時穿的皮製圍裙。教室塞滿了人——學生、鎮民、學者以及當地的醫師全都不遠千里而來，想一睹這位醫界獨行俠究竟在賣弄什麼玄虛。他們果然不虛此行。帕拉塞爾瑟斯開宗明義就說，他要揭露醫藥科學最偉大的秘密。話一講完，他就架勢十足地掀開一個裝滿排泄物的鍋子。在場的醫生見狀，紛紛面露反感一一離場，帕拉塞爾瑟斯則在後頭喊著：「要是無心一聞腐敗發酵的秘密，就不配自稱為醫師。」帕拉塞爾瑟斯相信發酵正是人體這座實驗室中最重要的化學過程。

帕拉塞爾瑟斯緊接著就肆無忌憚地對當前學術界身體健康理論大加抨擊，這下換成把教室中的學術界人士都氣走。當時的正統醫學依希波克拉底傳下來的「四種體液」（humour）學說在治病，這四種體液分別是血液、黃膽汁（choler, yellow bile）、黏液（phlegm）、黑膽汁（melancholy, black bile）。體內四種體液的比例主宰了身體和心靈的健康狀態，決定一個人的脾性和臉色。黃膽汁過多的人易怒且臉色偏黃，尤其是當他忿怒、血液從臉部流失的時候。而血液佔主導地位的人，其人天性樂觀自信（sanguine）（英文 sanguine 一字字源是拉丁文的血液 sanguis），所以面色紅潤。現在英文中還會用 sanguine 形容一個人樂觀自信、用 phlegmatic（多痰、多黏液）形容人病懨懨、沒活力或冷漠、或用「filled with bile」形容人義憤填膺，就是受到這套學說的影響。

16 編注：中世紀歐洲，外科手術很少由醫生進行，而是由理髮師操刀，被稱為外科理髮師（barber surgeons）。

四種體液的每一種各自佔據身體一個重要器官：心臟（血液）、腦（黏液）、肝（黃膽汁）以及脾（鬱、黑膽汁）。四種體液的理論明顯是從四元素論延伸而得的——血（火）、黑膽汁或鬱（地）以此類推。生病就是因為四種體液不平衡。例如，發燒的病患就是熱氣過旺，即火。這個元素則與血液相呼應，所以要治療發燒的病人就要放血，讓體內熱氣減少。這個講法實在太難去否定它，也才會讓過去兩千年來醫生的治病行頭中始終會有血蛭的原因——此風在十九世紀更達到最高點，儘管這時四種體液說早就已經被推翻。維多利亞時代，凡是像樣的醫事箱都必備血蛭。

四種體液說又和四季（春、夏、秋、冬）、人生四個階段（童年、青少年、成年、老年）、以及羅盤四個方位（東、南、西、北）等事物環環相扣。而四種體液又被四大行星所控制：月亮、火星、木星和土星，一直到現在，容易憂鬱的人有時會報描述為具有「saturnine」（土星、陰鬱、陰沉）的氣質。從這個角度看，醫學、天文學、占星術、心理學和鍊金術全都在同一個使用相同象徵的世界中互相呼應彼此，也讓它們互有關連。

不過帕拉塞爾瑟斯可不吃這一套。人類一定要從這個形上學象徵的牢籠中掙脫出來，走進真實世界的自由開放空氣中。天空沒有特別依地上打造，人類也不是萬物的中心，並不會反映天與地。帕拉塞爾瑟斯在瑞士開設醫學課程的同時，哥白尼也正在半個歐洲以外的波蘭，以他的太陽是九大行星中心的學說拆解人類是萬物中心的理論。但他卻遲遲不敢發表自己的理論，一直等到十六年後他臨終前才終於發表。

帕拉塞爾瑟斯認為真相就在醫療化學中。疾病應該用正確的藥物治療，而藥物則應由礦產中提煉合成。醫療化學這個不容否認的事實將會取代始終依附在亞里斯多德四元素論上、毫無證據的「四種體液」說。依現代人的觀點來看，當時將醫療轉向化學的態度顯得非常關鍵。從此以後，治病的關鍵應在好好研究化學化合物真實而多樣的性質，而不再是將化學性質硬說成是一個物質中四種元素的比例所造成的。拿鋼琴作比喻，化學的組成應該像是整部鋼琴的鍵盤那麼豐富，而不只是在像是四個音符的四種元素裡面去找。

這麼說來，帕拉塞爾瑟斯應該可以稱得上是現代化學之父囉？可惜不行。他個性太過熱情洋溢又善變，不甘於只從事純粹科學研究的工作。他的學術研究有著既新又舊、精神分裂一般的特質，除了在化學方面的先見之明外，他又發明了現在看來簡直可笑荒謬的中世紀思想經典理論。更誇張的是，他對這個理論深信不疑到甚至把它運用到醫學上，卻沒注意到這個理論與他劃時代的科學理論完全牴觸。

帕拉塞爾瑟斯的「藥效形象說」（doctrine of signatures）[17]主張大自然擁有最高等的智慧。而醫師的職責就是要想辦法去瞭解大自然的語言，大自然會以簡單的形式指出如何製出治療特定疾病的藥方。植物有其外形特徵（signatures），醫師必須學會讀懂。比方說，蘭花形似睪丸——意味著蘭花能治性病；百合葉為心形，因此有利心臟疾病；黃花斷腸草（yellow-blooded celandine）可治黃疸；以此類推。

帕拉塞爾瑟斯說他這些藥效形象說的知識都是「從農人身上」學來的，因為農人更有這方面的知識，但這個說法就連他同時代的人都不太相信。藥效形象說的理論處處可以看到帕拉塞爾瑟斯荒謬怪誕性格發揮到極致的痕跡。他不僅會出言批評中世紀醫師——他還要證明自己比他們都優秀。

他真的對其他同行毫不留情。就在他講學風波三個禮拜後，他又帶了一群高聲歡呼的學生前往正在大學前廣場舉辦的聖約翰節，在那裡公開燒毀蓋倫和阿維森納的著作，還朝火堆投擲硫磺和硝石。有些人替他說話，指他焚書只是做做樣子；帕拉塞爾瑟斯藉此舉想要讓大家看到他對化學力量的信心，勝過過去那些落伍作品。但只要朝火裡丟過硫磺和硝石的人就知道，他的目的絕對不是要展現信心。他是想要製造聳動的效果，讓人聯想到地獄懲罰的烈火和詛咒。「要是你們的醫師只認識蓋倫王子……蓋倫就在地獄不得翻身，他已經從地獄寄信來了，那些相信蓋倫的醫生最好趕快祈禱，準備過潦倒貧窮的日子了。同樣地，你們推崇的阿維森納，也正坐在煉獄的入口處。」這可是我們第一次看到非經轉述、這位既是江湖郎中又是天才的鍊金師親口的謾罵。帕拉塞爾瑟斯當著對手面講起話來也多半不留情面：「末日審判那天你的脖子肯定不保！我知道君王會臣服於我。榮耀和名聲也會歸我。這可不是我自吹自擂：連大自然都對我讚譽有加。」在這焚書大火和謾罵交雜之中，還隱約透露出一個訊息。看在校方和當局眼中，當然是氣壞了，他們太清楚帕拉塞爾瑟斯焚書的目的了。因為才不過六年前，就在威登堡大門前，路德也同樣將教皇良十世（Leo X）寫來威脅他

17 譯注：與中醫「以形補形」概念類似。

要將他逐出教會的敕書公開焚毀。帕拉塞爾瑟斯雖然口口聲聲說自己不懂為什麼被稱為「醫界的路德」，但他顯然沒有說實話。

帕拉塞爾瑟斯對自己的新職位頗滿意，毫無顧忌地講出他認為的真相：「所有大學和所有古代作家加起來，都不如我的屁股有才。」學生都對他崇拜有加，其講座成為公眾活動，就連他上個酒館喝酒，都會引起暴動。即使這樣，他還是可以不斷寫出原創作品。他的秘書歐珀黎納斯（Oporinus）就回憶道：

> 他把時間都花在大吃大喝上，沒日沒夜地吃吃喝喝。很少看到他有一個鐘頭是清醒的……但是，即便喝得酩酊大醉回到家裡，對我下達命令時卻絲毫沒有詞不達意或是含混不清，再清醒的人都挑不出他喝醉時所寫手稿的問題。

歐珀黎納斯似乎對老闆的作風頗有意見：

> 只要我在他身邊，他整晚都不脫衣服，應該是因為他喝醉的關係。他常常半夜

醉醺醺地回家，然後衣服都不脫就一頭栽到床上，連佩劍也掛在身上，他說這劍是他從一位劊子手那兒得到的。他還來不及睡著，就又馬上跳了起來，瘋瘋癲癲地拔出佩劍，扔在地上或是牆上，有時候我真怕他會失手殺了我。

日常工作時更糟了：

他的廚房總是不停冒著火；提煉著各種奇怪名字的丹藥，什麼灰石、地升油、沉澱之王、砷油、鐵紅、他獨門的神奇歐薄戴爾托克（opoldeltoch），或者那些只有天知道的配方。有一次他差點害死我。他要我去幫他檢查蒸餾器中的酒精，卻突然把我推到蒸餾器前，導致我吸入一堆濃煙，被這劇毒的蒸汽嗆暈了……他老是佯稱能夠預言大事，還知道重大秘密和神秘事件。所以他的事我從來不敢過問，深怕會有麻煩。

歐珀黎納斯飽受身為帕拉塞爾瑟斯的助手之苦，他老闆的性格也在其敘述中展露無遺：

他一擲千金從不手軟，常常因此身無分文，卻能在隔天又荷包滿滿。我很好奇他是怎麼變出這些錢來的。他每個月都會為自己訂製大衣，並在收到新大衣的當天，把舊大衣送給第一位上門的人；但通常衣服已髒到我根本不會想要。

帕拉塞爾瑟斯雖然有時自認和路德是同路人，但他說大自然對他讚譽有加，說到了末日審判時「君王」會臣服於他，還有「榮耀與名聲」也將歸他所有，這類的言論顯示他似乎對自己有更不切實際的幻想。這麼說來，他的宗教觀會這樣，也就不讓人訝異：

我從沒聽他祈禱，或是向上蒼請求指示，這些在我們城裡都是一般人常做的事。他不僅對那些善良的宣道者感到不屑，還威脅說總有一天，他會像對希波克拉底斯和蓋倫那樣，好好導正他們的思想。他還說至今那些探討聖經的書籍，從來沒有真正瞭解聖經的涵意。

一位當時的神學家就回憶道：「我和〔帕拉塞爾瑟斯〕曾數度談論宗教和神學議題。我不覺得他這人有一絲依循正道精神。相反地，他總是在談自己發明的那些魔法。」儘管如此，帕爾塞爾瑟斯的聲名反而越傳越遠，他的講學也吸引到越來越多的群眾。他那些才智最出色的學生更是相信他說的每一句話：醫療化學才是未來的趨勢，他們全都視自己為他的門徒。這時的他，地位如日中天無人能擋，成為他那時代的偉人。

同時要忙這麼多事，實在很難想像帕拉塞爾瑟斯還有時間去執行像是市立醫療官員這樣的俗務。但他還真的有辦法。不久之後，城裡的醫生和藥劑師全都開始懷念起帕拉塞爾瑟斯還沒來巴塞爾城的日子了。光是靠講課推廣醫療化學對他而言是不夠的，所以他也將這個理念運用在醫療實務上。他堅持要巡視城裡所有的藥房。結果當然可想而知，那些循中世紀傳統製成的草藥浸劑、薰劑、藥膏、香液，全都被他斥為無效；他把藥房準備的所有方劑都視為「臭湯爛藥」。他更講了讓他學生樂壞的話：

「我死後，我的學徒們會衝進來把你們拖到街上，揭穿你們那些髒藥的謊言，你們一直拿這些藥給那些王公貴族塗塗抹抹，不知有多少人因此喪命。」在他自己的「廚房」中，可憐的助手歐珀黎納斯則忙著幫他調配藥物，免費發送給病患和需要的人。

城裡的醫生在帕拉塞爾瑟斯面前待遇也沒比藥師好多少。在帕拉塞爾瑟斯眼中，他們儘管通過了紐倫堡的醫師考試，但並不代表他們可以拿些沒效的治療來騙吃騙喝。在無助生病卻有權有勢的病患面前，他們可能不可一世，沒人敢質疑他們的治療，但遇到帕拉塞爾瑟斯，他們可就全都露出馬腳了。帕拉塞爾瑟斯批評他們給病患放血和種種酷刑般的治療根本就是騙術。光拿些青苔或乾牛馬糞裹傷口，根本只讓傷口雪上加霜。身為醫者，職責應在治好病患，而不是讓自己致富，或是和藥師們內神通外鬼一起騙病患的錢。

但他的建議不全然只有負面的批評。他經年累月在歐洲各地治療各式病患和疾病，讓他累積了相當豐富的專業知識。他的醫學理論基於豐富的經驗——只是偶爾會有些他個人的離經叛道攙雜其中。

就連他最怪異的藥效形象理論，說起來也是出自他深研醫術後的心得結晶。大自然畢竟有其療癒的力量，要讓其發揮作用，就不能加以阻攔。「只要防止感染，大自然會自行治癒傷口。」

他這番道理雖然都是良醫之道，但好的醫術會害得藥房裡那些偏方草藥沒人買。帕拉塞爾瑟斯的醫術強大樸實無華，讓當時傳統醫術總是神秘兮兮又索價昂貴的作風難以為繼。過去帕拉塞爾瑟斯沒名氣時，充其量只是被大家嘲笑，惹人不滿而已。但他現在名氣大了，事情就大條了。他害得很多人沒錢賺。偏偏帕拉塞爾瑟斯又樂善好施，總是提供免費藥物、免費給人醫囑，讓他在窮人之間很受歡迎。而他又有像弗洛班尼厄斯和伊拉斯謨斯等秉持人道主義且有權有勢的朋友。他這人雖然有他的缺點，但他的思想跟得上正襲捲歐洲的新思潮。他因此成了將醫界舊迷信和偏見掃地出門的關鍵人物。

可惜好景不常，帕拉塞爾瑟斯到巴塞爾大學講學不到五個月，弗洛班尼厄斯就在前往法蘭克福的路上過世。這讓帕拉塞爾瑟斯的仇敵逮到機會，紛紛造謠說是他用自己發明的新化學品毒死弗洛班尼厄斯的。但事實正好相反。弗洛班尼厄斯無視帕拉塞爾瑟斯的反對，執意要騎馬趕四百英里的路前往法蘭克福，問題是他當時已經如風中殘燭。帕拉塞爾瑟斯的專業判斷果然沒錯：弗洛班尼厄斯死於中風，並非化學藥物致死。

但帕拉塞爾瑟斯在巴塞爾的日子不多了。五個月後，一樁法律糾紛讓事態急轉直下。事情是因為一名有錢教士跟他說好，要付他一百金幣高價作報償，只要他能治好他的病。帕拉塞爾瑟斯三兩下就用自己的藥方把對方病治好，但這教士看他沒花多少時間和力氣，就只付他六個金幣。帕拉塞爾瑟斯一氣之下將他告上法庭。他很有把握自己會贏，因為當地地方官中好幾位都是人道主義者，會幫他主持公道。

沒想到幸運之神已不再眷顧帕拉塞爾瑟斯，法院竟然判他敗訴。這下換帕拉塞爾瑟斯不高興了。他口不擇言的老毛病又犯，公開斥責這些地方官員貪污腐敗、狼狽為奸。中傷地方官員在當時是重罪——可以關很久、甚至死刑。官方正式發布拘票要將他逮捕歸案。所幸有人事先走漏消息給他，讓他連夜喬裝出城。

帕拉塞爾瑟斯在巴塞爾這十個月期間是他生涯的巔峰。這次倉皇出逃，他再次上路成為遊方醫師——路上有時會有仰慕者招待他住個幾個月，這時他就可以有好日子過，但多半時候他都被當成攜有「神奇解藥」的流浪工人。還有人說看到他穿著「乞丐裝扮」。

一五二八年，帕拉塞爾瑟斯來到繁榮的商業中心紐倫堡。他的名聲早已傳開，很快就有人跟當局密報說他是個騙子。為了證明自己貨真價實，他施展回春妙手治好了好幾名當地醫生都治不好的象皮病病患。如果他真的有這個本事，那可真是了不起——因為象皮病一直到十九世紀末才有藥可治。據為他作傳的哈特曼（Hartmann）所言，紀錄帕拉塞爾瑟斯此一壯舉的文獻，「至今仍保存在紐倫堡市。」

兩年後，帕拉塞爾瑟斯再次回到紐倫堡。（又或者他其實一直沒有離開——他的行蹤我們並沒有很詳盡的紀錄。這裡頭有些跟上一個故事相似的地方，但有證據證明其實際發生過。）當時，紐倫敦頂尖醫學院校依然奉蓋倫和阿維森納為圭臬，但據說帕拉塞爾瑟斯公開表達對蓋倫和阿維森納醫學理論的不屑，也因此觸怒了當局。十六世紀初，梅毒正襲捲全歐，於是當局要求他治療數名梅毒病患，藉此證明他的新式醫療方式優於前人。當時人都以為，梅毒是由西班牙水手在發現新大陸後從美洲帶回歐洲的，但現在有些看法則認為，其實在聖經中提到的麻瘋病中就有幾例是梅毒了。

在梅毒的初期階段（或其猛烈復發時期），病症非常嚇人且極其痛苦。患者皮膚總是長滿膿包，然後會潰爛生瘡、從骨頭爛到皮膚，全身散發著膿包的惡臭。紐倫堡城把這十四名梅毒病患關在城牆外一處隔離的牢房裡，當地醫師都束手無策。據說帕拉塞爾瑟斯成功治癒了其中九人，這件事同樣也被紐倫堡的史料記載。

一五三〇年，帕拉塞爾瑟斯出版了一份報告，詳述梅毒的各種情況，這成了史上第一份梅毒的臨床報告。他還說，只要依規定時間服用適量的汞化合物，梅毒是可以治癒的。我們現在知道，他這種療法其實早他好幾年就已經有其他醫師採用了。但帕拉塞爾瑟斯是否知悉他們的藥方呢？我們無從得知。汞化合物從那之後就成為治療梅毒的標準藥物；但服用這種藥物所帶來的痛苦跟梅毒所帶來的痛苦幾乎沒有兩樣，而且也一樣的毒，到頭來患者就算沒有死於梅毒，也可能死於藥物毒性。也就是這種治療法才有了這句俗諺：「一夜尋花問柳，終生水銀為伍。」這種治梅毒的方法就這樣一直延續到一九〇九年革命性藥物「撒伐散」（Salvarsan，亦稱606）出現，才被砷化物所取代。

四年後，帕拉塞爾瑟斯來到史特勤（Stertzing）[18]使用他個人的順勢療法加接種法來治療黑死病患者。據說他提供含有少量黑死病感染者糞便的麵包，成功治癒許多患者。

如今四十多歲的帕拉塞爾瑟斯決定是時候將自己龐大的醫學知識有系統地寫下來，最終在一五三六年出版了《大診療書》（*Die Grosse Wundartzney*）。書一上市就大賣，讓帕拉塞爾瑟斯這輩子首次嚐到荷包滿滿的滋味。這下子他名聞天下，連王公貴族都召他去看病。但他惡習難改，依然臭名遠播。就連對他最推崇的學生，也覺得他不好相處：「他會長時間自言自語。真的跟人說話時也很難聽懂他的話。他很多時候都在爐灶前熬著藥方，但不許旁人幫他。要是被打擾就會怒不可遏。發起脾氣來，像是受傷的野獸一樣狂吼。幫他抄寫只要出一點錯他就會不耐煩。」

但他的產品實在無人能及。就拿他對於「酒石諸病」（diseases of tartar）的描述為例——這是他對痛風、風濕、膽結石和類似疾病的統稱。這類疾病在中世紀非常盛行，因為他們的飲食不均衡且過於豐盛，當時的人到了老年很少逃得過痛風之苦。

18 譯注：義大利北部的市鎮，義大利文稱 Vipiteno。

據希波克拉底斯的說法，痛風是因為四種體液失衡，阻礙體液流入腳部。在希波克拉底斯看來，不論是痛風、風濕或類似的病症都是肇因於老化過程，因此是無法治療的。帕拉塞爾瑟斯不認同這說法。他認為這是化學方面的疾病，因此可以用醫療化學去治療。這些病都是因為酒石的累積——在風濕症上就是酒石累積在關節、痛風的話則是酒石沉澱在腳部。體內酒石形成的過程，一如酒桶中沉澱、以及齒垢堆積的過程。身體內的酒石來源是食物和飲料，通常會在消化過程中被排出。但有時候消化出現問題，或是當地水質酒石含量過剩。（帕拉塞爾瑟斯吹噓說就是因為他家鄉瑞士的水質純淨，所以無人患痛風、風濕或膽結石。）他認為這類病要是不太嚴重，透過服用能夠與酒石反應的物質像是羅謝爾鹽（Rochelle salt），即酒石酸鉀鈉（potassium sodium tartrate），就能夠將之排出體外。他生動地談論了體內化學不平衡所造成的疾病問題：這也是醫學史上第一宗真正科學的病理探討案例。

帕拉塞爾瑟斯最有效的藥方是「讚美錠」（laudanum）。這是一種生鴉片的混合物，他會用這錠劑來減輕各種疼痛問題。我們看得出來，有時候他幾乎把這當成萬靈丹在使用。他自稱這藥是他發明的，但應該是他前往君士坦丁堡時帶回來的。不管真假，總之這藥名是他取的，可能取自拉丁文的「讚美」（laudare）一詞。同時他也把持了這錠劑的秘方多年。當富有的病人尋求這個神奇的止痛新藥治療時，帕拉塞爾瑟斯會索取高價，聲稱這裡頭含有金箔和沒有穿孔的珍珠。據當時的文獻記載，他開出的讚美錠藥丸「形如鼠屎」。現代把laudanum用來指「鴉片酊」這種將鴉片溶於酒精的溶劑。直到十九世紀末，帕拉塞爾瑟斯的讚美錠一直是醫界最有力的一項武器，過度使用常常導致上癮。浪漫時代的詩人間流行飲用鴉片酊助興，作家德·昆西（de Quincey）、波特萊爾和柯立芝等人也沉迷其中。帕拉塞爾瑟斯絕非唯一一位把麻醉藥物當成萬靈丹來使用的醫生：三百多年後，維也納的年輕心理醫師佛洛依德就同樣錯把古科鹼當成萬靈丹。

除此之外，帕拉塞爾瑟斯在使用化學藥物治療時也同樣很隨興。他太有自信了，所以常會開出過量的汞化合物或銻，而無視於這些藥物已知的毒性。有些正派醫師和藥師之所以反對帕拉塞爾瑟斯或許也是其來有自，而不全然是出於無知的迷信和自私商業競爭。

從帕拉塞爾瑟斯身上，我們逐漸可以看到化學元素穿透鍊金術討人厭的迷霧中一一浮現了。但元素本身呢？在這方面，帕拉塞爾瑟斯同樣表現出色。打從史前時代，人類就已經知道鋅以及黃銅（銅與鋅的合金）的存在。但帕拉塞爾瑟斯卻可能是第一位瞭解到鋅是一種金屬的人。他同時也發現將硫和蛋殼混合後分離出金屬砷的方法，他說由此出現的金屬是「白如銀」——但很可能大雅博已經早他一步先分離出這種元素。

還有另外兩種元素可能也是由帕拉塞爾瑟斯率先載以文字的——鉍和鈷（他拼成kobold〔礦山精靈〕），但肯定不是他發現的。帕拉塞爾瑟斯是在富格家的礦場第一次接觸到鉍這個金屬。當時奧地利的礦工們對亞里斯多德理論中的金屬演變論深信不疑，都相信金屬經過長久的自然嬗變後會形成三種鉛的型態：正常的鉛、錫和鉍。其中鉍最接近銀。也因為這樣的傳說，每當他們挖到鉍礦脈時，就習慣性地會說：「唉呀可惜，要是再晚點挖到就好了。」因為他們都以為，再等上個幾年，鉍礦就會變成銀礦了。

帕拉塞爾瑟斯正確記載了鉍元素，但當然他並不知道這是一種元素，他只是單純發現以他現有的技術無法讓鉍再分解。化學在當時並不是一門用在什麼上都可以說得通的科學，而只是一種逐漸廣泛受到運用的技術。但大家也越來越明白原來這些鍊金師的地獄廚房中真的弄出些值得注意的東西：那是一種跟鍊金完全不同的學門。而且有說法認為帕拉塞爾瑟斯是第一個將這門學科稱為化學的人。

帕拉塞爾瑟斯也是第一個提及鈷金屬的人。鈷的化合物自古以來就被人們所知。古埃及和古希臘都使用鈷來作鑲嵌玻璃和人造寶石，因為它有一種迷人的半透明藍色，圖坦卡門國王（Tutankhamen）墓中就出土過鈷化合物造的寶石。Kobold 這個字源自古希臘文的 kobalos，這是迷信的古代礦工幻想會從地底礦坑中爬出來的地精的統稱。他們說只要出現這種地精，就會引發礦坑落石和爆炸，有時還會迷惑礦工。（淘氣地精哥布林〔goblin〕也是由同個字源發展成的。）數百年來，礦工一直相信所有的鈷化合物都含有劇毒，是那些礦山精靈（kobold）所擺放。德國大文豪歌德（Goethe）甚至在《浮士德》（*Faust*）中提到過這些礦山精靈。鈷金屬最早是在中世紀被鍊金師不小心單獨提煉出來的，但帕拉塞爾瑟斯似乎是第一位認出這是新的金屬元素的人。

好不容易經過了兩千年的時間，終於首度有人找到新元素了。當時鍊金師們開發的新技術，也讓另一種金屬元素在同一時期被人發現：那就是銻。銻也是自古以來就為人所知，但僅限於它和硫的化合物。中東婦女會使用硫和銻的化合物來上眼影和加深眉色，以添增姿色。聖經中多次提到這種做法，其中最為人知的就是臭名昭彰的王后耶洗別（Jezebel），她「就擦粉、梳頭，從窗戶裡往外觀看。」[19]（後來她就被人從這窗戶扔了下去，身體被野狗吃掉。）阿拉伯文稱耶洗別用的這種化妝品為「眼影墨」（kohl）。後來因為一連串的誤解，這個字開始被用來描述蒸餾液體，最終成為蒸餾液 al-kohl——即 alcohol（酒精）。

銻這個字的字源，更是和這個元素相差十萬八千里。這個字來自一位有名的十五世紀修士鍊金師巴索．瓦倫提努斯（Basil Valentinus，我們現在知道這其實是約罕．陀德（Johan Tholde）的化名，他是十六世紀一位德國市議員，但為了保住工作，不想被人知道他是鍊金師所以採用此化名。）瓦倫提努斯有天下班後，想把一些裡頭含有銻的熔爐清空，於是順手往窗外一倒。結果這些銻被豬吃了，全都生了病。因病而吃不下東西的豬隻們在康復後開始大吃特吃，每一隻都比生病前還胖。瓦倫提努斯於是用這個方式，適時讓修道院的豬變胖以備聖誕節大餐食用。然後他又想如法炮製，進一步運用這個發現。身為修道院院長，他覺得其他修士也應該在聖誕節來臨前胖一點，所以他就偷偷在修士的飯裡加進銻。可是這些修士都是苦行僧，身體本來就因為長期禁食而虛弱，所以就一病不起，根本來不及痊癒加餐飯增重。他們所吃下的這個物質，因此被人稱為「誤僧藥」（anti-monakhos，後來就被寫成 antimony）。這故事聽起來還好像真有那麼回事。可惜一些喜歡掃人興致的現代學者指出「誤僧藥」這個詞，早在瓦倫提努斯之前數百年就已經被非洲的君士坦丁在他的阿維森納醫藥百科全書譯本中提及了。

雖然帕拉塞爾瑟斯對化學的貢獻卓越，但他終歸還是一位道道地地、老派術士作風的鍊金師。他終其一生都熱衷於尋找賢者之石，因為他深信這就是長生不老靈藥。有段時間，他甚至聲稱自己找到並服下了賢者之石。他還曾對市集廣場上聽得闔不攏嘴的群眾說，自己一定會長生不老，直到上帝送他到下一個目的地。

19 譯注：和合本聖經，列王記 9:30。

只是帕拉塞爾瑟斯特別的地方在於，他不管再怎樣沉迷於鍊金術，他始終保持高度的科學化學觀點。對他而言，宇宙是由一位終極的化學家創造出來的。他深信聖經中的造物神話其實只是在講一則化學寓言，上帝七天造物的神話就是一個大型實驗的過程。從這一點就可以瞭解為什麼他會說只有他才懂聖經的真諦，可是卻又始終不曾透漏究竟這真諦是什麼。他肯定知道上帝就是位鍊金師這個想法，是不會被教廷接受的。

在帕拉塞爾瑟斯的眼中，宇宙既然是由一位化學家所創造的，那必然是遵循化學法則。化學中就藏著宇宙運作的奧秘。對帕拉塞爾瑟斯來說，無論是宇宙論還是鍊金術實驗，都只是一直往終點推進。他用消化與烹飪過程來比喻。可惜的是，他還在萌芽階段的科學理念，也被大量的形上學、密契主義和占星術等無稽之談所掩蓋，並伴隨著典型的帕拉塞爾瑟斯式誇大妄想。真正的鍊金奧秘只能由魔法師來傳授，是具有魔術與預言超自然能力的人才有資格。這方面的知識自古就是由魔法師代代相傳，而他這個時代真正的魔法師是誰就不用說了。市集上的群眾和學徒都瞪大眼睛看著眼前這位偶爾會出現幾近著魔般狀態的神奇大人物。歌德的《浮士德》會部分以帕拉塞爾瑟斯為原型寫成不是沒有原因的。

一五三八年，帕拉塞爾瑟斯再次返回家鄉維拉赫，卻發現父親已在四年前離世。維拉赫城的居民都相當尊敬帕拉塞爾瑟斯的父親，卻不想和他惡名昭彰的兒子有牽連。帕拉塞爾瑟斯被逐出城外，連父親遺留給他屋子和家業都無法繼承。再次無家可歸的他，只好持續過著一村走過一村的日子，一路從瑞士走到奧地利再到德國。「現在我已不知何去何從了。我也無所謂了，只要能夠醫治病患就好。」但他積習難改，據一些在場旁觀的人所述：「他居然跟整個酒館的農夫比賽看誰喝得多，偶爾還像沒水準的人那樣把手指放進嘴裡。」多年的漂泊和酗酒、再加上不時遭逢絕望和長期的貧困生活，以及喜歡自吹自擂，都對他造成極大的傷害。他雖然才四十多歲，看起來已經比實際年齡老上許多。

帕拉塞爾瑟斯一直都有種深信天命在我的錯覺，更自認只有他才瞭解聖經。但除此以外，他卻對正規宗教毫不在意。鍊金術就是他的信仰，鍊金術中的形上學奧秘才是他的神學信念。雖然是這樣，我們找到一些蛛絲馬跡顯示他似乎在某個時候曾經接受過正統信仰。從他的寫作中也看得出有信仰深化的跡象：「哲學的日子（他指的是鍊金術和科學）已經來到盡頭。我悲苦的積雪已經融化。成長的時代已經告終。夏日來臨，而我卻不知道它是從何而來。」他慢慢把自己的貧窮和為人淡忘當作是一種預兆。「得上天賜予貧窮之禮者有福了。」

一五四〇年，四十六歲的帕拉塞爾瑟斯終於在薩爾茲堡謀得一官半職。此時他已年老體衰，職責是要為采邑選帝侯總主教，也就是巴伐利亞恩斯特公爵（Duke Ernst of Bavaria）看病，恩斯特公爵雖然是教廷神職高官，但私下也深諳鍊金術黑魔法。一年後，帕拉塞爾瑟斯就與世長辭。

身為一個宣稱吃了長生不老仙丹的魔法師，其具體死因仍然是個謎。帕拉塞爾瑟斯死前是住在薩爾茲堡的白馬驛（White Horse Inn）。一如往常，他很快就得罪了當地所有的藥師、醫師、學院人士，以及任何和他研究有交集的人。但恩斯特公爵卻始終和他交好：這也是他惹得當地人不高興的另一個原因。一五四一年九月二十一日的晚上，帕拉塞爾瑟斯據說是在回白馬驛路上重重跌了一跤。乍聽似乎沒什麼了不起，但在那個夜深人靜狹窄暗巷中究竟發生了什麼事，沒有人知道。有傳言是說他在那與一些惡棍發生鬥毆，這些人可能是當地醫生雇來打他，甚至是下更狠的手。總之，帕拉塞爾瑟斯在三天後，即九月二十四日去世。

他死後不到兩年，哥白尼發表了太陽為行星系統中心的理論，歷史上最重大的科學革命就此展開。

第五章　嘗試與錯誤

世人一開始並不瞭解哥白尼想法的重要性，要到好幾年後才真的明白；到那時一些更早些時候被忽略、幾乎無人有印象的科學寫作重新被挖掘出來，這才讓其重要性更加受到重視。

一般對於中世紀完全沒有像樣科學進展的成見，其實與事實有段距離。籠統的歷史論述難免會有遺漏。這段期間發明了手推車，也有歌德式大教堂這樣的建築大作，還產生第一份以科學方式解釋彩虹成因的研究。彩虹研究是由一位十三世紀的修士狄厄特利希．封．富萊堡（Dietrich von Freiburg）所提出，他的生平我們所知不多，只知他可能是大雅博在巴黎時的學生。就連他的名字拼法也是眾說紛云，從提奧多魯斯．條頓尼可斯．德．弗利堡（Theodorus Teutonicus de Vriberg）到只有單一個弗利堡根素斯（Vribergensus）都有——我們甚至不知道是德國哪個富萊堡[20]。但他的大作《論彩虹》（*De Iride*）可就沒有爭議了。這份研究結合了數學和科學，完成了自從亞里斯多德以來最偉大的光學研究。就是這份作品讓接下來好幾百年間的頂尖人才獲得了鼓勵：十七世紀的笛卡兒（Descartes）和克卜勒（Kepler）、十八世紀的牛頓和康德（Kant）、還有十九世紀的「數學之王」高斯（Gauss）。

在那個對於實驗只能在鍊金師雜亂的小房間進行，其他地方都不可能的年代，狄厄特利希·封·富萊堡卻能想出一個不管在原創性和觀點都充滿突破性的實驗。彩虹高掛天上要怎麼研究？那就從構成彩虹的小雨滴研究起。但要怎麼抓住飄忽不定的一罈黃金呢[21]？那就研究懸浮在天空受陽光照射的放大版雨滴。為了這個構想，狄厄特利希就在一個玻璃球體中裝滿水，再看那透過玻璃球製造彩虹效果的光線被折射和反射的走向。透過這個實驗，他得以用理論去解釋彩虹為什麼會有那麼多顏色、為什麼

20 譯注：那時的德語地區人民沒有姓，只有名，von 或 de 是「來自」什麼地方的意思（多數是跟貴族封邑有關）後面即是封邑地名。

21 譯注：西方人傳說中彩虹的盡頭會有一罈黃金。

會形成圓弧形、為什麼第一道彩虹上方往往會出現第二道較淡的彩虹、為什麼兩個並肩站在一起的人，看到的卻不是同一道彩虹。這些理論性的思考都是基於實驗的結果，讓原本沒有科學光芒的黑暗世界從此有了一盞指引方向的明燈。

一百年後，又出現一位具有科學、哲學、數學頭腦的思想家，他那些想法原本有機會改變世界的，可惜功敗垂成。庫沙的尼可拉斯（Nicholas of Cusa）[22]太超前時代；他前衛的科學觀念一直到很久以後才獲得證實。他的實驗方法一絲不苟、精準，以及對細節的關注，在在都是現代化學實驗室才有。

庫沙的尼可拉斯出生於一四〇一年，是萊茵河流域（Rhineland）一位小康漁民之子。他很早就顯露聰明才智，但卻是在研究了《君士坦丁獻土》（*Donation of Constantine*）這份文獻後才引起眾人注意。《君士坦丁獻土》這份詔書據稱為西元四世紀君士坦丁大帝所下，願將其所統轄的拜占庭和羅馬教會交給教皇管轄。在當時普遍都認為這就是教皇擁有無上領導權的關鍵證據。但庫沙的尼可拉斯卻證明了這份詔書是西元八世紀偽造的。

他在三十六歲時被教廷指派為代表團成員，從羅馬出發前往君士坦丁堡，協助讓拜占庭教會與羅馬教會復歸合一的協商。此前，羅馬教廷曾多次派使節團前去協商，但都無功而返，就連湯瑪斯・阿奎那也無法達成任務。但多虧有庫薩的尼可拉斯使節團打下的基礎，奠定雙方教會日後同意復歸合一的坦途。（雙方的協議在一年多後又破裂，但與他無關。拜占庭教會重新開會，認為之前的協議他們並未同意任何事——於是就決定不再向西方教會求援，最終導致君士坦丁堡在十五年後被鄂圖曼土耳其人攻陷。）

一四四〇年，庫沙的尼可拉斯以三十九歲高齡成為牧師。但他發表的大作卻開始表達出極為不符合教會正統的觀念。第一部作品名為《傻子真心話》（*Idiota de Mente*），英文可以譯為「An Idiot Speaks His Mind」。不過，要注意的是 idiota 這個字在當時指的是未受過神職或是沒有從事公職的人。這部作品講的是一名哲學家和這名傻子之間的對話，哲學家代表傳統亞里斯多德派的觀點。有意思的是，書中講出尼

22 譯注：又稱 Cusanus（庫撒努思）（孫雲平，解消所有矛盾的「絕對者」：庫撒努思在《論博學的無知》的上帝觀，2011。）

可拉斯真心話的是傻子。書中想表達柏拉圖的數學──科學世界觀。「事物的多樣性是這麼來的，那就是上帝的心意會對每一樣東西採用不同的方式去理解看待。」這裡上帝的心意指的就是數學，而世界就是這樣運作的。「數字是走向智慧的首要關鍵。」使用數字會迎來科學發現。畢達哥拉斯認為，世界說到底就是由數學所組成；應用數學就是認識世界的方法。透過運用數學才會獲得實用的知識。「只有心智重要；要是心智被移除了，個別的數字就不存在。」將世界上每一個部分安上其所屬的數字，也就是測量──就是關鍵所在。

寓言中講出這些話的傻子成了歐洲的救星。就是像傻子這樣的人拯救了西方人，使他們的思想不致停滯不前。那些在真實世界從事商務和實際工作、但依然著眼於哲學的非神職人員──是這樣的人才會帶來科學。庫沙的尼可拉斯儘管是神職人員、又對神學涉獵極深，但他卻知道世俗思想才會是未來推動世界進步的力量。

當時的中國要比歐洲進步許多，但從這以後，推動人類文明進步的手就在西方了。那中國是出了什麼問題呢？在中國，哲學家和思想家開始和平民百姓與商賈區分開來了。也就是說，思想家不再管實作，知行分家。此時的歐洲，庫沙的尼可拉斯卻讓兩者結合起來：就是這樣的知行合一，孕育出了科學的思維。

庫沙的尼可拉斯認為，清楚自己的無知才是博學的人。這種態度當然有其風險，因為它會讓人選擇走上宗教性靈的道路（不問凡間世事、投入密契主義、禁欲等等行為）、也可能會走上內省的道路（即蘇格拉底的「認識自己」而非認識世界）。但在尼可拉斯所希望推動的理念下卻不會這樣。他認為只有透過承認自己的無知，才能推動知識的進步。在他看來，這也表示，任何知識都有著短暫性的特質，永遠都有改善的空間。「就像在一個圓中鑲進一個多邊形，多邊形的邊增加越多就越趨近圓形、但永遠不會真正成為圓形，心智只會越來越接近真理、卻永遠不會成為真理……知識充其量就只是在推測。」我們在這段話中再次看到非常深刻對於科學理論概念的展現，而離上一次世界出現這樣的概念已經有一千五百年之久了。

庫沙的尼可拉斯喜歡使用數學圖象來說明哲學。他甚至把人類對真理的追尋比喻作以方入圓。這道對今人熟悉到不行的數學公案曾經讓中世紀數學家深深著迷。這道問題要求只能用尺和圓規畫出一個面積等於圓形的方形。日後數學家證明，這是不可能辦到的事。因為用圓規畫圓時，就一定有一個可測的半徑，這個半徑設為單位 i。

由此推得此圓面積為 $\pi \times i^2 = n$。這麼一來，同面積的正方形之邊就會是 $\sqrt{n}$。但 π 是無理數（小數點後無窮）：其值為 3.141592653589793... 無止盡且不會循環。也就是說，這是無法測量的。因此光用尺和圓規是無法以方入圓的。

庫沙的尼可拉斯的哲學—科學理念雖然很先進，但他真正的科學想法卻非常讓人震驚又具爭議性。他相信地球繞著地軸自轉，據此他推論出地球應該是以太陽為中心公轉。他同時也推想出天上可見的星星應該都像我們的太陽一樣，同時有一群星星繞著它轉，其中也有居住著生命的星星。他又進一步推論，得到宇宙是無窮的結論。而因為宇宙沒有中心點，所以在太空中就沒有所謂的上下。他這些觀念有些直到二十世紀初仍然領先於時代。

矛盾的是，庫沙的尼可拉斯之所以會得出這些結論，全靠他個人所發明的原理去推論的，而這個原理主要還是形上學的背景，即「對立的融和」（coincidentia oppositorium）。（例如，圓和直線這樣的對立，據庫沙的尼可拉斯的理論，當它們延伸到無限後，兩者就沒有不同；一個半徑無限大的圓，其圓周將會是直線。）他將此原理同時運用在幾何學和神學上——而且還常常是兩者互相交混著論。庫沙的尼可拉斯的想法還是很中世紀色彩的，因為當中包含大量的神學。重要的是，在「對立的融和」中，他把這種新的思維模式用在解決先前無法解決的問題上。「對立的融和」基本上就是一套理論工具——這一工具亞里斯多德從未用過，這讓尼可拉斯可以繞過亞里斯多德的思想。

庫沙的尼可拉斯在宇宙方面的觀念並非基於實驗證據、也不是靠精密的觀察或是數學的計算。因為披著神學外衣，以及立基於抽象的自創原理，所以教會可能因此沒有找庫沙的尼可拉斯麻煩。相反的，他成為神父不到十年，便被封為樞機主教，之後又成為主教。儘管一再升官，他追求知識的腳步卻並未因此慢下來。

庫沙的尼可拉斯許多想法雖然沒有實驗支持，但並不表示他在實際操作領域方面能力不足。事實上，他在科學實務上的能力是無與倫比的——而且他所涉獵的領域更是多樣。但他的知識核心主要還是在精確的數學測量上。在實務領域方面，他主要仰賴的工具是磅秤。靠著測量從空氣中吸收水分的毛線球的重量，他可以知道空氣的濕氣。將等重的水倒進方形和圓形容器中，他得以測量π的數值到非常精準的程度。但並非他所有的實驗都用到磅秤。他和前人羅傑．培根一樣，都主張曆法非常需要修訂。（當時的曆法已經造成儒略曆〔Julian〕誤差將近一周的時間。）庫沙的尼可拉斯是發展凹透鏡來矯正近視的先驅；他也主張診斷時應測量脈搏數；另外他還畫出最早有經緯度的可靠歐洲地圖。但他實務科學技術的巔峰，是發明精確磅秤測量法，從而對化學有重大的影響。他這個測量法中有一部分是用在精確測量植物每日生長的重量變化。他能夠精準測量到植物的生長得到空氣滋養，由此他知道空氣也有重量。這個發現此前是沒有人知道的。空氣作為四元素之一，過去都被視為完全沒有重量。這是第一份以現代科學形式進行的生物學研究，其影響讓現在我們所認識的物理學、生物學和化學之間的區隔變得更為明顯。透過這樣的分野，慢慢扭轉了人類對於真實世界的看法。當然，這樣的轉變在當時是看不出來的——因為當時的科學還沒有發展出足以瞭解其影響力的觀念來。也正是這一點，導致庫沙的尼可拉斯的想法有很長一段時間幾乎沒被注意到。就連哥白尼在從數學角度證明太陽系以太陽為中心理論時，他也完全沒聽說過尼可拉斯這些理論，更不知道太陽中心說早就被尼可拉斯推想到。

庫沙的尼可拉斯是憑直覺猜到此事——古希臘時代也有好幾個人猜到過——但哥白尼可是提出了一個基於詳細觀察再加上數學驗證支持的科學模型來證明。就是哥白尼這些證明的方法、以及他理論的革命性效果，讓他得以在古今科學大師名人堂中擁有一席之地。他的作傳者赫曼．柯斯騰（Hermann Kersten）稱哥白尼引發了「人類史上最大型的知識革命」，倒也不無道理。在這方面，只有達爾文、牛頓或者或許亞里斯多德等人，才堪與其一較高下。

哥白尼很清楚自己這套理論會造成長遠影響，所以他遲遲不肯發表他的《天體運行論》（*De Revolutionibus Orbium Coelestium*），直到生命最後一刻。一五四三年五月，高齡七十的哥白尼因中風躺在床上，奄奄一息。他忠心的好友吉瑟（Giese）這麼記載道：「他著作的正式發行版本在他生命的最後一刻才交到他手中。」

在哥白尼過世前那幾年，有關他的理論的傳聞已經傳開了。他這個學說不僅和亞里斯多德以來的教會正統牴觸、也被路德所拒斥，路德所領導的宗教改革在當時已經造成中歐分裂。幸運的是，到了一五四三年五月，哥白尼已經病體孱弱，沒注意到其實他的著作中被人安插了一份由路德教會神職人員歐西安德（Osiander）所寫的前言，歐西安德是教會派來負責該書出版的人。但他沒有為這份前言署名，所以多年來大家都誤以為前言也是哥白尼自己寫的。前言中指稱書中的理論不該被視為事實，這不是行星運動的真相，而只是為了方便計算、以精準預測日月蝕等天象所以才這麼寫。這份前言所造成的影響，正是該前言被擺在那裡的目的。該書出版後沒有引起太大的爭論，讀到該書的少數幾位讀者也以為哥白尼自己並不相信這份太陽中心理論。出版商似乎也刻意設定過高價格，而且很快就絕版。第二刷直到一五六六年才出現，而且還是在瑞士印刷的。幾乎可以肯定的是，此書第二版被當時正在那不勒斯（Naples）求學的喬達諾・布魯諾（Giordano Bruno）取得。每一場革命都需要有為其宣傳的人，布魯諾就是這場哥白尼革命的宣傳者。儘管如此，之後我們會看到，他宣傳此理論的動機不明，而他所獲得的成就也不是他想要的。

布魯諾出生於一五四八年諾拉（Nola）這個小鎮，該鎮在那不勒斯東邊二十公里外。（諾拉位於義大利南方坎帕尼亞〔Campania〕自治區內，據傳教堂鳴鐘就是西元五世紀發明於此區，所以義大利文中的鐘 campana〔教堂大鐘〕、以及英文的 campanile〔教堂鐘塔〕都以此為名。）諾拉鎮也鄰近休火山維蘇威（Versuvius）。布魯諾長大後曾回憶幼時爬進維蘇威火山的情景。遠望該火山山坡「在天空下黑暗恐怖」，但走近時就發現他們置身於茂密的葡萄園、橘子樹叢和橄欖樹叢之間。「驚豔於景物如此巨大的轉變，我第一次明白眼見不能為憑這道理。」據他自己說，他從此變得對凡事好奇多疑，並很快就開始懷疑：「憑什麼確定一件事？」他的哲學觀的確有此傾向，但他這種凡事質疑、好奇的心態究竟有多堅定，其實存在著爭議，接下來我們就會看到。

布魯諾十七歲時在那不勒斯的道明會女修道院（Dominican Convent）進修。該院枉有女修道院之名，卻依循當時人的偏見：女子是不太可能獲准入學接受教育的。布魯諾入學後很快就開始思考一些不可思議的領域，並在一些近乎異端的非正統觀點上小有名聲。他從伊拉斯謨斯的作品（這是禁書）中吸收了觀點，也吸收了帕拉塞爾瑟斯（被看輕）的看法，並對捍衛個人觀點不遺餘力。這樣的叛逆和大膽，他卻還是獲派神職，在一五七二年被任命為道明會神父。

這時的他已然發現庫沙的尼可拉斯的著作，並從中獲得最大的啟發。這段期間，布魯諾讀了尼可拉斯許多重要著作。當他還在那不勒斯時，就已經採納尼可拉斯的太陽中心論，並大力贊揚這個觀點。讀了哥白尼的著作後更加確認，且更進一步推進這個想法。他和庫沙的尼可拉斯一樣，相信還有其他星體跟我們的太陽系一樣，而宇宙有許多其他有生命居住的星球。他也主張宇宙是沒有極限的。布魯諾的宇宙觀和庫沙的尼可拉斯幾無二致，但他表達的方式卻反映出當時正在慢慢轉變的世界觀。布魯諾的宇宙論乍看之下和神學並無關聯，但文藝復興的思潮已經開始生根。知識可以用理性人道主義的方式來表達，這呼應了希臘古典時期的做法，而且純科學領域中，更是開放採用更科學的方式來談論。因為這樣，讓布魯諾的主張顯得更加科學。

可惜的是，布魯諾的著作內容卻不如外表那麼科學。歸根究底，他不論在本性或是信仰上都不科學。他的那不勒斯人脾性在他平心靜氣下筆寫出心中想法時或能稍微克制；但多數時候他內心深處始終藏著信仰的根，只是被表面的科學外觀所掩飾。數百年來，布魯諾都被視為科學革命的偉大宣道者。歷史只能呈現表象，而透過歷史所認識的人物也只限於表象。直到近年大家才明白，布魯諾內心藏著和他外表偽裝和散布的科學表象完全不同的想法，但科學卻深受他的影響。

布魯諾在那不勒斯期間接觸到鼎鼎大名的「埃及鍊金師」赫密士．特里斯梅吉士托斯的作品，這讓他的世界觀從此改觀，超越文藝復興時代。文藝復興精神自認為是復興了古典時期的知識。但赫密士．特里斯梅吉士托斯的知識卻更古老，那是原初的知識——連古典時期希臘作家都受其啟發，從而孕育了古希臘知識。赫密士·特里斯梅吉士托斯傳授的是埃及人的智慧，這就是「原初神學」（prisca theologia，又稱上古神學），即賜予後來神學家靈感的原始（或純粹）神學。在赫密士·特里斯梅吉士托斯的著作中，可以找到後來出現在畢達哥拉斯和柏拉圖身上的主要概念，這些概念在基督的垂訓中也獲得呼應，即使教會也勉強承認了其中的某些方面。因為這樣，赫密士·特里斯梅吉士托斯被封為異教先知——此等地位只有柏拉圖和亞里斯多德才有，這兩位因為時代早於基督教，因此雖然明明是異教徒，卻還是因為他們的學說對基督宗教神學有諸多貢獻，而獲教會封為先知。但布魯諾卻大膽地更進一步。他私下認為文藝復興並未全面展開。真正的文藝復興還沒到來。真正的文藝復興到來時，基督宗教信仰將會被過去原始、古老的真正信仰所超越，這個信仰就是古埃及的純粹神學，也是神秘魔法師赫密士·特里斯梅吉士托斯著作中所提到的原初神學。

相信這種說法的人，會覺得赫密士·特里斯梅吉士托斯講得頭頭是道，讓人不得不相信。而且這樣的詮釋並非故弄玄虛或高深莫測，因為先賢的著作中都提及過——畢達哥拉斯的數字學、柏拉圖的想法、基督宗教的信仰中比比皆是。可惜的是：現代的我們已經知道，赫密士・特里斯梅吉士托斯的著作並非如其所稱完成於古埃及時期，但這一點布魯諾卻不知道。這些著作其實是在古羅馬時代編纂成的，當時興起的新柏拉圖主義以及早期基督宗教的觀念，雄霸了其形上學思考的主幹。也就難怪這份又有鍊金術、又有密契主義、還有一些有的沒的的秘密作品會包含柏拉圖與基督宗教信仰的觀念。

既知布魯諾私下這個信仰，他的觀點不管以當時或現代的標準，竟然還會如此符合科學，就讓人感到意外。但他的作品真的就是那麼科學。所以他同時代的人才會那麼意外：而且就連那些自認在他之上的人——尤其是那些教會中的高層更是萬萬沒料到。但布魯諾這個人天性不認輸，尤其是在知識層面上。誰都無法勸退他放棄自己的「科學異端」，持亞里斯多德學派舊觀點的學院派或大老來也沒用，就連在道明會女修院那些高層面前他也不加掩飾。一五七六年，這些高層受夠了，於是發動要將布魯諾以異端邪說之名加以審判——在當時被安上這種罪名的人多半就百口莫辯了，下場大都是上火刑柱燒死。所幸，因為那不勒斯人做什麼事都慢半拍，就連審訊也一樣，這讓布魯諾在事態嚴重到不可收拾前有機會逃之夭夭。

從布魯諾和赫密士·特里斯梅吉士托斯的例子可以看到，化學（在鍊金術的形式下）還是會拖慢科學革命的。當時的化學，正處在一邊超前科學革命、一邊卻又落後科學革命的尷尬狀態。化學對於實務實驗的需求讓它得以向前進展，但其理論信念卻回溯到巫師和薩滿時代。因為這樣，化學可以說是代表了完整的古典人文學科，囊括了每一個發展階段。如果在其它領域的話，這絕對是無上的成就——但在科學界卻不然。

哥白尼所掀起的科學革命主要是落在物理方面，先是在天文學方面有所突破，進而為物理學其他領域帶來了大量的技術和理論發現。但這場革命似乎和鍊金術八竿子打不著。但帕拉塞爾瑟斯研究重結果輕過程、加上他在醫藥化學追求前因後果的研究，卻也讓我們看到化學（或者該說是鍊金術）並沒完全和其他科學學科脫節。而透過布魯諾，更是意外地讓我們看到，原來化學和物理的關連可以如此緊密。科學即使作為布魯諾對赫密士·特里梅吉士托斯鍊金術信仰這狗肉的羊頭，也還是發揮了科學帶動進步的功能。

這麼說來布魯諾思想中會出現這兩種科學純屬意外囉？乍看之下似乎如此，但如果我們看了後續發展，就不會再抱持這個想法。下文中我們會看到，鍊金術（不單是還在萌芽階段的化學，也包括已經完全成熟的巫術）將會持續扮演一種極為超出常規而讓人感到不解的角色。從哥白尼到牛頓，偉大的科學革命過程中，鍊金術始終都潛藏在背後而未曾消失。而且，赫密士·特里斯梅吉士托斯也都在這些偉大的科學家著作中被提及。哥白尼在《天體運行論》一開始那一段可以說是太陽讚歌中就提到他。這段文字很值得摘錄，因為它讓我們看到科學也能為科學家本身帶來詩興、哲思、甚至宗教情懷，而這些情懷在實際科學中可能原無一席之地：

> 在諸星之間太陽居其中。否則的話，在最美好的廟堂之中，還有什麼更好的地方可以擺放這盞明燈，讓它照亮一切呢？有人稱其為宇宙之光、或靈魂之光、統治者之光，誠然不為過。特里斯梅吉士托斯稱其為有形的神、索福克勒斯（Sophocles）筆下的伊蕾克特拉（Electra）則稱其為全見者。因此，太陽的確坐在王座上，引導著諸星家族繞著它公轉。

這首詩寫得如此優美抒情，讓人不忍挑剔其中引述了一些無關科學的說法，但光只是這麼輕描淡寫一提卻讓人不免多想。（哥白尼到底相信什麼？）反之，牛頓就不像他那麼拐彎抹角——他在筆記本中也曾直接引述赫密士．特里斯梅吉士托斯的文字。這段文字中，牛頓的赫密士．特里斯梅吉士托斯（他是刻意讓人聯想到他自己）指的是鍊金術而非科學；「但我完全是在上帝的啟示下獲得這門技術和科學的，蒙上帝恩澤在祂的僕人面前展現這些。祂只賜予懂得使用理性來追求真理的人，卻絕不會讓理性成為犯錯的肇因。」信仰、形上學「之藝」、理性——這些暗流就隱伏在科學革命平順的水面之下。即使到現代，根據還原論者的觀點，我們只是住在現代都市裡的洞穴原始人。如果說生理上改變不大（老實說這麼講是有點誇大）——那心智呢？一些長年的臆測和信仰即使已經明顯過時了，卻往往一時之間很難說改就改。我們的心智、語言、想法、甚至是靈感——都受到過去、前人、和一些已經明顯被棄置的事物激發而來。這些看似不重要的東西，對那些征服、取代了它們的想法，似乎扮演著很難說分明、藏在暗處偷偷發揮的角色。最明顯的例子，就是在接下來一百年間鍊金術所扮演的角色。

另一方面，科學革命先知布魯諾卻只能往北逃到羅馬，以躲避那不勒斯道明會女修道院當局的宗教清算。（人們在修道院的廁所裡找到他私藏的伊拉斯謨斯的禁書，可以想像當時道貌岸然的修院人士大驚失色的場景。）

但一五七六年的羅馬卻也不是想法獨立思想家能立足的地方，尤其是對於像布魯諾這種有著義大利南部火爆脾氣的人而言更難立足。當時的羅馬天主教會為了對抗宗教改革，於是發動了反宗教改革。所有教會的訓誨都被視為神聖不可侵犯、完全不容任何質疑——這也包括亞里斯多德對於地球中心論的行星說和四元素說。原已銷聲匿跡的宗教裁判所重回義大利和北歐等地區，以求澈底剷除新教徒和異端邪說。

可想而知，不用多久布魯諾就再次闖下大禍，但細節至今不明。總之他被羅馬宗教裁判所指控為異端邪說，並準備將他逐出教會進行絕罰。然而，向教會告發他的人隨後卻被發現陳屍於台伯河（Tiber）中。布魯諾決定不管三七二十一走為上策，倉皇出逃。這一次他乾脆連修道士的道袍也脫了——基本上這等於是自行出教。

布魯諾於之後幾年雲遊四方，過程中似乎用了很多方法來掙錢糊口，包括用他開發來增進記憶力的腦力訓練法教學。其記憶法是想像有一個很大的輪子，將每個要記的東西擺在輪子上，要回想某事物時，就轉動輪子找出擺放記憶的位置。說起來似乎簡單，但重點是，這個大輪子裡還要再擺五個輪子，六個輪子都同心、一個比一個小。這五個輪子同樣也用來擺放記憶事物。靠著轉動不同輪子，就可以組合不同記憶，從而生出新的知識。

到這一步聽起來都沒什麼問題（除了有點讓人頭昏眼花以外）。不過，這裡頭同樣大有文章。在布魯諾這套成功幫助背誦的方法後面，藏著的是他的形上學結構。布魯諾的六輪系統其實是從十四世紀西班牙那位神秘又（據稱）相當成功的鍊金師雷蒙．盧利的學說衍生而成的。盧利的著作中，這六個輪子構成一套可以結合各種知識的神秘邏輯系統，讓使用者可以藉此瞭解宇宙的一切。而同樣地，這其實也不無鍊金術結合物質點石成金概念的影響。

再一次，布魯諾站在歷史的轉捩點。密契主義和鍊金術讓他開發出成功又實用的記憶訓練系統。一百年後，這套訓練系統被德國理性主義哲學家萊布尼茲（Leibniz）加以鑽研——讓他得以造出第一部計算器，機器中就有一套同心輪。萊布尼茲也受到盧利的影響，相信該系統能夠被廣泛運用，終有一天能夠依這個模型建出運算機器，解決所有的數學和邏輯問題。甚至連道德上的爭議都能解答：讓爭議兩邊輸入自己的主張，然後運算器就會吐出正確答案。從神秘鍊金術到記憶方法到運算機器以及現代電腦的最早雛型——這每一步中都或多或少藏著一些無心插柳的意外以及畫龍點睛的靈感。這種情形至今未艾。我們都認為現代人使用的電腦在道德上沒有立場，卻又很不合邏輯地懷著恐懼，覺得總有一天世界會被電腦所掌控。電腦會掌控全世界這種想法，如果換個角度想，不管是我們的恐懼或是我們的想法來源——都不難看出這裡頭殘存著布魯諾記憶法的鍊金術靈感，以及萊布尼茲對自己發明的計算器可能發展成道德解答機的幻想。

但布魯諾的記憶法影響力比這還要深遠廣泛。他的方法除了結合了盧利的鍊金術以外，同時也和另一種由布魯諾所開發、同樣看似八竿子打不著的思想方法有緊密連結。這個方法之後會在他的思想上扮演重要角色，揭開歐洲重要思想發展的序幕。

布魯諾視自己這種新的系統性思考方法為一種創造性邏輯的型式：是一種會產生新知識的思想方法。這個方法的來源是庫沙的尼可拉斯的「對立的融合」——瞭解對立的事物終究會相同的觀點。但布魯諾將此推前一大步。「深奧的魔法，要能在發現共同的點之後，將對立處抽絲剝繭出來。」兩個對立會在這個「結合點」取得一致，並從這個點抽絲剝繭出其對立、「相反之處」。

在布魯諾兩百年後，德國哲學家黑格爾（Hegel）在布魯諾這段陳述中找到了他自己偉大辯證法的種子。黑格爾的辯證法跟布魯諾的方法一樣，都牽涉兩個對立的想法結合後產生新的東西。在黑格爾辯證法中的兩個對立面，就被稱為「正」（thesis）和「反」（antithesis）[23]。布魯諾接著從「結合點」「抽絲剝繭出對立面」。同樣地，黑格爾的「合」（synthesis）本身也成為一個全新的「正」，從而再產生屬於它的「反」。兩者再結合成為新的「合」，就這麼一直衍生下去。黑格爾的辯證法日後發展成為一個龐大而無所不包的系統，並解釋了神、宇宙和萬事萬物。再次地，布魯諾的貢獻至關重要。庫沙的尼可拉斯眼中神的原理，在布魯諾身上發展成一種動態的思想方法，黑格爾再將之擴展成龐大而環環相扣的形上學系統（類似雷

23 譯注：《西洋哲學史》，鄔昆如，465頁。

蒙・盧利的輪中輪）。這一路下來，黑格爾的辯證法最後會遞到馬克思（Marx）手裡，由他進一步發展成辯證唯物論（dialectical materialism），這是將這本質上非科學的方法硬是套用到科學上的謬誤。

一五七九年，布魯諾來到喀爾文教派（Calvinism）的中心日內瓦，在這裡改宗信了新教（抗議宗）。但他沒想到，新教徒並沒有比天主教更包容。他們和羅馬教廷為意識型態展開戰爭，但自己也同樣陷入教條原則僵化的問題。他們想要回到基督宗教的基本教義——要揚棄天主教會被他們視為虛榮矯飾和腐敗的陋習。諷刺的是，他們這種保守、基本教義的做法，卻讓他們在科學上走向和天主教一樣的教條。亞里斯多德的地心宇宙觀和四種元素的說法，依然被他們視為自然哲學的基礎。布魯諾開始宣揚哥白尼的日心說後，很快就與一位喀爾文教派的教授在亞里斯多德問題上產生衝突。這一次，他被捕入獄。本來這一次下場也會不好的，沒想到布魯諾明哲保身，撤回自己的主張。所以僅被逐出喀爾文教會，並驅逐出城。

像布魯諾這般敬畏上帝的虔誠信徒，接連被舊教與新教逐出教會，照理應該會為自己靈魂而擔憂，但他卻完全不被影響。他深信，不久之後，基督宗教這兩個死對頭很快就會合而為一。而在新的「結合點」上，又會生出新的「對立」：也就是赫密士・特里斯梅吉士托斯的「原初神學」這屬於古埃及的正統源頭宗教。所幸，布魯諾腦袋還算清楚，沒透露自己內心真正的想法。至少沒說太多。從這之後，我們所聽到關於他的事，除了他堅持捍衛庫沙的尼可拉斯和哥白尼的理論以外，就是穿插著他那些秘學信仰、以及外界對他是魔法師的猜測了。

布魯諾持續雲遊四海，來到法國的土魯斯（Toulouse），當時這裡是天主教勢力最強、最保守、毫無包容力的地方。布魯諾這麼不知死活地來到這裡有兩個原因：雷蒙・盧利當年曾在這裡執教鞭；另一個原因則頗讓人意外，那就是這邊的大學對於教師沒有信仰方面的要求。布魯諾這人或許有拉丁人的火爆脾氣，但也有著拉丁人的魅力。面試時，他展現出豐富的知識和能力，讓校方授予他哲學講師的職位。但布魯諾竟一反常態選擇不教自然哲學。他的課堂始終嚴守正統課程，談亞里斯多德的《靈魂論》（*De Anima*）。在這部作品中，亞里斯多德稱靈魂與肉身之間是非自然的結合，並將之比喻為第勒尼安海（Tyrrhenian）海盜的酷刑，他們會將俘虜綁在死屍上，這個比喻很符合當代哲學，因為它仍然和亞里斯多德學派的過時觀念這具死屍綁縛在一起。到了十六世紀後期，藝術界的文藝復興已經完成了，但科學界的文藝復興卻剛起步，而哲學界的文藝復興則還要等半世紀以後才會到來。

說來奇怪的是，布魯諾在土魯斯講學的同時，葡萄牙哲學家法蘭西斯科・笙謝（Francisco Sanches）也住在這裡，他正在撰寫《為什麼人什麼都無法得知》（*Quod Nihil Scitur*）一書。這部現在已完全被遺忘的大作，以深刻的哲學懷疑論主張我們永遠也無法探知真理，一切知識都可以加以懷疑。就是這個觀念，成了日後笛卡兒（Descartes）思想的開端——就是他點燃了十七世紀哲學文藝復興。庫沙的尼可拉斯指認出正反對立、布魯諾提出的早期思想辯證法、笙謝的懷疑論——這些新式的思考方法逐一出現，力圖打破亞里斯多德式邏輯和教條的束縛。布魯諾和笙謝一定有碰過面，但在脾性和思想上兩人可能南轅北轍：一位是不多話的懷疑論者，一位是頑固的科學宣道者。懷疑和科學——時機還未成熟。接下來我們會看到，這些對立要等到笛卡兒出現，才在他的哲學中結合起來。

一五八一年，布魯諾出現在巴黎，因為他發明的記憶法之名不脛而走，引起法王亨利三世（Henri III）的注意。亨利三世不在乎布魯諾理論中不正統的觀點，逕自任命他為宮廷官員，雖然當時法國國內天主教和新教衝突激烈，但法王宮廷內思想卻相當自由。獲聘兩年後，布魯諾隨著法國使節團前往倫敦。此行中他似乎擔任了某種低階間諜的工作（可能也拿了英國的錢擔任雙面間諜）。來到伊莉莎白時代新教的英國，布魯諾覺得自己可以自由表達其反亞里斯多德的觀點了。他前往牛津，痛斥滿堂牛津學者、教授想法迂腐過時，聽得人人瞠目結舌。他們難道都不知道科學革命已經開始了嗎？同時他也感到自己有能力發表一些神秘主義的作品，在其中擺放較少的科學觀點。

對布魯諾而言，神秘信仰和真正的科學是可以完全分開。但是，就跟他的思想體系一樣，這兩個對立領域也可以有「結合點」。他把這種結合發揮得最讓人大開眼界的，就是他對哥白尼行星系統的態度。布魯諾當然是相信這套系統的科學真實性，但他同時也認為這是一套宇宙的神秘象徵。布魯諾的科學思想是怎麼和這些形上學的胡說八道並存的，這難解之處就跟他的胡說八道一樣讓人費解，但他真的就能讓兩者並存。布魯諾講起科學來條理分明頭頭是道，因此他在歐洲期間所發表的言論，讓許多人深信不疑。還好，這些人中大多數都沒注意到他的秘教信仰，或者即便注意到，也只當成是他的怪癖而已。

科學上，布魯諾自行找到跳脫亞里斯多德思想泥淖的路。生活如思想。他不過中世紀修道士的禁欲生活，而是過著文藝復興的人文主義生活。人應該對這個世界張開雙臂擁抱，而不是將之拒於千里之外。布魯諾終生未婚，但據當時人所記載，他顯然並非單身。他的反對者莫森尼戈（Mocenigo）就說：「他跟我說女人讓他開心，但他還難望所羅門王項背。」可以肯定布魯諾沒有像聖經中的所羅門王一樣有七百妻三百妾，但他似乎不乏美女佳釀相陪，但有沒有聖歌就不得而知了。而思想也如生活。他不認為蒼穹之下是有限的世界，而是宣揚了太陽系和充滿類似系統的無窮宇宙。他也不信亞里斯多德的四元素說，而是提倡原子說。至於布魯諾是怎麼接觸到這個觀念的，則又是另外一段故事了。

前文提到過，關於物質分割到最後不可分割的組成就是原子，這個學說最早是由路西布斯提出，再由希臘的德謨克利圖斯在西元前五世紀進一步發展。一百年後，雅典哲學家伊比鳩魯（Epicurus）重拾這個學說，他的名字成為英文「epicure」這個字的字源，指熱愛佳餚美酒、享受生活的美食家或享樂主義者。但其實用這等高雅的享樂主義畫面代表伊比鳩魯哲學並不公平。他的哲學講的是，我們生活在一個機械化的世界，對於幸福的追求要有所節制。而節制的方法，就是不碰政治，過著寧靜的生活——而要獲得寧靜生活，就從飲食節制開始（尤其要戒絕那些現代自封伊比鳩魯享樂主義者自豪的享受）。

伊比鳩魯學派前後風行了七百年的時間，在羅馬帝國崩離於酒池肉林時達到最盛，這時的羅馬帝國真的是耽溺在伊比鳩魯學派最享樂主義的一面。隨著基督宗教降臨於羅馬，刻苦自律和懺悔蔚為風潮，這讓早期信奉基督宗教的人視伊比鳩魯為反基督，是會導致世界滅亡的邪魔代表。

伊比鳩魯的道德哲學可能因詮釋而有著極大差異，但他的自然哲學卻是清晰且科學的。除了認為我們存在的世界是機械化以外，伊比鳩魯也接受了德謨克利圖斯的原子理論。世界上並沒有超自然力量，而只是由不能再進一步分割、極小的粒子物質所組成，這些粒子不生不滅。

伊比鳩魯應該不會訝異他的哲學在他身後會受歡迎這麼久，雖然他可能對於後來的發展並不滿意。他一生孜孜不倦地推廣自己的理念，據說前後寫下三百多篇論文。

可惜上天作弄人，這些作品如今只剩斷簡殘篇。「若善中不包含味覺、愛、聽覺和視覺的喜悅，那真是難以想像……但若在追求享樂時不謹慎行事，德行就只是個空話。」

西元前一世紀的羅馬詩人盧克萊修（Lucretius）在伊比鳩魯的著作佚失前注意到它。雖然不少羅馬作家宏揚希臘思想，但他們幾乎對古希臘的思想照單全收，未有新意。這些人中最講究的就是盧克萊修，他的著作結合了詩意、科學思想和反形上學哲學觀，日後被讚美為「幾乎跟賢者之石一樣稀有」。因為實在太優秀了，所以受到早期基督宗教評論家的惡意誹謗，因為他們對符合科學的理性作風恨之入骨。也因為這樣，我們別無選擇，只能仰賴聖熱羅尼莫（St. Jerome）提到盧克萊修名字的那些生平細節。據聖熱羅尼莫所載，盧克萊修因服用妻子給的春藥而罹患瘋病，每隔一段時間就會發作一陣子。他只有在神智正常時才有辦法寫詩，完成後會交給他的好友，偉大的羅馬演說家西塞羅（Cicero）為他「修訂」。四十四歲時，他在一次發作中自殺了。瘋病、性愛無度、詩作被懷疑是別人代筆、自殺——這樣的一生似乎也太誇張。但聖人應該不會亂編這種事；而詩人，就算再怎麼不食人間煙火，也很少過著無可指摘的生活——因此，或許聖熱羅尼莫如此不堪的描述也許是基於某些事實。

盧克萊修相信宇宙本身不論是實質上或是生物方面都演化過，同樣地，文明是社會演化的結果。他是第一位將歷史依人類成長階段劃分的人。他也是少數不相信人可以長生不老的人。「死亡，最可怕的疾病，根本不會影響我們……因為當它來臨時，我們早已不存在。」死後靈魂就「灰飛煙滅」了。「在很短的時間內，生靈在數代之間就會改變，如同跑者傳遞生命火炬一般。」這首詩確定是盧克萊修所作，但當中有多少想法是他原創，還是純然引自伊比鳩魯，我們幾乎無法判知。這時，或許用盧克萊修的名言：「無中不能生有」最能闡明這話中的真理。

這些想法和他許多觀點，都收錄在他的傑作《論萬物本性》（*De Rerum Natura*），書名是刻意呼應伊比鳩魯逸失作品《論本性》（*On Nature*）。在這套超長的詩集中，原子的概念在頭兩冊中被特別強調出來。其預言之精準不證自明。當中提到，宇宙中有無數的原子，這些原子有不同的類型，但類型數量有限。原子間的重量、形狀和大小互異。全都極小、是不可分割的固體。然而，這些原子由不可分割的部位組成，原子越大、部位數量越多。

最後這一點明顯自相矛盾，被許多人認為是他原子論中美中不足之處。那就是，要是原子有分部位，那就一定可以切割。但二十世紀初興起的次原子物理不僅對此矛盾提供了解答，也顯示盧克萊修這一科學時代以前的先見之明。那這古代的原子理論究竟是什麼呢？它沒有由實驗獲得證實的機會。這個古代原子理論純粹是推論得來的（「theoria」這個字意謂看著、冥想、推測）。這麼驚人的見解，唯一可能就是湊巧矇到的。但接下來我們會看到，日後科學思想只要重新提到盧克萊修這一原子概念，往往都會帶來重大的突破。就好像這個概念是科學的護身符、吉祥物一樣。

盧克萊修的《論萬物本性》在羅馬時代非常有名，甚至讓羅馬詩人維吉爾（Virgil）之流也深受鼓舞，他在說以下這段話時，指的人就是盧克萊修：「能看清事物之因的那人真是幸福。」但在羅馬帝國崩潰後，盧克萊修的長篇詩集卻消失了——最後一份為人所知的抄本據說在西哥德族（Visigoths）洗劫這座永恆之都時付之一炬，當時城中沒有一座大理石宮殿逃過他們的魔掌。

中世紀時，該詩集大都是因其他作品零星提及而為人所知。但在一四一七年時，一份手抄孤本被發現。半世紀後，《論萬物本性》成為新古騰堡印刷機第一份印行的非宗教書籍，並很快成為暢銷書。盧克萊修的詩作甚至一度比但丁（Dante）的《神曲》（*Divine Comedy*）還要受歡迎。當時人多半將之當成文學作品來閱讀，雖然其中的哲學也很受人道主義者的喜愛。相比之下，其中的自然哲學，即原子論，則被視為已經過時——直到喬達諾．布魯諾讀到該詩集，情況才有所轉變。

繼庫沙的尼可拉斯之後，盧克萊修成為影響布魯諾科學第二重要的人，雖然盧克萊修和庫沙的尼可拉斯兩人除了科學見解以外，其他方面都截然對立。盧克萊修完全不屑一切的形上學思想；庫沙的尼可拉斯卻是不論哪方面的思想中都有著神學灌注其中。但布魯諾卻有辦法亦步亦趨地追隨二人學說！數百年間，他被視為盧克萊修類型的科學人道主義者，只是帶著一點神秘主義的浪漫氣息。直到後來大家才逐漸看清，原來他的科學概念是建構在暗黑神秘主義和形上學的架構上。但別忘了，他所發表的可是盧克萊修原理。而正是這些成為他和他的科學被外界所認識的樣子——從哥白尼的行星體系到原子論。但也就是這些導致布魯諾悲慘的下場。

布魯諾趕在被人發現（他是間諜、是反間諜、又是異端邪說等等）之前離開英國，回到巴黎。但很快地，由於各種紛擾，他又離開巴黎前往德國。他陸續前往馬爾堡（Marburg）、布拉格和蘇黎世等地，一路結交當時最出色的知識分子、與他們爭吵辯論。這些象牙塔裡的專家原本都密切關注著布魯諾，但見到他本人後，卻又都對其嗤之以鼻。另一方面，教會開始採取和他完全對立的觀點了。

一五九一年，在拜訪法蘭克福書展時，布魯諾收到來自威尼斯的邀請函，請他去指導一位名為祖安・莫森尼戈（Zuan Mocenigo）的貴族學習他的記憶法。布魯諾當時四十二歲，已經離開義大利長達十二年之久。他認為事隔這麼久，回義大利應該不會有事。

布魯諾前往威尼斯，順道拜訪鄰近的帕度亞（Padua），他聽說這邊大學的數學教職出缺，心想或許可以在這謀得正式教授職務，以後就不用再有一搭沒一搭地講課，還要給一些沒知識的貴族上課。可惜他未能如願（隔年該職位被伽利略取得）。

在威尼斯時，布魯諾住在莫森尼戈的豪宅中，但兩人從一開始就不投緣。莫森尼戈這人不太聰明，每當搞不懂布魯諾的記憶法時，便心生怨懟且有所猜忌，繼而隨著布魯諾名聲在威尼斯不脛而走後，他更是起了嫉妒之心。兩人一再因為口角產生齟齬，最後莫森尼戈乾脆以布魯諾講授異端邪說為由，將他一狀告進威尼斯宗教裁判所。布魯諾就這麼琅璫入獄。（一百五十年後，卡薩諾瓦〔Casanova〕也因同樣罪名被關到同一座地牢，但他很快就成功逃脫。）布魯諾完全沒想逃，審判過程相對輕鬆，他也自覺有能力為自己辯護。

布魯諾一生並未留下肖像，只有他在威尼斯接受審判期間所留下的對他外表的描述，但這些描述卻不一致。宗教法庭上的執事形容他是中年外表、中等身材、紅棕色鬍子。同時，一名被傳喚作證的當地書商吉歐托（Giotto）則形容他身材矮瘦、一把黑鬍子。據說在審判時，布魯諾是以義大利南方人的方式說話，語速很快，伴隨著生動的手勢和多變的表情，可能是他本來就常這樣說話。其他人則形容他在其他場合講課時相當認真專注，有時會心不在焉、勾起一隻腳站著。這樣的舉止讓人覺得他是一個對自己所說的事相當有把握的人。

布魯諾在法庭上坦承自己的確在神學部分犯了一些小錯誤，但他覺得那沒什麼大不了，因為這都是基於他在自然哲學方面的研究心得。他也堅稱自己對教會的教旨並沒有不同意的地方。而且，說了大家或許不相信，但他真的相信這些教旨。

到這邊，我們終於稍微可以瞭解為什麼布魯諾內心深處會充滿這麼明顯的不一致和對立衝突了。肯定是因為他是真心相信自己所說的話——但這話可能就不適合對外人道。他所謂的「神學上的小錯誤」指的是他力挺哥白尼學說、原子論之類的信念。他認為這不能算是神學上嚴重的錯誤，因為這些都和古埃及時代原初宗教的象徵型態有關，他深信這些象徵很快就會穿越時代和文化，進入基督宗教信仰中。既然是這樣，那他對基督垂訓自然也沒有什麼好不同意的，畢竟基督的垂訓也都是源自那些最早的「真神學」。所幸，這些作為他科學微罪根基的聳動信念布魯諾沒有當眾說出來，所以威尼斯宗教裁判所似乎也有些動搖，想對他輕輕放下。但沒想到接下來情勢卻急轉直下。

這樁宗教裁判事件傳到教廷耳裡，羅馬於是傳喚布魯諾到惡名昭彰的羅馬宗教裁判所。在這邊他足足被審訊了七年。一開始，布魯諾還是一貫作風，以不變以應萬變。但隨著宗教法官越來越強勢、對案情越來越鍥而不捨，布魯諾的態度也越來越不配合。或許是他已經察覺，不管自己再怎麼辯解，下場都不會改變了，所以乾脆就堅持到底，始終主張自己的科學異端邪說是對的（這些剛好是被教廷針對的重點）。他在庭訊過程中，對宗教法官的無知和偏見嗤之以鼻，因為他們完全不想聽他解釋亞里斯多德學說和近年來自然科學種種發現牴觸的事。此舉激怒了宗教法官，下令要他撤回所有的主張。除了完全無條件撤回所有理論以外，其他一概不予接受。這下換成布魯諾被激怒了。他矢口堅持沒什麼好撤回的，更說完全不懂自己做錯什麼，為什麼教廷要他撤回。教宗克勉八世（Clement VIII）聞言乃命人將布魯諾交付民間政府當局，並命對方「儘可能仁慈、一滴血都不能讓他流」。別以為教宗這是寬容示下，這其實只是拐彎抹角的判人死罪。教宗言下之意，是要將布魯諾以不知悔改的異端者之名送上火刑柱。

一六〇〇年二月十七日，布魯諾被送到鮮花廣場（Campo de' Fiori）[24]，他的嘴被塞住，以防他向圍觀群眾發表談話。他被綑綁在堆滿柴薪的火刑柱上，就這樣活活被燒死。

24 譯注：現在遊客來到鮮花廣場，第一個映入眼簾的就是廣場正中央所立的雕像，這個雕像正是科學殉道者布魯諾。

教廷是怕布魯諾死前透漏什麼，為什麼要塞住他的嘴？在法庭上，法官宣判死刑時，布魯諾大聲宣稱：「你在對我下判決時的恐懼，可能遠大於我聆聽這判決時的恐懼。」當他在火刑柱上經歷極大痛苦時，教廷給了他一個十字架要他親吻，但他忿而轉過頭去。看來他是忠於自己內心深處的「埃及」信仰。但就算讓他有機會在臨死前把這番內心話說出來，恐怕現場也沒人能聽懂，更遑論相信他了。教廷怕的不是這個，他們怕的是，他會在死前說出他的自然哲學邪說。他們真正怕的是科學。

「太陽恆始不移。」李奧納多．達文西在半世紀前曾在他的筆記本頁緣以暗號這麼寫道。

庫沙的尼可拉斯知道這個事實，而哥白尼更以數學推論證明了這個真理。這完全不關宗教的事。

但宗教本身，為了尋求知性作為後盾，卻吸收了哲學。原本是用來證明自然哲學真理用的方法，現在被拿來證明神學理論。十三世紀的湯瑪士．阿奎那就提出不少於五份的證據來證明上帝的存在。這些證據有部分已經頗具科學雛型。比如說，造物主（First Cause）之辯：上帝是一切因果的原始開端。不過神學吸收的不只是哲學方法，也借用了哲學的內容。既然吸收了邏輯，就避免不了道德倫理和宇宙觀、自然哲學等等。亞里斯多德的哲學成了上帝真言並不是他的錯。而且，雖然基督教採用的是德謨克利圖斯的原子論而捨亞里斯多德的四元素論，但所造成的後果卻沒有太大差別。科學跟道德一樣，都是斬釘截鐵的事實，沒得商量。

或許，在道德方面，打從青銅時代以來人性進步的並不多，甚至可以說一點也沒進步。荷馬史詩中的主角和阿諾．史瓦辛格在《魔鬼終結者》中遭遇的道德困境並無二致。但他們所使用的武器，以及他們所能得到的醫療水準，則是天壤之別。至於在科學進展，則跟道德進展不一樣，並沒有一成不變，如果有人硬要說這兩者一樣，那就太荒謬了。就算教廷硬要堅持採用德謨克利圖斯原子不可分裂說，但現在都有廣島原爆了，難不成它還要矢口否認這回事嗎？

問題是，布魯諾時代的科學跟宗教一樣，都一團混亂。兩者都搞不清楚狀況。教宗昭告天下說諸星繞著地球轉；布魯諾則視哥白尼的太陽系為形上學的信條。這樣的混亂，人類心智還需要一點時間才能夠撥開迷霧。而要到那一步，所需要的就是觀看世界的新方法。

第六章　通往科學的要素

說到觀看世界的新方法，一六〇八年的確就發現了一種新方式，那就是望遠鏡。許多人都說，望遠鏡是由荷蘭製鏡師漢斯．黎普斯海（Hans Lippershey）[25]所發明，他是把它做成眼鏡來販賣。到了十六世紀末，製造銷售望遠鏡成了非常景氣的產業，因為印刷術傳遍全歐上下，帶來了閱讀人口的增加，而需要眼鏡的數量也跟著增加。製鏡業的蓬勃發展則衍生出顯微鏡和望遠鏡的發明。到了十七世紀初，人類的心智隨著閱讀而拓展了，意外地，世界也因此跟著朝微觀和宏觀兩個方面拓展開來。全歐上下這時出現了許多明顯互不相關的變化，開始影響了觀看世界的角度。隨著這些改變而來的，則是新的問題。（但事實上，他們往往問的都是古希臘人問過的老問題。像是我們住的世界究竟是什麼？各種新發現運用我們所知的原理解釋得通嗎？）

望遠鏡效應並不是黎普斯海發現的；真正發現者的身分已不可考。據傳說，這位造福全人類的人是位年輕人，他有天沒事把玩正打算要磨光的鏡片，這時他注意到，將兩片鏡片擺在眼前並調整鏡片之間的距離時，可以將遠方教堂尖塔的影像放大。黎普斯海立刻就從這意外觀察中領悟到其重要性，並用一根管子裝上兩片鏡片，將他的發明命名為「透儀」（perspicilium），意為「可以看穿的儀器」。第一組透儀隨後賣給荷蘭政府作為軍事裝備。而就跟古今許多軍事機密一樣，消息很快就傳開了，有志於此的人全都知道了。同一年，遠在帕度亞的伽利略也聽說了這個儀器。

就是伽利略率先讓這種新科學研究所需配件傳播開來的。伽利略志向遠大，善於把握機會。當時他已經在帕度亞擔任數學教授十五年之久。雖然受聘時年方二十八，他卻靠著努力不懈和自我推銷，再加上請一些有地位的贊助人幫他說項而取得該職位，前文中布魯諾就沒能謀得此職。早在一五九二年，當時四十四歲的布魯諾已經是國際級的大人物，但對此職他只是投石問路，他的知名度主要是集中在北歐地區，在

---

25 譯註：一般譯為黎普希，但荷文中「sjey」才做「希」的發音，或者如果有德文血統，則會拼成「schey」。

義大利的贊助人又只有後來背叛他、而且不怎麼聰明的莫森尼戈。

十六世紀末時的帕度亞是歐洲最好的大學，連英國和波蘭的學生都遠道而來。（莎士比亞對當時義大利的瞭解，就是得自來此留學的英國學生。）伽利略一聽到新的透儀，一向慧眼獨具的他立刻就意識到這個發明有兩個關鍵特色在：其一，還沒有人認識到該發明的科學潛力；其二，透儀有很大的商業潛力。

第一部透儀其實只能夠將影像放大三倍，但不到幾個月的時間，伽利略就開發出可以將影像放大十倍的儀器。他將這新儀器當作禮物送給當時統領帕度亞的威尼斯城。伽利略更自豪地對該城說明，今後凡是想入侵威尼斯的艦隊一出現在海平面上，就立刻會被發現，這能讓守城當局有充分時間準備防禦。

但伽利略此舉當然不純粹是慷慨大方不圖私利。感激的當局立刻將伽利略原本微薄的薪水加倍，並聘他為終生教授。伽利略同一時間也發現，在義大利其他地方已經有人在生產廉價的透儀，嚴重限制他在市場上取得巨大利潤的機會。這些廉價的透儀抵達威尼斯時，伽利略斥之為玩具——為了將之與他發明的儀器作出市場區隔，所以他就把自己的發明冠上「望遠鏡」（telescope）之名。此字取自希臘文的「遠」

(tele)和「望」(scope)——但其實就跟這個器材本身一樣,這個字也不是由伽利略原創。

伽利略.伽利萊是位精力充沛、有著紅鬍子、個性外向的人,在他自由奔放的性格和非常有魅力的談吐之下,其實藏著複雜的性格。因為豪奢成性再加上家中負債累累、以及遠在家鄉佛羅倫斯的母親堅持要他資助家計,讓他常常阮囊羞澀。有次母親難得前來帕度亞探望自己心愛的數學家兒子時,才發現兒子竟然跟一名熱情的威尼斯女子瑪莉亞同居,這女子小伽利略十五歲,已經幫他生了兩個兒子。伽利略為躲避母親,逃到鄰近的威尼斯,待在貴族好友薩格雷多(Sagredo)的宮殿裡,留母親和女友在帕度亞家中互相咆哮,最後場面更演變為互扯頭髮。伽利略在貴族朋友之間以詼諧機智又博學而大受歡迎,但在家裡,他為了避開誇張的爭吵場面,常會一頭栽進書房,躲上好幾個鐘頭、甚至好幾天都不出來,一心只有科學。

伽利略可能是最早瞭解到新科學是什麼樣的人。(這時的科學發展幾乎只落在物理學方面:研究事物的原理。要等這方面有所進展後,才擴及化學:針對物質和元素去研究。)看得出來,伽利略的見解主要得助於他在實務方面的出色能力。他能很快摸清楚哪裡需要改善、該怎麼改善，這能力讓他成為非常厲害的發明家。伽利略的發明涉獵許多方面，從第一個溫度計到測脈搏儀、從馬拉抽水機到計算炮彈彈道的四分儀。可惜的是，因為經費不足加上當時沒有專利法，又或者只是因為太超前時代，伽利略這些厲害的發明在商業上始終沒有獲得他所預期的收獲。但這些實務上的經驗，讓他對物理法則有了深刻的理論基礎。

在此前大約一千五百年，一些與世隔絕的古希臘思想家，尤其是阿基米德，他們都曾經獨立想出一些跟力學、物理有關的事實和法則——但就是沒有一個完整通篇的力學概念在。要等到伽利略提出了一個關於「力」的核心概念，讓大家知道從中可以衍生出一整套完整、連貫理論和實用知識供人探討。但為什麼「力」這個概念這麼重要呢？一本十七世紀教科書說的好：想像一個人要徒手阻止一匹往前走的馬。我們沒辦法估算他用了多少力量才止住馬。但是，把馬韁綁到夠止住馬的大石頭上，這時就可以透過測量該大石頭的重量，得知阻止馬前進所需的力量，從而測出此人拉住馬所用的力量。所有的運動，或是阻止運動，是力的作用，是可以測量出來的。在當時，這是一種全新測量世界的方式，從而得知世界運作的法則、並運用這樣的知識來幫助人類。

伽利略成為這個新知領域的前鋒探險家，他將這個領域稱為「力學」（meccaniche），是古希臘文的「用力」或是「機械」之意。但即使在這個新知識領域，當時人仍舊習難除：就像當時其他思想家一樣，伽利略其實是將阿基米德的運動概念加以「改進」，然後宣稱是自己想出來的。但我們可以從他的作品中看出，其實他已經瞭解到運動的三個法則，而這是一直到七十多年後，牛頓才真正提出公式證明。但是一方面因為伽利略處理科學的方式、再加上當時科學界的態度，所以他並沒有針對「力」是什麼提出定義：而且他也沒有針對所謂的物體運動提出一套法則。

但與伽利略帶來的長足發展相比，這些缺陷顯得微不足道。而且他把這些發展表達得非常清楚。這正是他主要的成就所在，只是因為這道理實在太簡單了，所以我們都視為理所當然。伽利略在這裡結合了數學和物理。在他之前，數學和物理是各自分開的兩個領域。

這種區隔早在西元前四世紀就已經很明顯，當時柏拉圖的學院強調抽象現實和「純」數學，而亞里斯多德的學園則著重物質現實，透過選擇、比較和分類來分析物質。在運用數學到物理上，哥白尼看似比伽利略搶先了一步，但事實並非如此。哥白尼將天體的運行視為純數學問題。在他的運算中，諸如重量、動勢和力量等力學的概念並未出現。

直到伽利略真正結合了數學和物理後，力的測量才成為可能，從而才能誕生現代科學。將數學分析運用到物理問題，催生了真正符合現代科學概念的實驗。這一來，才有辦法評量實際現象，將之拆解成各種不同類型、再據以測量，讓過程每一步都以數學來呈現。這樣一來，也才能比較類似的現象——一旦發現兩個現象符合，就可以據以形成法則。伽利略稱這樣的測試為「試煉」（cimento），義大利文是「嚴酷的考驗」的意思。

實驗就是一種試煉，藉以知道某個方法程序是否有用或是查知其原理。英文中的「experiment（實驗）」一詞，源自古法文，意謂「加以嚴格試煉」或「嚴厲逼問」。

這種種的做法，都是空前的突破。但真是如此嗎？這些事，鍊金師們不是已經進行了數百年之久了嗎？的確如此——而且，的確是有部分鍊金術實驗有使用到數學方法。許多鍊金術實驗的調配方法中，至少都有一條指示是必須「測量」配方，另加詳細的調配過程說明。到這邊為止，鍊金術絕對稱得上是一門實驗的科學。是結果的不同，劃分了鍊金術和科學。大部分的情形下，鍊金術所追尋的結果都只有一個——黃金。一旦結果沒出現黃金，那整個實驗最後出現什麼也就沒有紀錄的必要。有留下紀錄的那些鍊金術實驗，則多半會吹牛造假，謊稱得到多了不起或是形上學上的效果。這種不切實際純靠想像支撐的內容，是不可能建構出真正科學的。

但有人說，伽利略並非第一位結合數學和物理進行現代實驗的人。在他那個年代，早幾年前就已經有人使用類似的實驗方法。這說法並非說不過去。畢竟前文我們已經提到過，到這時，整個中世紀世界的心態已經開始瓦解了。過去因為有權威背書（也就是亞里斯多德）而毫不懷疑的事，現在逐漸不再那麼有把握，越來越多新時代想法冒出來取代了這些過時想法，將數學運用到現實生活中不過是其中之一。這種新時代思潮當時可以說是「瀰漫空氣之中」，許多人的心裡都已經有這種思潮了。現代科學正在整個歐洲誕生，是那些能夠用科學方式獨立思考的個人所共同推動的產物。

一般習慣稱這樣的思潮是「超前時代」。但這麼說對於十七世紀初歐洲所發生的這一切並不算精準。這些科學思想家和實驗家往往都是互相隔絕，各自獨立工作的，與其說他們超前時代，不如說他們是共同創造了一個新時代。整個歐洲，從波蘭到南義大利，一種新式心態正在匯聚。從何得知呢？從數個重大發現，幾乎是同一時間被幾位完全不可能知悉旁人新發現的人所提出，也因此絕對不會有剽竊的可能。這真的可說是全新的進步方式。科學的進步，並不是靠幾位偉人的重要發現造成的。跟這幾位天才人物的出現同樣重要的，是一種新思維方式的全面誕生——這讓數位思想家得以同時得到同樣的發現。（若沒有新的思維方式，是不可能出現突破性科學進展的：四種元素早就已經被發現，所以沒有必要再朝這方面探索。）沒有這些新思維，那所有關於這些元素的思考就完全走不出新意了。但因為有了新思維，科學家很快就開始同時提出新的發現。

只要舉一個例子就夠了。伽利略在一五九七年為了計算投擲物的軌跡而完成了兩腳規。才一年的時間，另一個幾乎完全一樣的器材，就在倫敦被伊莉莎白時代的數學家湯瑪斯．胡德（Thomas Hood）獨立製作出來，可惜他的發明沒能讓他脫離貧困。同一時間，經常和笛卡兒書信往返的荷蘭數學家德克．波爾考茲（Dirk Borcouts）也同樣在設計他自己的銅製兩腳規以供計算拋物線用。如今在當地博物館還能找到這件發明。

這麼說來，伽利略又為什麼比別人重要呢？那是因為他的腦海中似乎同時有好多不同的潮流匯聚——而且不管在品質或影響力上都比其他人出色。伽利略對於數學分析的運用、他的實驗、他概念的原創性（比如對於力學的概念）、他完美的專業技能、更不用說他的天才之匠心獨運——全都讓他鶴立雞群、比同時代人更具重要性。他並非總是第一個想出新點子的人（雖然他自認是如此），但他卻總是能將之發揮到最好的人。最能證明這一點的就是他對望遠鏡的運用。

原始的透儀設計，其鏡片中所看到的影像是上下顛倒的，而且只能放大原始影像的三倍。但到了伽利略手中，他讓望遠鏡看到的影像可以放大超過三十倍，並且看到的影像是正的。在其他人眼中，望遠鏡只有軍事用途，伽利略卻明白他這個「改良版的發明」還有哪些其他潛力。他在夜空中用望遠鏡仰望星空，立刻就看到一個全新的宇宙在他眼前揭露出來。伽利略也不是第一個用望遠鏡看夜空的人。英國的湯瑪斯・哈里奧特（Thomas Herriot）早就已經在用望遠鏡繪製月球地圖。這位幾乎沒什麼人知道的伊莉莎白時代先驅多才多藝，他穿越了大西洋，並進行了史上第一次的人類學研究，對維吉尼亞州的原住民進行調查。他和冒險家華特・雷利爵士（Walter Raleigh）以及劇作家克里斯多夫・馬羅（Christopher Marlowe）涉及「夜黨」（School of Night）事件[26]。他對知識的探索同樣影響深遠：在畫出月球地圖後，他就成為歐洲頂尖的天文學家；日後他發明了簡化符號，從此改變了代數；他也是主張吸煙草是萬靈丹的提倡者。在歐洲發生劇烈思想轉變的當時，有所謂「業餘天才」（amateur geniuses）的說法，他就是典型代表。

在自由思想盛行的地區——尤其是英國和荷蘭——一些在文藝復興時期相對遭到忽視的知識領域開始出現進步和卓越表現。哲學、文學、數學和物理等方面的成就，開始超越繪畫、雕塑與建築。文藝復興時代追求完藝術進步後，開始追求科學：追求美好的外在後，文藝復興時代的人也開始追求充實的內涵。

當伽利略用望遠鏡對準月亮時，他意外發現，原來月球表面有明顯的高山峽谷。他靈機一動，利用那些山所投下的陰影估算出其高度。接著他又將望遠鏡對準七姐妹星團（Pleiades，即金牛座昂宿星團），這個名稱是古希臘人用阿特拉斯（Atlas）神的七個女兒命名的，這七個姐妹因其他五個姐妹過世而悲傷自殺，先死的五個姐妹形成七姐妹星團旁邊的海亞蒂絲五星團（Hyades），又稱畢宿星團。伽利略從望遠鏡中發現，原本肉眼看去只有七顆星的昂宿星團，現在變成四十多顆星。

不過，真正重大的發現是在伽利略把望遠鏡對準金星時。這時他發現，金星一如月球，有盈虧圓缺。有時彎鉤如眉、有時半圓、然後也有全圓。就和月球一樣，金星上的光線顯然來自太陽——而從其圓缺相位顯示它是繞著太陽公轉的。這正是哥白尼太陽系理論正確無誤的鐵證。

二十世紀科學哲學家保羅・費爾阿本德（Paul Feyerabend）指出，伽利略的望遠鏡所觀察到的，遠比他自己所想的還有開創性。「這不僅僅增加了人類的知識，同時還改變了人類的知識結構。」庫沙的尼可拉斯和布魯諾都主張過，宇宙是無遠弗屆

---

26 譯注：School of Night 出自莎翁《Love's Labour Lost》第四幕第三景中一段台詞「Black is the badge of hell / the hue of dungeons and the school of night」（黑乃是地獄的徽象、囚牢的顏色、深夜的陰沉。）（梁實秋版）。在當時他們其實是被稱為「School of Atheism」。School of Night 是後人套用莎翁劇本起的。

的，我們看到天上的星星都是來自其他太陽系，然後也有其他的地球——但他們的說法都純粹只是自己的臆測。當時，就算是最先進的科學家也都傾向於相信——就算哥白尼是對的——亞里斯多德所主張的其他天體和地球是不同的說法。但伽利略提供了證據，推翻了這一切。原來月亮跟地球一樣、金星也和月亮一樣，在肉眼看不到的地方還存在著無數的星星。這些全都是實實在在運行於無垠太空中的實體。當伽利略將望遠鏡對準夜空時，整個宇宙的結構就變了。世界從此不再一樣。

伽利略是自亞里斯多德之後第一位真正具有原創性的科學哲學家。他跟畢達哥拉斯一樣，相信世界能夠透過數學來表達，而數學則是瞭解研究世界的關鍵所在。但他認為世界只有特定幾個面向可以用數學去呈現，他稱這些部分為「首要特質——形狀與尺寸、數量、位置和運動」。這些都是客觀特質，是物性。比如說，炮彈的尺寸、形狀、速度都是可以測量而得的。除此之外，還有次要特質——如滋味、氣味、顏色和聲音。這些是不可測的，因為這是在物外的範圍。這些特質只存在觀物者的心裡，只是物的印象。

這是非常重要的區分。科學要靠著可測的性質進步。其他不可測的性質則會被視為主觀現象。如今我們去看，可以知道伽利略的第一特質屬於物理性質，第二特質則比較偏向化學性質。科學若要獲得清楚的定位、撥雲見日，就必須限制其研究的對象。為了要建立現代科學的要件，必須將可以加以研究的和無法加以研究的區分開來。伽利略將科學限定在這個問題上：「產生什麼變化？」至於次要的問題他則無視：「是什麼？」物理可以無視後者而進行研究，但這個問題卻是化學研究的核心考量。但到他的時代，化學的世界已經搞得一團混亂。勉強要說，化學在當時唯一重要的用處就是製造藥品。至於其他重大的理論性進展則全都因為四元素理論和鍊金術的攪局而被限制住。在化學可以出現進步之前，人們只能先透過物理瞭解科學的真諦。

科學如今進入一個無色、無味、無嗅、無聲的世界——一個荒蕪的宇宙。任何知識學門想成為科學，似乎不可避免要經過這麼劇烈的去蕪存菁。我們的時代裡，經濟學就竭力想成為科學的一環，所以被迫要捨棄人性的多個面向而化約為「經濟人」（Homo economicus）。這種人類單純就視其消耗、生產和無止盡的貪婪。似乎只有將人類化約成只有消化道的物種，經濟才有機會晉身科學而不致受到忽視遺忘。

這種將世界化約為特定功能或性質的做法，對我們對於人類的狀態有非常嚴重的影響。難道我們終歸就只是消費者嗎？不過是人類歷史流程圖中的一些數字嗎？從伽利略開始的這種科學化約，對人們心理的感受是相當受傷的，至今仍存在著人們無法接受的部分。

與新科學的荒蕪暗淡比起來，中世紀世界可就多彩多姿極了。首先，它的世界有一個整體的意義存在。那個世界是要讓人去思量、其深刻的意涵等待人去揣摩。那裡頭藏著精神和道德的意義。他們的宇宙可以當成文學作品來品味：是上帝的著作。隱喻和象徵無處不在。但新科學卻不是那本著作的文學評論。在它的抽絲剝繭下，世界並沒有要教導世人什麼真理、也不會試煉靈魂或是解釋形上學信仰。它沒有明顯的文化包伏。新科學下的世界，既膚淺又市儈。它就只是追求簡單的真相，而不是那「唯一的真理」。在這裡，宇宙沒有終極意義。

這樣的思維，同樣也是再現古希臘宇宙觀的一種文藝復興。「宇宙」（cosmos）一詞在希臘文中就只是「秩序」的意思。包括亞里斯多德在內的古希臘人所探討的自然哲學，都是在探尋宇宙的秩序，而不是在追尋其意義。沒想到，竟是古希臘宇宙觀這一欠缺神學內涵的特質，讓它得以被基督宗教信仰所接受。

因此，到了伽利略的時代，世界已經獲得充分的說明和詮釋——透過將近似亞里多德式的自然哲學和基督宗教神學結合所獲得的結果。聖經是科學世界之鑰。聖經明確指出諸星由上帝創造，目的是要照亮人類。因此，就不會有像伽利略透過望遠鏡所稱的那種情形，還存在肉眼看不到的繁星。這樣的星星是沒必要存在的，沒有意義的、不合理的、不適用於上帝創造的多餘之物。所以，就跟布魯諾曾經宣揚過的哥白尼異端邪說一樣，伽利略也被傳喚到羅馬去好好解釋一番。

教廷與伽利略的爭論持續好幾年。當時教會中並非所有人都對新科學這麼不友善；也有許多人覺得教廷遲早還是要和新科學達成某種程度的適應和解。伽利略也提出建議給教會台階下。他建議可以不用那麼一板一眼地看待聖經的記載。聖經不過是古代歷史，目的是在規範道德，其作者的原意就不是把它當成科學事實來看待。但羅馬方面所爭論的，卻不單只是從科學角度或是信仰的角度去看，而是因為當時有兩股政治勢力正在抗衡。教會的權勢和靈魂當時都已經岌岌可危。

一六三二年，時年六十八歲的伽利略再次被召往羅馬。這次他要面對的可是宗教裁判所了——他太清楚三十二年前布魯諾因相同的罪名在這裡的遭遇了。伽利略熱情洋溢又誇張的舉止其實是他內心深處不安的反映：他可沒有布魯諾那種殉道者的骨氣。一被審問到哥白尼的異端邪說，他馬上就動搖了，最後更是在完全不用對方動用酷刑的情況下就先認了罪。（在布列希特〔**Bertolt Brecht**〕的劇作《伽利略的一生》〔*The Life of Galileo*〕中，審判官將伽利略帶到地牢門口，告訴他裡頭有各式刑具。這一幕雖然與史實有出入，但其隱射的涵意卻沒有錯。）伽利略不僅下跪，更被迫宣誓他「棄絕、詛咒並厭惡」自己的新科學。哥白尼是錯的；地球才是宇宙的中心。然而，當伽利略站起身時，據說他低聲嘀咕道：「但還是會移動！」（**Eppur si muove!**）垂垂老矣又百病纏身的伽利略或許逃過火刑，但仍被處以終生監禁，不過是軟禁在在佛羅倫斯城外的家裡。

伽利略的遭遇很快就震撼了全歐洲。荷蘭那一頭，法國哲學家何內・笛卡兒（**René Descartes**）正在為自己的著作《宇宙論》（*Treatise on the Universe*）做最後的潤色，他在書中提出和伽利略同樣的結論，但完全是他獨立推論得來的。笛卡兒的歸納方式和伽利略靠實驗實作的方式不同。對這位法國哲學家而言，追求知識最好的工具就是理性。要真正獲得對世界的清楚科學觀，必須具備全新的思考方式。

笛卡兒從年輕時就下定決心要將一生用在思想的追求上。為此，他必須要遺世獨立、不受日常生活的紛擾所干擾——更不用說當時正在歐洲發生的重大歷史動盪了。神聖羅馬帝國分裂成新教國家和天主教國家，導致德國各邦各擁不同教派，更在歐洲大陸的這個中心位置留下了權力真空。為了爭奪商業、王朝和宗教利益的派閥之間爆發了三十年戰爭（一六一八～一六四八），瑞典、俄羅斯、法國和西班牙也接連捲入，難逃一戰。這場戰爭導致從波羅的海到巴伐利亞大片土地遭到蹂躪。德國在戰火摧殘下剩下斷垣殘壁和只見食腐屍烏鴉橫行的荒蕪田地，浩劫餘生的人民還要躲避盜匪橫行勉力求生。

對於這一切，笛卡兒的反應卻讓人萬萬意想不到。為了追求寧靜的生活，這個當時全歐最出色的理性心靈決定最好的選擇就是從軍。一六一八年，就在全歐投入戰爭的那年，笛卡兒投入荷蘭奧倫治親王（Prince of Orange）麾下的軍隊。但笛卡兒不僅有著當代最偉大的理性頭腦，同時也很狡猾。他選擇投入這支軍隊是因為他算準該軍不會投入戰局；而且因為他有社會地位，不是為錢從軍，像他這樣的志願軍官在軍中可以很自由，高興做什麼就做什麼。笛卡兒的軍旅生活一定很愜意，從他一生都有著午前不起的習慣就知道。他早上都是躺在床上想事情。

一六二〇年，笛卡兒的軍隊和巴伐利亞公爵馬克西米利安（Maximilian, Duke Bavaria）的軍隊結合。該軍駐紮在巴伐利亞鄉間白雪靄靄的冬季營地。（打仗跟狩獵一樣要看天氣的：十七世紀時，再好的軍隊遇到壞天氣也會休兵。）套句笛卡兒的話：「一到了冬天，我就與世隔絕。完全沒有雜事來煩我，也沒心情做任何事，所以我就坐在火爐前靠著和自己的思考獨處來打發時間。」最後這句話可不能做字面解釋：真正的情形應該是，笛卡兒在一間有著大大鑲滿瓷磚的火爐的巴伐利亞房屋內的小房間中。

過得這麼舒服，笛卡兒得以全心全意投入西方哲學的革命。他開始用理性去審思檢視自己的存在意義。我是怎麼去探知周遭的世界的？用感官。但感官所得並不可靠啊。透過視覺，一根插進水裡的筆直桿子看起來是彎的。我又如何得知我是真的醒著，這被我認為是真的現實世界不是一場夢？

我如何得知這不是心懷不軌、狡猾多詐的魔鬼為了騙我，所變出來的虛幻假象？透過不懈且全面性的質疑，的確是可以將我存在的每一個面和世界的所有事都置於懷疑中，這一來沒有一件事是確定的。但即使所有事都不確定，卻有一件事是千真萬確的。不管在我腦海中的我自己，或這個世界是多麼不真實的假象，我確知我的確是在思考著的。就是這件事證明了我的存在。笛卡兒因此用他這句哲學史上最知名的話下了結論：「我思故我在」（Cogito ergo sum）。

確定最重要的事情後，笛卡兒以此為基礎，一一把之前所有懷疑過的事物重新建構起來。這個世界、數學的真理、白雪靄靄的巴伐利亞冬季、他存在的本質——這時全都在用懷疑試煉過後重現了，而且因為其所重建的根基是確定的，所以重建後的它們也不再可疑。

就這樣，透過在巴伐利亞隆冬之際的這些深刻冥想，讓笛卡兒想出了通用的科學觀。這個思想方法，能夠參透人類所有的知識。這個思想方法不僅可以容納所有知識，還會結合所有知識。而這整個系統更只會建立在確定性之上。不會有任何的偏見和毫無根據的臆測，一切都從基本原則開始，一切都是不證自明，然後一步一步往上蓋。

笛卡兒是一位具有高度原創力的傑出數學家，用來在三度空間標示物體的笛卡兒座標（cartesian coordinates），就是他提出的構想，因此以他為名。或許也是因為這樣，所以笛卡兒的全面科學觀和數學有很大的相似處。笛卡兒要求科學要嚴謹、理性和確定無誤。和伽利略相較，伽利略用實驗證明的事物，他則用數學證明。就連伽利略對首要特質和次要特質的區分，也是站在實驗的考量下做出來的：什麼可以測量、什麼卻無法用實驗方法去處理？伽利略凡事會先想能不能用實驗證明，笛卡兒則會想用思考方式去證明。可能的——卻不是確定的。他們處理的是同樣的問題（科學真相），但卻站在對立的角度（實踐／理論）。

但笛卡兒的新思考方法究竟是什麼？他在《心靈指導規則》（*Rules for the Direction of the Mind*）中概述這一點。只有依特定方式思考，才能發現通用的科學。方法包含兩個基本的運用心智的法則：直觀與演繹。他將前者定義為「單純以理性所形成、透過清澈且專注心智在未加懷疑下所產生的概念」。而演繹的定義則是「由其他已然確知的事實所進行的必然推論」。笛卡兒這個廣為人知的方法——被稱為笛卡兒方法——就是這兩個思考法則的正確運用。

這是推動科學進步的邏輯方式。成為科學知識的理論基礎，以「已然確知的事實」為基礎，換言之就是從觀察和實驗獲得的事實。

然後笛卡兒就全心投入在第二種方法，將之運用在現實世界上。而他用這種方法所研究的成果就是他的著作《世界體系》（*Le Monde*）一書。在這本書和後續作品中，笛卡兒探討了非常廣泛多樣的科學問題。他廢棄亞里斯多德那種含混不清的運動觀，不再視運動為存在於物體內的「潛勢」，反之，他清楚區分出三種不同的定律，分別是慣性、動量和方向。他同時也針對包括光穿過水中的折射等實際問題，研究歸納出一個原則，然後應用於解決彩虹形成的問題。（笛卡兒只是運用他出色的思考能力，就得到跟狄厄特利希·馮·富萊堡在三百年前用簡陋的實驗所獲得的答案。）

笛卡兒同時也得出世界是依機械力（mechanistic）方式運作的結論[27]。物體相撞後會反彈；人體和天體如時鐘般運作；齒輪的因果效應一旦啟動，就無法逆轉。笛卡

27 譯注：英文中 machine 和其衍生字均同時代表「機械」和「力」兩者，本文作者在很多地方使用到這個字和其衍生的形容詞時，都是同時包含兩個意思而非如一般中文所理解只有「機械」的意思。但在上文中伽利略的例子時，作者用此字則單指「力學」。

兒和伽利略一樣想知道的都是事物運作的原理，而非事物的本質。笛卡兒不想處理後者，物質對他而言，說到底就只是「長、寬、高」。這當然是透過物理客觀角度的反應，而非站在化學探討那複雜內容配方的立場去看待。但是，說來奇怪，笛卡兒竟然有一度相信亞里斯多德的四元素論：「四種元素結合後首先出現的混合物可以稱為第五元素。」這個第五元素就是物質本身。笛卡兒深信如果還有人在考慮亞里斯多德的四元素理論，那真的太落伍了：物理性質和物質的行為才是機械力世界重要的事。伽利略和笛卡兒都視世界為機械力的；伽利略想的是力的概念，並創造了力學（mechanics）。笛卡兒試圖從「機械力哲學」（mechanical philosophy）的角度來解釋全世界。不管是用哪個方式，兩人都很快得出結論——哥白尼是對的。

當笛卡兒聽說伽利略落入羅馬宗教裁判所手中時，他趕緊將《世界體系》未完的草稿收起來，全鎖進抽屜裡。他跟伽利略一樣，都相信地球和諸行星都是在軌道上繞著太陽轉的。但得先忍一下，等到教會腦筋轉過來，接受這個結論才行。但直到一九九七年，教宗若望保祿二世（John Paul II）才向伽利略道歉。

伽利略想要立下一個實證的指導方針；笛卡兒則想要發展出一套數學——力學哲

學。但在這同時，還有一個人正在構思另一種結合思想和實際的科學，將伽利略和笛卡兒的做法結合起來並超越他們，而就是他這一結合，為科學指出進步的方向，這位先驅就是英國的法蘭西斯・培根。培根才華出眾，他生活的時代，英國正從伊莉莎白的輝煌走入較暗淡的詹姆士一世（Jacobean）時期。這讓他的命運也跟著時代，既燦爛又危險。培根的才華如此出眾，甚至有人認為莎士比亞的劇本應該是出自培根的手筆，只是冠上莎翁之名而已，因為相形之下，莎翁並不如培根受過那麼高深的教育。數百年來，包括佛洛伊德和狄斯雷利（Disraeli）等大人物和思想家都相信這個說法。

培根出生於一五六一年，他的父親尼可拉斯・培根爵士（Sir Nicholas Bacon）是英國的掌璽大臣，在今天這職位就相當於英國內閣大臣。尼可拉斯爵士是個有能力且律己甚嚴的人，他的出身平凡，但因為伊莉莎白時代講究選賢與能，讓他得以受到重用。父親的榜樣讓兒子法蘭西斯非常崇拜，但他雖矢志跟上父親的腳步，卻無意遵循父親的言行舉止。法蘭西斯的母親非常固執且對孩子有很多干涉，她奉行新教的教義原則，對兒子道德舉止非常關心（其來有自）。法蘭西斯・培根身上其實充滿矛盾衝突，但乍看之下卻不明顯。他是非常出色的學者，十五歲時從劍橋輟學，宣稱自己不喜歡當時盛行的「無益的」亞里斯多德學說。這個時期的培根留下一幅年輕的畫像，是由英國畫風精緻的偉大微縮肖像畫家尼可拉斯・希利厄德（Nicholas Hilliard）所繪。這幅微縮畫中的培根戴著伊莉莎白時代的縐領，是位一頭亂髮、透露著一絲不確定的高傲年輕人。希利厄德素有急智，本身就有些高傲，顯然對這位才華洋溢的年輕人頗有共鳴。在這橢圓型的微縮畫作中，希利厄德還寫上拉丁雋言：「可惜畫不出其才智。」

培根因出色的能力而踏入伊莉莎白時代的政界，一心想要大展長才。但他父親生前未預立遺囑，身後未留給培根家產，對他問鼎政壇的大志造成重大打擊。培根本性揮霍，自此更是終其一生都面臨軟囊羞澀之苦，最後更為他帶來大難。在政壇大顯身手的雄心也只能成為難以實現的夢想。

伊莉莎白時代是英國在歷史上第一次成為大國的年代。原本是歐洲邊陲小國的英國，在當時的國際上充其量也只是讓法國不堪其擾的鄰國。伊莉莎白的父親亨利八世任性地斷絕與天主教廷的關係，只因教宗拒絕他離婚（這是他的第一任妻子，之後他還會再和五位妻子離婚），就斷然讓英國改奉英國國教，並自立為國教之首。二十五年後，年輕的伊莉莎白登基為王。這位機智敏捷、能流利講五種語言、冷酷美麗的新女王，「作風深得民心」，在她帶領下，英國人建立了對自己國家的自信。文藝復興的影響在此前就已經來到英國，但直到現在才開始蓬勃發展——而且是以英國的方式發展，將人道主義和中世紀元素融合，最具代表性的就是莎士比亞的《馬克白》（*Macbeth*）劇中權謀的馬克白和中世紀的女巫。英國不管在文化上、社會上和經濟上都繁榮發展，前所未見。伊莉莎白女王麾下的英國海軍有著像雷利（Raleigh）[28]和德瑞克（Drake）[29]這樣的人才，這些人為英國打出海外帝國；才華洋溢如克里斯多福．馬羅（Christopher Marlowe）和班．強生（Ben Johnson）之流的劇作家更是與莎士比亞各擅勝場；而坐鎮在這輝煌之中的，則是這位童貞女王美侖美奐的宮廷，精明能幹又多情善變的她，穿梭在政事和寵臣之間，遊刃有餘。

---

28 譯注：Walter Raleigh（1552-1618），英國政治家。

29 譯注：Francis Drake（1540-1596），英國探險家。

等到法蘭西斯・培根成為英國政壇上舉足輕重大人物時，英國已經成功擊敗了代表不可一世、信奉天主教的西班牙無敵艦隊；不過英國國內卻因為種種不知足而內耗。三十年前登基、那位一頭駭人紅髮的女王，現在成了虛榮、高齡的單身老女人，染了頭髮、用粉餅塗白了臉、一身華服綴滿珍珠。伊莉莎白的宮廷中宮鬥不斷、爾虞我詐，而她那些年輕的男寵則越來越難以信任。

這樣的環境容不得人講究尊嚴和品德，而培根也順應情勢地很快就拋棄這兩者。他讀了馬基維利（Machiavelli）的《君王論》（*The Prince*）來學當官，馬基維利這位義大利人在書中將寡廉鮮恥的機會主義當成政治哲學講得頭頭是道，培根注定與之一拍即合。培根在一次不小心觸怒了伊莉莎白後，便開始討好她當時的寵臣艾塞克斯伯爵（Earl of Essex）。幸運的是，當這位心懷不滿、性情暴躁的艾塞克斯伯爵和伊莉莎白鬧翻，並發動叛亂企圖推翻她時，培根沒被牽扯進去。培根對昔日好友艾塞克斯的叛國行為深表震驚，在草擬導致艾塞克斯被判斬首的司法報告時，他一點也不感到為難。

一六〇三年，培根成功協助英國王權從伊莉莎白轉移到詹姆士一世手中，做這工作的人既要頭腦冷靜又要心狠手辣，培根非常適任。培根用盡諂媚之能事，功夫之深連他那些善於阿諛奉承、野心勃勃的同輩都忍不住反胃想吐，他猛向詹姆士一世的新寵臣喬治・維里葉爵士（Sir George Villiers，日後成為白金漢公爵〔Duke of Buckingham〕）搖尾獻媚而獲得他的青睞。培根就曾毫不害臊地說：「腰哈到最彎的人將來才能挺得最直」。這讓他很快就擠身政要高層，位極人臣指日可待。一六一八年，他甚至青出於藍超越父親，成為御前大臣，站上英國司法界最高職位。現在他有的是錢可以耽溺於那些奢華的享受——但那些享受遠超過他的能力範圍。他在座落於倫敦北方二十英里處的聖奧爾本（St Albans）鄉間別墅成了眾人笑柄。據他的好友、也是生前為他作傳的人約翰・奧布里（John Aubrey）所言：「當他閣下在果漢布里（Gorhambury）家中時，聖奧爾本彷彿成了宮廷一樣，他奢華渡日。家中僕人要穿著鑲有他家徽（野豬）的制服……在他面前，僕人不敢不穿上西班牙皮靴。」

「世界是為人而造，」培根曾這麼說，「而不是人為世界而生。」這佞臣這下可得意了，他賺得兇花得也兇，但在那些卑躬屈膝和逢迎拍馬之下，卻藏著另一個不為人知的他。他的醫師威廉・哈維（William Harvey）就說：「他有雙靈活細緻淡褐色的眼睛……有如蝮蛇的眼。」他的母親對他有其他不滿——她指責他不上教堂，同時也注意到他在果漢布里那些離經叛道的行為，她嚴厲告誡他不要和某位驕矜奢侈且不敬上帝的人保持親密關係。在她這個清教徒眼中，果漢布里全是些「貪婪的狐狸精和撒旦的傀儡」。培根無疑是同性戀者。他四十五歲時曾和一位有錢市議員的女兒愛麗思（Alice）有過婚約，愛麗思臉型消瘦且嚴厲，這段婚姻純粹是出於金錢目的。他們始終沒有真的結合，愛麗思因此經常在外偷腥。（根據傳記作者奧布里所說，後來培根將她排除在遺囑之外，將果漢布里留給他的大管家。但愛麗思也沒損失，因為培根死後不到十天，她就嫁給這位管家，最後還讓他「因沉膩漁水之歡而變得又聾又瞎」。）培根母親苦勸他戒除「極可恨又唯一的罪行。」在伊莉莎白時代，同性戀被視為違反天性和教養：是不堪的罪行，被告發的話後果可不只名譽掃地、惹得人議論紛紛而已。但培根的同性戀行為卻始終沒有被敵人利用來攻擊他，他一路爬到位極人臣的路上，無所不用其極，樹立了許多敵人。我們只能猜想，也許他這段八卦秘辛在當時是秘密，雖然再怎麼說這都不太可能。

許多人不明白，像培根這樣的人，怎麼會成為那輝煌年代的最好象徵呢——但他的確就是。他的生涯和他的思想（那個有著「蝮蛇之眼」的人）似乎能夠各自獨立互不影響。在他一生中，這兩者並非沒有互相牴觸的時候（有時候甚至給他帶來不幸後果），但他的為人處事和他的心智思想卻始終是分開的、各行其事。也因為這樣、再加上當時社會氛圍，讓人很難去譴責培根的行徑，即使是他有些行為的確非常不堪。當時的英國上下沒有比他更有才幹的人，要是換做在別的時代，他更可能成為貨真價實的御前大臣。總之，以當時的情況來看，如果不靠這些方法，他也沒辦法位極人臣，坐上這個大位。好不容易「腰挺得最直」了，他立刻動手革新政務，加速掃除英國司法體制中過時和沉腐的制度，同時也不忘利用公餘全心寫作。之後我們會看到的那些他至今依然被人傳誦的大多數哲學作品，都完成於這個階段。現在的他，是道地多才多藝、樣樣通樣樣精的「文藝復興人」處於創作巔峰的狀態。但因為他是英國式的文藝復興時代人，其作風也就跟英國文藝復興時代不脫中世紀習俗的作風相似——他改不了收受由他主審法庭中受審者賄賂的惡習。身為御前大臣的培根等於是全英地位最高的大法官，但頂著這頭銜也就意味著他還是公僕、但是高階的公僕。當英王北上拜訪故居蘇格蘭時，培根擔任攝政。這等於是英王代理人了。

英雄也有落難日。一六二一年，培根被控收受賄賂。他的辯解完全就是他個人的寫照，一方面充滿了無邪的自尊，一方面卻又流露出他迂迴和沒骨氣的性格。他想也不想就招認自己收賄，甚至坦承在某些情況下，他會同時接受控方和辯方的賄賂。但他堅稱自己的判決從來沒有因此受到左右，遠在金錢考量之上。主管機關和英王不吃他這一套，培根因此被革職下放到倫敦塔獄中，同時禁止他保有其他公職，並罰金四萬英磅，在當時這是很大一筆錢，夠買四棟大型的鄉村莊園。但兩天後，英王就下令將他釋放、也免去他的罰金。這表示英王慧眼識英雄、惜才愛才，肯定他對王室有重大貢獻，只是被政敵構陷。

但培根已然名譽掃地，隱退回到果漢布里莊園，將才學都發揮在追求知識上。此時已六十歲的他，生命只剩最後五年。他在這段期間寫下的作品，顯示他在政治上的成功都不過是他出色才華的一小部分——是這位當代最頂尖智慧的人性格弱點（也是一個浪費）的展現。

不過，早在他失寵下台前，培根就寫了許多一流的文章、詩集、哲學和歷史作品。而且，他主要的科學哲學作品《新工具》（*Novum Organum*）就完成於他擔任御前大臣任內。該書標題沿用了亞里斯多德的《工具論》（*Organon*），亞里斯多德在書中概述了如何透過邏輯歸納得到知識。培根寫此新作的目的同樣也是要建立一種求知的新方法。這個方法要取代亞里斯多德那已被奉行了兩千年的舊法，此後此法將成為科學知識進步的穩固基礎。

在過去，科學主要來自兩種途徑。「一種是從事實驗的人、一種是信奉教條的人。從事實驗的人就像螞蟻；只負責採集和使用；而推理的人則像蜘蛛，從自己體內織出蛛網。蜜蜂則是兩者的折衷；它既從花園和田野的花朵採集，又會用自己的力量將之消化並轉換。」進一步詳細說明一下：第一種方法是「憑經驗做事的人」，他們只是胡亂將互不相關的事實拼湊成一團。（在培根眼中鍊金術即屬於這一類。）第二種是亞里斯多德的方式，比較有系統，但同樣也是錯的。亞里斯多德式的求知法仰賴演繹邏輯，其結論必然從特定前提得出。比如說，以下這兩個命題：

諸行星各依軌道繞太陽運行。

地球是行星。

依演繹邏輯，肯定就會是達成這樣的結論：

地球依軌道繞太陽運行。

這個推論於是從一般性的命題移往個別命題。培根確信科學知識只會朝著與此相反的方向移動——從特例移往普遍原則。特例會經過實驗驗證，從中就能形成一般性的理論。比如說：在真空狀態下會觀察到不同重量物體以同樣速度下墜。由此可以歸納出，所有物體在真空狀態下都會以相同速度下墜。過去亞里斯多德曾主張較重的物體會比輕的墜得快——這猜測頗言之成理，所以也被人沿用了兩千年之久。一直到伽利略在他知名的實驗中，從比薩斜塔上丟下兩個不同重量的物體後，才推翻了亞里斯多德的說法。雖然真正完整證實伽利略推測的實驗，一直要到真的能在真空中進行後才有可能。

培根認為，科學只有靠著歸納邏輯才能建立起知識體系。他點出這方法是透過觀察許多特例後歸納出通則。比如說，在觀察了每天早晨太陽都會升起後，就可以歸納出太陽每天早上都會升起的定律。但即使如此還是不能驟下結論。

亞里斯多德曾指出歸納邏輯的謬誤所在。培根則證明歸納邏輯有可能會因為「觀點錯誤」和「偏見」而鑄下大錯。他稱這些是「心智的偶像」，共分成四個類別：

「種族偶像（Idols of the Tribe）來自人性本身……人類的理解能力就像是有瑕疵的鏡子一樣，會將鏡子自己的本性和物體的本性混合，以不規則方式吸收光線，加以扭曲、改變原本的顏色。」例如，人性普遍傾向過度簡化事情。我們常會覺得事物一定有一個通則，忽略其實不必然如此的事實。同樣地，一些特殊或聳動的事件，明明就不具代表性，卻往往會影響我們的判斷，讓我們忽略通則。（一般人常有錯誤迷思，但其實毒蛇不會主動攻擊人，而是會避著人。）

「洞穴偶像（Idols of the Cave）則是個人的偶像。」這些指的是源於個人特別的成長、教育和經驗所造成的偏見和不同的見解。比如說，有的人看東西會著重其相似性、有些人則著重差異性；有些人重細節、有些人重整體。每個人「都有屬於他自己的洞穴或巢穴，會反射光線並改變自然光顏色」。

市場偶像（Idols of the Market Place）則是源於與他人的互動，「因為用詞不當而阻礙了互相瞭解」。這是源於自身語言使用上的錯誤。這樣的錯誤不必然源於誤用語言，而是源於語言本身的問題。「字詞本身就會自行強加並抵消互相的瞭解，讓人產生誤會，並進而造成許多沒意義的爭端和過度的臆測和猜想。」培根能夠看出人類會因為語言產生誤會這個道理，這足足早了他的時代三百年之久。要一直到維根斯坦（Wittgenstein）出現，才有人真正用哲學來探討這個問題。這裡舉一個培根時代的例子就很清楚。在培根寫下這些文字的同一年，笛卡兒坐在火爐前懷疑世界的真實性和他自己的存在。他發現只有一件事可以不用懷疑：「我思故我在。」這個他無法加以懷疑的思考過程——在過程中要用進「我」這個字，正是思考時所用語言的要求。

第四個謬誤他名之為「劇場偶像」（Idols of the Theatre）。這包含了「各種哲學學說」。他指出：「所有過去為人所接受的學說系統，不過就是一場又一場舞台上的戲，代表它們各自所創造出來的世界。」他列舉的偶像包括「許多只靠口耳相傳、未加查證和輕忽而被接受的科學原則和定理。」文中看得出來他對未加查證就輕易接受的亞里斯多德式科學定理的批判。「為人所接受」的知識是科學的敵人，因為科學是透過發現而進步的。培根此看法可以說是對於任何新式科學哲學的重要見解，會出現在一個其他知識學門正以前所未見速度進步的年代並非巧合。文藝復興思潮加上印刷機的普及，孕育了一群新的受過教育的都會人口（在倫敦，欣賞莎士比亞劇作中的智慧和引經據典的觀眾）。同一時間，現實世界的幅圓也同樣在拓展，歐洲正進入一個前所未見地理大發現的年代。一五二二年麥哲倫（Magellan）完成了史上第一次環遊全球壯舉。將近一百年後，培根撰寫《新工具》時，地球上八成行船可及的海岸線，包括南北美、非洲和印度，都已經被歐洲探險家繪成地圖，澳洲也已被人首次觀測到，全球唯一還沒被發現的主要大陸只剩下南極洲。但在科學知識方面的拓展卻還有一段時間才會出現——不過培根已經在建構摸索思想新大陸的方法了。這個新的科學哲學是全歐洲各地的科學家們一點一滴共同摸索出來的。科學知識靠的是累積；其本質是進步而非守成。

但培根很清楚歸納推論必須要在適當運用下才有作用，只憑著少數幾個案例就進行過早的歸納並不好，每一個歸納都要有充分的相關觀察才行，然後這樣的歸納才能被接受、讓科學得以「逐步上升」歸納出逐漸普遍的原則。但歸納法還需要「反面證據的強大力量」，只要有一個反證特例，就能夠推翻歸納。在科學中，特例強過通例。這一點是關鍵。

培根這套歸納方式本身並沒有問題——但是實際運用時，進行實驗的人習慣上會先形成理論，然後再透過實驗來測試理論。預感、直覺、靈光乍現：科學事實上很多時候都是這麼來的。多年來，有很多談論培根的人都不懂，為什麼這麼簡單的事培根竟然沒注意到。直到近來大家才清楚，原來培根雖然口口聲聲要求實驗驗證的重要，但他本人卻不是很擅長做實驗的人。他不是沒在進行實驗，但我們現在知道他描述的很多實驗其實都是引用別人的——只是他往往能靠出色的文采（以及洞察力）掩飾自己這方面的缺點。但培根對於「實驗重要性」的理解絕對是無人能出其右的。就拿他對鍊金術的看法來說吧。培根清楚對於物質的探討（也就是我們現代人稱的化學）是非常實際的一部分，他當然也知道，在他那個時代，懂得這方面的只有鍊金師。因此，若是鍊金術想要採用理性推論的方式、並晉身成為科學，那就還是要以鍊金師的技術和發現為基礎，不能硬是要求他們接受從其他領域來的理性和法則。這正是讓化學進步的方法。

儘管培根深知實驗的重要性，但他對周遭正在進行的實驗進展所知少到讓人不敢置信。當時英國就有好幾位頂尖的實驗者，其中一位就是醫師兼物理學家威廉・吉爾伯特（William Gilbert）。吉爾伯特仿效伽利略比薩斜塔實驗的前例，再一次證明實驗可以推翻權威。當時，一般人普遍相信大蒜會讓磁鐵失去磁力。吉爾伯特於是將大蒜末塗在磁鐵上，並證明即使這樣磁鐵依然可以吸附鐵釘。這樣的實驗在需要以進步知識理論推翻舊知識理論時就有其必要。其所引致的改變之大，是我們現代人所難以想像的。這是一種範式、心態、認識論——隨你怎麼命名——的澈底改變。之前的人對待科學的心態像是牌局，類似接龍這樣的牌局，每發一張牌都根據一套遊戲規則在玩。但現在舊遊戲規則不適用了。想像有一種牌局是，每發一張牌、規則就跟著變動的。

古希臘人發現用羊毛摩擦琥珀後，琥珀會把重量輕的物質吸過來。吉爾伯特是第一位用科學方法來研究這個特性的人，從而發現這樣的特性也出現在水晶和特定寶石上，所以他就將這種吸力命名為「電子學」（electronics），用的是希臘文 elektrort，就是琥珀的意思。英文中「電」（electricity）這個字就是這麼來的。吉爾伯特同時也發現羅盤指針在水平轉動的同時會往地面沉，因此認為地球本身就是一個巨大的圓形磁鐵，而羅盤指針就是指向地球的磁極。

有很多年的時間吉爾伯特都是一個人住在倫敦家裡，這也是他的實驗室。在他死後半世紀後，這棟屋子燒毀於倫敦大火之中，他許多筆記從此消失。所幸，有充分的證據保存下來，足以顯示吉爾伯特在科學史的不凡地位。在法拉第（Faraday）之前兩百年，吉爾伯特就已經預知電磁將會扮演重要的角色。雖然哥白尼已經成功證明行星在軌道上繞著太陽運轉，克卜勒（Kepler）更以數學證明這些軌道為橢圓形，但還是沒有人確知這些行星是怎麼不會脫離軌道的。就是吉爾伯特指出，這應該和磁力有關。如今看來，牛頓在半個世紀後所提的萬有引力理論，其實就是吉爾伯特這個未經證實、簡單概念的擴充。日後吉爾伯特的大名得以靠磁動勢的單位而不朽，有很長一段時間，磁動勢單位都稱為吉伯（gilbert，簡稱 Gb）——不過現在這個單位已經改為安培了（amp）。

讓人意外的是，培根對吉爾伯特的實驗研究卻批評得相當厲害，也不當它是一回事。但他會這樣反應倒是可以理解，原因出在吉爾伯特推論出的理論超出他實驗的結果，實驗的結果是電力，但他依此推論出的卻是半科學半形上學的理論。培根可能覺得電力幾乎是形上學的——只是個邊緣現象，對科學沒有重要性。培根反對這類科學是對是錯見人見智，雖然他可能對其內容有部分誤解。重要的是，科學如果想要進步，就必須擺脫亞里斯多德和其他形上學的影響。只有這樣，科學才能找到全面解釋世界的方式——像是萬有引力等——這時科學就具有跟形上學一樣的普遍性了。

另一個被培根忽視的科學進展也很讓人驚訝。威廉・哈維爵士（Sir William Harvey）是發現血液循環的人，而且他剛好擔任過培根的私人醫生一段時間。但培根卻完全不知道哈維的發現——這可是對蓋倫和中世紀醫藥理論的一記喪鐘啊。許多人認為，這是因為哈維一直到一六二八年培根過世兩年後才發表《論心臟與血液的運動：一個解剖學的研究》（*Exercitatio Anatomica de Motu Cordis et Sanguinis*）的緣故。但是這個題目是他多年研究的成果，早在此書問世前，他已經針對這個題目四處演講長達十二年之久。這讓人不禁想知道，這兩位科學巨擘在問診過程中究竟都聊了些什麼，培根怎麼會全無所知。而且，哈維的發現正是運用了培根所建議的觀察與實驗法所得。哈維是將一根動脈血管綁住，然後觀察到動脈近心臟端因血液不流通而鼓脹。然後他再將靜脈綁住，這時卻是遠離心臟端鼓脹。他由此推論，血液是經由靜脈流回心臟、並由心臟經動脈流往身體各部位，而非如蓋倫所言是透過心臟壁上無數肉眼不可見的小孔滲出。

但不只是培根無視哈維的發現，哈維對培根的研究也同樣無視。哈維十分推崇培根的聰明才智還有行事風格，但卻留下這段評語讓人費解：「他的哲學文章就像是御前大臣會寫的那樣。」換言之，他的科學理論（或自然哲學）全都是浮誇不實的胡說八道。但哈維這人本來就蠻奇怪的。多年後，在英國內戰期間，他以英王查理一世御醫身分參與了遠山戰役（battle of Edgehill）。據說當戰火最盛之時，哈維卻氣定神閒地在一旁看書，等候皇室傳喚。

相較之下，培根的個性就衝動多了。他在進行實驗時，總像是外行人一樣粗手粗腳，而正是他這種粗心大意的個性害他送了一條命。一六二六年三月間，他乘著馬車穿過大雪，突然想到一個實驗：冰凍能否阻止肉類腐敗？於是，他跳下馬車，在農舍門口向婦人買了一隻小雞，然後就將雞塞滿雪。結果他因此著涼，很快轉成肺炎，不到兩個禮拜就過世了。

哥白尼為科學革命揭開了序幕，培根則為科學革命所必須的心態革命揭開序幕。

他所揭示的心態和開放態度，將成為日後科學家的靈感，這些科學家則紛紛為這個科學革命帶來重大成就。「人若自信滿滿，必將不解而終；但他若以懷疑開始，終能得著明確把握。」「凡是滿心以為必尋不到陸地者當不成好的發現家，因為他們眼中只看到汪洋一片。」「沉默是傻子的美德。」雖然培根才華洋溢，但最具影響力的是他立下的榜樣。他在擔任御前大臣時，受封世襲貴族爵位，封號維魯蘭姆爵士（Lord Verulam）[30]。如果一個地位崇高爵爺都願意去從事這個新誕生的科學、並投入那些繁瑣的實驗的話，又有誰會看不起這門學科呢？科學就這樣被英國教育階級接受了，甚至還因此蔚為風行。沒錯，歷史上曾有那麼個時期，頭銜地位還真的促進了科學進展！

培根很確定科學終有一天會深深造福人類。在十七世紀科學革命的早期階段，出

30 譯注：Verulam 或 Verulamium 一字源自拉丁文意為「古羅馬城市」，在英國指的是 St. Albans，培根死後就葬在此地的聖麥可（St. Michael）教堂，他同時也擁有「聖奧本斯子爵」（Viscount of St. Albans）的頭銜。

現許多重要的發明，比如望遠鏡、顯微鏡和計算器等。但這些發明多半造福的都只有科學本身；因為這些發明讓該知識領域獲得許多偉大成就，但卻不是對全世界都有幫助。科學在這個萌芽階段並沒有太普遍性的功能。培根認為科學可以改善世界這個想法太超前時代了。（要等將近兩百年後蒸汽引擎的出現才真正帶動了工業革命。）

而就跟十三世紀跟他同宗的羅傑．培根一樣，法蘭西斯．培根也同樣深明科學會在哪些地方嘉惠人類。培根在死後才出版的《新亞特蘭提斯》（*The New Atlantis*）一書中，詳細勾勒出自己心中科學烏托邦的雛形。烏托邦（utopia）這個字在當時才剛出現五十年的時間，是由湯瑪斯．摩爾爵士（Sir Thomas More）所出版的《烏托邦》（*Utopia*）一書首度引介，這個標題來自希臘文的「子虛之地」。摩爾的烏托邦描繪的是一個社會、法律和政治上的天堂。培根則是第一位知道科學發明會帶來美麗新世界的人。

在《新亞特蘭提斯》中，主述者講述了自己船隻偏離航道，在不知名海灘失事擱淺的經過。在這裡，他發現了新亞特蘭提斯這個國度，這個國家用科學嘉惠其居民的生活。他們有可以在水下旅行的機器，也有可以在天上旅行的工具。人們找到可以治病和延長生命的藥物。有人工照明；人們還可以透過傳送聲音的管子遠距離通話。也有了人造氣候；天然災害像是地震、洪水都可以預測；動物都可以透過雜交形成新的品種，進而用來測試新款藥物和化學物品；建築物更是高聳入天際。

但是，他對於未來的願景也有預測失準的部分，即科學社會。他筆下的人們，享受著科學的益處而得以和諧相處。沒有竊盜、或是暴力相向。性愛是結婚夫妻的事，社會「沒有污染和不潔」（不過他這邊指的比較偏向道德方面的，而不是生態方面）。事實上，這裡一點犯罪都沒有，也沒有男女之間的雜交。

不意外。培根這個道德故事裡的主旨，可能是因為他對女性的嚴格要求，所以可能只有一些基本教義派的穆斯林國家才可能實現他的預言。他希望的是在公開活動中，即使是家庭慶祝，女性也只能躲在屏風後面，「她坐在那裡但不能露面。」只能猜想這可能和培根本身同性戀傾向以及和母親關係緊張有關。但這樣的態度可並不限於有著過於強勢母親且喜歡男僕穿著「西班牙皮靴」的他才有。科學史家瑪格莉特・魏特海姆（Margaret Wertheim）近年就強調，培根所表達出強烈的仇女心態，日後其實在科學界變得越發普遍。

很難理解像培根這樣一位深明人心險惡、老謀深算的人怎麼會相信世界上會存在烏托邦這種鬼話。但或許這只是想要點出科學進步所會嘉惠人類道德的一個大致方向而已。畢竟，這是第一次有人提出對科學未來發展願景的完整描繪。而這種對於科學過於天真的樂觀觀點，日後還會一再出現。直到二十世紀下半葉，人類才甩脫對於科學能夠推動人性向善的盲目信念。即使到現在，社會對科學的依賴更勝以往，我們依然不太能接受其實科學本無善惡這件事。讓科學具有為善或作惡能力的其實是人類的行為——人類可以選擇要用科學來發明治療愛滋病的新藥，或是複製許多個海珊（Saddam Husseins）。

然而，《新亞特蘭提斯》的中心思想完全是異想天開。這個社會是由一群謹守近乎修道院般紀律、無私利他、且讓人完全不可思議的科學家在背後推動著，他們受到那些受惠於他們的平凡市民高度的尊敬和愛戴。這些科學家在「所羅門之家」（Solomon House）中和諧平靜地生活和工作，還有非常能幹的助手協助，讓他們得以努力發現更多有助於新亞特蘭提斯的新發明。最讓人意想不到的地方是，此書中對後世影響最深遠的，竟是培根不切實際烏托邦理想中最不可思議的想像。書中所提的所羅門之家，日後就成為創建英國皇家學會（Royal Society）的靈感來源，並在下一個世紀在牛頓的主持下，成為全歐科學研究的頂尖學術機構。

第七章　浴火重生的科學

科學這時開始釐清對自己的定義，就連定義最模糊的化學領域，也很快就被這個重新定義的潮流所襲捲。

法蘭德斯科學家楊．巴布提斯塔．范．海爾蒙特（Jan Baptista van Helmont）出生於一五七七年。他在拿到醫學院學位後遊歷歐洲各地，最後回到位於布魯塞爾（Brussels）北方維爾伍德（Vilvoorde）的鄉間莊園。在這裡，他過著多半獨居的生活，全心追求科學研究，同時也是虔誠的密契主義者，相信所有的知識都是上帝的饋贈。他稱自己是「被火試煉過的哲學家」。

雖然過著密契主義的信仰生活，但范．海爾蒙特並未讓宗教干預他實驗時的科學手法。這種宗教與科學研究各自為政的態度，在當時逐漸盛行。同樣的情形也出現在伽利略、笛卡兒和培根身上，他們的寫作都曾提到科學和哲學基本上在一個不需要上帝的機械世界中運作這個想法。雖然如此，他們終生信教。培根就這麼說：「人的知識如水，有些從上而降、有些從下湧出；有些啟蒙於自然之光、有些受示於神。」他們的科學往往和官方信仰有衝突，但他們卻始終深信科學的解釋，也認為到頭來宗教還是要學著接受他們的發現。這樣的態度和早期穆斯林哲學家是相似的：自然法則和數學是真神心智運作之道。所以越瞭解自然法則和數學，就越能瞭解真神。

非常虔誠的范．海爾蒙特就是堅持在這個傳統上，雖然偶爾他也會守不住。但這也沒什麼好驚訝的，畢竟他所崇拜的人是帕拉塞爾瑟斯。范．海爾蒙特對於他恩師研究中神秘一面情有獨鍾，因此聲稱自己已然找到「那顆石頭」，並用這石頭點石成金了。真的很難把他這些無傷大雅的小謊和他那些道地的科學實驗聯想在一起，因為他的科學實驗真的是精確仔細到足為後世典範。但或許他覺得扯扯這些形上學，可以增加他的神秘感吧。

范．海爾蒙特最讓人難忘的實驗是兩百年前庫沙的尼可拉斯實驗的變貌。范．海爾蒙特在一個大陶土罐中放入兩百磅的乾土；在土中澆水並種上剛好五磅重的楊柳芽，然後將陶罐封好不讓它接觸灰塵，只是每日持續澆水，而且只用蒸餾水。這種對於精確計量、條件控制和配方純度的強調，當然是來自帕拉塞爾瑟斯鍊金術實驗做法的影響（也無意間符合了培根建議化學只有向鍊金術做法取經才能進步的看法）。經過五年不斷澆水後，楊柳長成大樹，范．海爾蒙特將樹挖起秤重，發現樹重一六九磅三十盎司。接著他再將土晾乾秤重，發現土只比原來輕了兩盎司。當時生物生長的機制尚未為人破解，因此，范．海爾蒙特從此實驗結果推論出柳樹那些枝葉主要由水組成倒也是情有可原。他認為，那些水都已經被柳樹轉化為樹身那些物質。也因為這個實驗，讓范．海爾蒙特拋棄了帕拉塞爾瑟斯的三元素想法（水銀、硫磺和鹽），同時也否定影響帕拉塞爾瑟斯三元素論的亞里斯多德四元素論，並回到最原始的元素理論。范．海爾蒙特認為，他的柳樹實驗證明了萬物最終都是由水所組成，正是泰利斯在兩千年前所得到的結論。范．海爾蒙特的實驗被普遍認為是第一個採用計量法的化學和生物學實驗，也因此成為生物化學的濫觴。

陰錯陽差，范．海爾蒙特這一錯誤的結論卻催生了化學史上最重大的進步。范．海爾蒙特很快得出結論，雖然水是唯一組成萬物的元素，但在轉化水為其他物質時，空氣扮演了重要的角色。這個想法讓他開始研究空氣和其性質。空氣究竟是什麼？在這之前沒有人針對這個問題進行澈底的科學研究。這麼無法掌握的物質究竟要怎麼去研究它呢？空氣不就是空氣嗎？還能怎麼研究。但古代鍊金師在探頭到冒著泡泡、臭氣難當的鍊金大鍋上時，卻留意到還有別種的「氣」，也注意到有些物質像是香水和油類會產生「煙霧或蒸汽」。（中世紀時期住在水溝旁的人更是清楚：科學和常識的進展很少是同步的。）鍊金師發現這些蒸汽和一般空氣不同，所以就將之稱為「酯劑」（spirits）。這個字和其所帶有形上學上的言外之意（也有精神、靈魂之意），很快就成為容易蒸發液體的代名詞。而隨著使用習慣增加，慢慢變成只適用在一般實驗室中最容易揮發的液體，也就是酒精上。這也就是為什麼現在任何經過蒸餾的酒精飲料都被稱為「spirits」的原因。

范・海爾蒙特清楚這個跟「空氣」、「煙霧」和「酯劑」有關的混淆不清鍊金術知識肯定有相當重要性。當時已經有一些各自不同的氣體存在。在他的研究過程中，他進行了一個燃燒六十二磅木炭的實驗。燃燒當中產生的煙霧和空氣的外觀相同，但特質卻不一樣。比如說，將這些煙霧收集到一個瓶子中再於其中點蠟燭的話，會點不燃。由於木炭燒完後只留下一磅的灰燼，他於是推論原始的木炭共含有六十一磅的類空氣物質，他名之為「木酯」（spiritus sylvester，木頭的酯劑）——這個物質就是二氧化碳。

范．海爾蒙特又發現木酯的特質和由酒和啤酒發酵時所產生的氣狀物相同，也和燃燒酒精等其他物質所產生的氣體相同，於是推論出這所有的煙霧都是相同的。他又進一步實驗發現這類氣體有很多不同種類，每一種都有不同性質。有些易燃、有些有獨特嗆鼻臭味、有些會被液體吸收。但范．海爾蒙特卻無法進一步分析這些不同種類氣體，因為當時並沒有適合的精密氣密器材可以收集這些氣體供他研究。所以他始終不明白這些氣體的不同，也因此又推論出另一錯誤結論，但卻因此大大造福化學界。

范．海爾蒙特推斷這些煙霧既無形又無色、有時也無臭，它們應該只是前驅物質。它們是組成物質的無形物質。據古希臘神話，宇宙（「秩序」）原本是由同樣無形無序，名為渾沌（chaos）的物質所造——所以范．海爾蒙特決定稱這些煙霧或氣狀物質為「渾沌」（chaos）。而因為法蘭德斯語 chaos 一字的第一個子音是以重喉音發音，念起來就成了 gas，也就成了氣體的英文字來源。

現在物質性質的明顯基礎原則開始一一浮現了。先是發現了液體和固體，現在又有了氣體。范・海爾蒙特的實驗帶他來到另一種重要物質分野的邊緣。他繼續以精確實驗精神使用法碼天平來測量物體重量的增減。他發現有些金屬會溶解於強水（酸）中，產生「有味水」（可以「分辨」顏色或味道的溶液）。最後，還能從這些溶液中取回與溶解前同重量的金屬。范・海爾蒙特因此瞭解了物質的基礎性質——物質雖然在實驗中有所改變，卻從未消失。

范・海爾蒙特前衛的生物化學實驗同時也讓他得以研究人體的消化功能。他推論出胃中的「饑餓酸液」會和食物產生反應，而人體的消化作用就是發酵的過程，製造出與酒精發酵和燃燒木材同樣的氣體。范・海爾蒙特已經來到重大發現的邊緣了，但這個重大發現卻要等數年後才在他的學生法蘭西斯可斯・席爾維厄斯（Franciscus Sylvius）手中完成，後者在一六五八年成為萊頓（Leyden）醫學系教授，這時的萊頓大學已是全歐洲最頂尖的大學。

十七世紀時，剛獨立的荷蘭成為宗教寬容和自由思想的天堂，而推動其社會進步的動力則來自正在崛起的新教徒所組成的中產階級，這些人對商業的興趣遠重於和天主教殺個你死我活、遍地焦土。這情形和古希臘還有文藝復興時期的義大利城邦一樣，民主（或部分民主）與知識的進步有關連。於是在荷蘭（某種程度上也在英國），知識界的文藝復興取得了第一個重大的成就。當時哲學家笛卡兒和史賓諾莎（Spinoza）都住在這裡，英國哲學家霍布斯（Hobbes）和洛克（Locke）的著作也都在這邊出版，百科全書作者貝爾（Bayle）則為躲法王路易十四的迫害而來到這裡。荷蘭本地人對這不分國界在其國內出現的知識革命之蓬勃發展也貢獻良多。荷蘭科學家惠更斯（Huygens）在光學研究上成為牛頓唯一的勁敵。席爾維厄斯則將由范・海爾蒙特所種下的化學研究種子發揚光大。

席爾維厄斯視消化為「自然」的化學程序，中間包含了酸性唾液、鹼性膽汁和新進發現的脾汁共同作用而呈現酸味。（如同上述的「有味水」，在當時的實驗室中，味覺是一個重要的輔助工具。）消化被視為一場化學戰事。身體為分解食物而分泌出酸和鹼，然後食物與之作用後又產生鹼和酸，最後兩者中和。過程中乃產生氣體（大家都經驗過），而這作用所產生的熱量則讓血液變暖。席爾維厄斯看到這個過程和酸性的醋倒進鹼性的石灰所產的「發酵」作用類似：從中產生氣體，兩者互相中和。他仔細觀察這個反應後歸納出結論，從而將化學的知識領域推進一大步。他發現在酸鹼作用過程中會出現鹽。鹽作為化合物，不同於那些不可再分解的化學物質。再一次，實驗誤打誤撞摸索到一個重要的區分方式（區分了今人所知的元素和化合物）。

接著，席爾維厄斯的學生將其研究往前推進一大步，這位學生就是默默無聞的德國藥劑師塔堅尼厄斯（Tachenius）——他一生可能相當多彩多姿，於一六七〇年卒於威尼斯。（我們僅知的這些事都是他的仇敵記錄下來的，一式的乏善可陳。）塔堅尼厄斯相信他的老師席爾維厄斯在酸鹼實驗中遺漏了一個重點，而這才是整個作用的關鍵！塔堅尼厄斯確信酸鹼是所有化學作用的兩大要素，他甚至覺得有可能這兩者就是基本元素。這的確是很重要的差別，就算不見得有如塔堅尼厄斯所認為的那麼重要。可惜的是，在當時沒有辦法用工具去分析，因為他們還沒有找到酸和鹼的正確定義。當時辨認酸的方法就是看它和鹼會不會作用而揮發，辨認鹼的方法也是這樣，等於是一種謬誤的循環定義。

雖然塔堅尼厄斯有意將恩師的發明據為己有，但席爾維厄斯依然只在萊頓講學、實驗和發表理論，全都維持著嚴格的高標準。但是真正讓他意外名留青史的，卻是他那天外飛來一筆的非正統醫學藥方，聲稱發明了可以治療所有腎疾的萬靈丹。這帖藥方的藥材包括蒸餾穀物酒加上杜松果調味——荷文稱此藥為genever。轉成英文後縮寫為「gin」，也就是中文所稱的琴酒或杜松子酒。

分辨酸鹼的方式成了破解實用化學這門科學的關鍵。但席爾維厄斯同時也發現了另一個區別，這對理論化學、甚至所有的自然哲學都有深遠的影響。在笛卡兒眼中，身體基本上可以視為機械裝置。而現在席爾維厄斯則看出，原來身體也可以視為一個化學裝置。就是因為范．海爾蒙特、席爾維厄斯和塔堅尼厄斯等人共同的努力，讓化學逐漸自成一家，成形為一門科學。

范．海爾蒙特還在世時，其他科學家就開始研究空氣了。早在一六四三年，義大利物理學家伊凡傑利斯塔．托里切利（Evangelista Torricelli）就進行過一項很重要的實驗。他的實驗簡單說就是在一根長玻璃試管中裝進水銀。將大姆指按住開口端，再將試管倒轉過來放進另一個同樣裝了水銀的容器中。這時就會發現試管中的水銀向下降到一個程度。而其下降到的位置，始終都大約落在試管外曝露在空氣中的水銀平面上的七十六公分處。托里切利以此推論，這肯定是外界空氣的重量才讓試管內的水銀比試管外的水銀高。托里切利就這樣發現了氣壓。接下來的幾天，托里切利又注意到試管內水銀高度會出現小幅變化。他就這樣發明了世界第一座可以量測大氣壓力的氣壓計。這個發明的消息立刻傳到法國數學家、宗教狂熱者與患有疑病症的布雷瑟・巴斯卡（Blaise Pascal）耳中，他立刻就意識到托里切利這個發現的重要性。他提議到法國中部山區、海拔高度約一千五百公尺的多姆山（Puy de Dome）山頂進行一個跟托里切利相似的實驗。可惜巴斯卡因為太怕自己精心保養的身體會承受不住山風，無法親自進行這項實驗。所以，他就將這項任務交付給長久以來一直被他折磨的妹婿佩利耶（Perier）去進行，他測量後發現，試管內水銀柱的高度遠遠低於海平面所測高度——這證實了大氣壓力在高海拔時會較低的事實。也就是說，當一個人越往高處走，大氣所施予的壓力就越小。就這樣，在第一枚火箭發射入太空的三百年之前，人類知道了地球的大氣只延伸到地表以上一定的高度。托里切利的實驗或許可以說就是人類發現太空的第一步。

於是人們終於知道氣體跟固體還有液體是一樣的。氣體一樣有重量，只是它們是飄散或是較不凝固的。氣體一樣也是一種物質。

氣體有壓力這個新發現，接下來更被德國工程師兼發明家奧托・封・古里克（Otto von Guericke）用很譁眾取寵的方式展示在世人面前。他在一六二七年和妻子一家人定居在馬格德堡（Magdeburg），四年後因為神聖羅馬帝國皇帝所率天主教大軍暴行屠城、將這座新教城市夷為平地，不得不倉皇出逃。到了三十年戰爭後期，古里克回到馬格德堡，運用自己的工程專長監督馬格德堡重建，日後更因此成為該城市長，任職長達二十五年以上。古里克是新一類科學家中的先驅：愛秀科學家。（我六年級的老師就是這類科學家的繼承人：他在學校時就因經常混合氫氧製造爆炸效果引發火警而讓消防隊疲於奔命聞名一時。）

古里克擁有進行需要極高技術實驗的直覺和創意，又喜歡將之表現得充滿吸引力，足讓馬戲團專家都自嘆不如。但古里克這些實驗「演出」總是為能突顯嚴肅科學意義而設計。在當時德國境內盡皆焦土的情況下，或許不難想見為什麼人們最熱衷探討的哲學議題是真空究竟為何。真的有真空這種狀態存在嗎？據亞里斯多德的主張，真空是不可能存在的，而後世的哲學家也視他的主張為權威，亞里斯多德謂「大自然嫌惡真空」一語乃成為名言。古里克則決定以實驗來解答這個問題。一六五〇年他發明了空氣幫浦，其構造是活塞和附有單向開啟氣門的圓桶。這個幫浦作用就像現代腳踏車打氣筒把空氣打入車胎那樣，但是是反向抽出空氣。操作這部幫浦的人是當地一名鐵匠（在後面越來越吃力時，古里克的助理會上前幫忙）。古里克就用這個新式幫浦從一個鐵製容器中抽出空氣。證明真空的存在還不夠，他還在亞里斯多德主張的傷口上灑鹽。因為據亞里斯多德的理論，如果真有真空存在的話，那聲音將無法於真空中傳遞。古里克於是就在這容器中放了搖鈴，並證明一旦容器真空後，外界將無法聽到搖鈴的鈴聲。然後他還證明了真空之下蠟燭無法燃燒，而一旦將狗放入真空容器中狗也會死。（但為什麼狗狗會成為科學殉道者的真正原因，卻是要好幾年後才被人發現。）

古里克最知名的一項科學表演，是他在一六五四年五月八日在費迪南三世（Ferdinand III）國王面前的演出，這場表演吸引來自薩克遜（Saxony）各地大批的群眾前來。這次他的實驗使用了兩顆大型的中空銅製半圓體，被特別鑄模打造讓其切面可以完全無縫對在一起，日後這樣的半圓球就被稱為「馬格達堡半球體」。皇帝高坐議事廳皇位，群眾則聚集在議事廳前陽光普照的廣場上。所有人滿心期待地看著古里克為兩個半圓體切面抹油，再將它們緊密地接合在一起。接著鐵匠開始大力從這密封的銅球中抽出空氣。抽了一陣子後，鐵匠越來越吃力，助手便紛紛上前幫忙。然後，群眾看到八匹上了馬銜的馬被拉進廣場並被繫在半球一邊，同樣的另一邊半球也被繫上八匹馬。接著古里克手一揮，兩邊馬匹同時往反方向拉，試圖將兩個半球扯開。全場觀眾屏息靜氣看著這十六匹孔武有力的馬大口喘著氣往前拉，但不管趕馬人怎麼揮鞭催促，就是無法將兩個半球分開。古里克接著對皇帝和群眾說，這不是變戲法，兩個半球之所以無法分開，是因為球外的空氣壓力所致。球內因為呈現真空狀態，所以球內沒有氣壓以對抗球外氣壓——而這個球外的氣壓力量之大，勝過十六匹馬的力氣。皇帝看得嘖嘖稱奇，台下眾臣瞠目結舌的表情也說明了他們與皇帝相同的心情，隨即開始拍手叫好。但這時，古里克舉起手示意觀眾稍安勿躁，說實驗還沒結束。接著，他讓人把兩邊馬具解開，馬匹全帶出場外。古里克接著動手調整了一下幫浦。群眾全都好奇地伸長了脖子看他究竟在搞什麼鬼。然後，銅球突然嘶的一聲，隨著外界氣壓湧入原本中空的銅球內，真空狀態消失。說時遲那時快，兩邊半球就這麼無預警地分開了。因為銅球內再也不是真空，內部的壓力與外部一致，再也沒有力氣將銅球結合在一起。

古里克的實驗一戰成名，開始在德國各地進行展示。他用馬格德堡半球表演的故事傳遍全歐；還有人製作了版畫；就這樣口耳相傳越傳越離譜，英國人也聽說了，據說因此成了童謠蛋頭先生（Humpty Dumpty）的來源：

蛋頭先生牆上坐，
蛋頭先生跌大跤。
國王人馬傾全力，
蛋頭先生拼不回。

英國誤傳歐洲時事不是第一遭，也不是最後一遭。

也就因為有范・海爾蒙特、托里切利、古里克等人的這些實驗，讓物質過去不為人知的性質及能力終於得以一一浮現。大眾開始感到好奇，同時很多英國和其他國家的上層階級也開始受到維魯蘭姆爵士（法蘭西斯・培根）自然哲學的啟發。大家開始發現，物質本身似乎足以自成一門學問。這一來，偉大的科學心靈來探索化學領域的時機成熟了。而應運潮流而生的第一人就是羅伯・波以耳（Robert Boyle）。

許多人視波以耳為現代化學的創始人，他出生於一六二七年愛爾蘭西南部的偏遠城堡。父親柯克伯爵（Earl of Cork）是愛爾蘭御前大臣，生性易怒的伯爵生下這第十四個兒子時已屆高齡，他整天忙於搜刮田產家業——最終擁有從愛爾蘭海到大西洋間完整不間斷的整片家產。（這種收賄行為當時才剛剛讓英國的培根失去御前大臣的職位，但在隔海這頭的愛爾蘭卻還是相當盛行。）

年輕的波以耳很快就展露出色智力，八歲時就能講得一口流利的拉丁文和希臘文。於是，他和十二歲的哥哥被送往英國伊頓公校（Eton）就學。但在這寄宿學校裡，這個小神童卻因為多病、一緊張就口吃和不適應當時這間英國聲譽最高公學校的教育方式而深為其所苦：伊頓公校常無視學生年齡、社會地位和智力高低予以嚴厲鞭笞。結果心靈深受傷害的波以耳把原本學得很好的拉丁文忘了大半，更不時有自殺念頭，這傾向直到他邁入青少年階段才停止。進入青春期後的波以耳和哥哥法蘭西斯在家庭教師的陪同下，前往歐陸壯遊。十四歲時，他們來到日內瓦，就在這裡波以耳有了一次改變終生的遭遇。一天半夜，他被夏季暴風雨吵醒，這在波以耳年輕的心靈留下了翻天覆地的影響。他在床上嚇得直發抖，想像著在窗外「那熊熊怒火吞噬世界……懼怕審判之日即將到來。」他覺得父親或伊頓公校教師的霸凌羞辱已經夠他受的了，不想再受更多的苦。於是他暗自決定「要是這一晚的恐懼沒有成真，那往後餘生他會更虔誠並謹言慎行。」值得注意的是，在這段描述早年不愉快經歷的回憶錄中，波以耳以第三人稱來稱呼自己。這段話帶著狂熱宗教和守貞禁慾，多數人年輕時一時衝動立下的誓言長大後多半被拋諸腦後，可是波以耳卻真的終生一心向主和禁慾守貞。

這個時期的科學家，一方面有著狂熱的宗教信仰，一方面又抱持原創科學思維的並不少見。這樣對宗教的癡迷並不是出於他們這些聰明人為了自保的矯情造作。范・海爾蒙特、巴斯卡、史賓諾莎和牛頓都認為，自己畢生最重要的貢獻是在宗教思想上。這是一種奇怪的偏差，讓他們覺得自己不會因哲學、數學、科學上的貢獻而流芳百世（儘管他們提出史上最好的理論或發明），反而認為是因為自己的神學才名流青史（但多半沒有）。同樣地，他們似乎都保持了獨身。許多人可能會覺得獨身不過是無害的個人偏好，與他人無關，但其所造成的影響卻顯示事實並非如此。培根的異性仇視、不容易做到的獨身生活、厭女和刻意禁慾以示高尚的矯情，在那時期的科學界蔚為風氣，特別是英國，這對這項新的知識革命的未來起了難以估量的影響。這個領域變得非常地排斥女性，嚴重到被排除在外。這等於將一半的人口完全排除在科學貢獻之外。想像一下，如果能早一步讓女性投入，那些劃時代的科學理論或許早就誕生了。別的不說，光是讓從事科學的人數倍增，就能讓許多科學問題取得更快的進展。

羅伯．波以耳繼續在歐陸遊歷，同時接受家庭教師的卓越指導。波以耳對於他的老師更關注於學生的「學術進展」，而不是像他在伊頓公校經歷的「只想靠拖延教學進度好增加酬勞」一事感到欣慰。擺脫了教學進度、課表或無聊的拼字，波以耳得以依自己的方式閱讀。這讓他的早慧再次顯現，而這次表現在科學方面。在義大利時，他讀到伽利略的作品，這時伽利略還有幾個月才會離世。在這個年紀，波以耳就瞭解到實驗的重要性。他同時也讀笛卡兒的著作，吸收了他的機械世界觀。要是波以耳當時是在歐洲任何一所大學接受教育，那他肯定學不到這些東西。即使到這麼近代了，亞里斯多德的思想觀念依然是當時學術界的大宗。波以耳沒有受到正統教育，反倒讓他獲得更多。但即使像他這樣禁慾發奮苦讀的人，也難免會有些娛樂。來到馬賽港（Marseilles）後，他錯過搭船前往珊瑚礁看海豚的行程，當時這是觀光客必看景點。還好，他因此「有幸看到法王艦隊下水儀式，看著兩千名可憐的奴隸奮力划著槳。」

波以耳回到英國後，發現國家陷入議會派（Parliamentarians，即圓顱黨）和保皇派（騎士黨）之爭。當時正在興起的中產階級希望國會能獲得民主力量，反對對自己有利時就高舉「君權神授」名義壓迫人民的君主制。這場英國內戰最後以一六四九年圓顱黨將英王查理一世送上斷頭台告終，共和制（Commonwealth）於焉成形：這是歐洲史上第一次有革命成功的。波以耳家族多為保皇派，不過他寵愛的妹妹凱瑟琳（Katherine）卻是忠誠的圓顱黨。波以耳一心只想置身事外，所以就選擇在多爾塞特（Dorset）的郊區定居。

這時的波以耳長高了，卻病懨懨的又視力不佳，身形頎長削瘦，掛著一頂當時流行的及肩長捲假髮。在多爾塞特，波以耳開始進行一系列嚴格的化學實驗，並寫了許多文章——據說其中一篇給了強納森．史威夫特（Jonathan Swift）靈感，從而寫下《格列佛遊記》（*Gulliver's Travels*）。偶爾，波以耳會到愛爾蘭旅遊，管理他從父親那繼承的家業。在這些旅程中，他無法繼續進行化學實驗，因為愛爾蘭那邊並沒有化學器材。一六五六年，二十九歲的波以耳遷往牛津。

牛津在英國內戰期間是保皇派的天下，許多躲避倫敦圓顱黨威脅的保皇派都在這裡避難。其中有不少學者對波以耳進行的新式實驗感興趣，這類實驗在當時因為培根著作的鼓吹而開始流行。這些學者和其他自然哲學家開始不定期舉行非正式的聚會，討論最新的科學進展。波以耳也很快加入這類聚會，這成了他研究的重心，也讓他從中獲得鼓勵並且得以交換資訊。這個聚會日後被稱為「無形學院」（Invisible College）。一六六二年，即英王查理二世復辟兩年後，這個主要為保皇派成員所組成的團體更獲得王室特權，日後就成為大家所熟知的英國皇家學會。該學會的座右銘是：「不隨他人之言」（Nullius in verba，直譯是不要相信話語，意即不要相信權威），以此宣示反亞里斯多德的立場。該學會只相信科學方法，以實驗主義為基本原則。

波以耳住在牛津的高街（High Street）一棟屋子裡，並設立了一間實驗室。為了協助實驗工作，他請了一名貧困易怒、一臉麻子的牛津大學生羅伯特．虎克（Robert Hooke）。他們兩人雖然身份地位懸殊，這位二十九歲的貴族後代和這位難相處的二十一歲神職人員之子卻很快就成為合作無間的工作夥伴，這份同事情誼終生不渝。波以耳生平第一次遇到有人才智跟他相當。

虎克日後成為出色的物理學家，只有牛頓能出其右，虎克也因為被後進超前而心懷怨懟。在牛頓發表他劃時代的萬有引力著作前幾年時，虎克曾寫一封信給牛頓，把自己的引力理論告訴牛頓——但他的理論有瑕疵，而且也沒有數學基礎。在另一個領域上，虎克則用顯微鏡觀察有生命的微生物，他將這些微生物稱為「cell」，就成了現在我們「細胞」英文字的由來。

波以耳之前聽說過古里克以馬格德堡半球進行的公開實驗，在虎克的協助下，他想設計一個更好的幫浦連接在真空的長頸瓶上。他使用這個真空長頸瓶證明了伽利略的預測，即在真空狀態下，兩個物體會以同樣速度著地。只要消除空氣阻力，羽毛落地的速度會和鉛塊一樣，完全否定了亞里斯多德的主張。波以耳和虎克同時也驗證了古里克另一個發現，即聲音在真空下無法傳遞。但他們還有兩項意外的發現：真空狀態感受不到電流；昆蟲在真空中也不會死亡，但其他動物會。這些針對真空所做的實驗讓波以耳開始思考空氣的特質。他用老鼠和鳥類做實驗，發現空氣會被動物吸入肺部再被吐出，以移除體內的雜質。波以耳非常有條理地進行這些實驗，任何可能性都不放過。就這樣，他證明了空氣並非四處瀰漫的神秘物質。空氣並非如亞里斯多德學派所主張的那樣，是大自然不可或缺必要的元素；它不過是一種有著明確性質的物質。比如說，空氣會讓鐵生鏽，並讓蒸餾釜的銅製拱頂產生銅鏽。同樣地，空氣在經過壓縮後，似乎有彈性。波以耳在這個階段的推論是，空氣是有彈性的流體，裡頭漂浮著具有活性的粒子。

范．海爾蒙特和其他科學家曾注意到氣體有不同種類（比如木酯），但波以耳是第一個能搜集到這些不同氣體，並將之當成和空氣不同的成分來研究的人。他注意到氣體都跟空氣一樣具有彈性。當時虎克正在進行他著名的金屬彈簧實驗，這個實驗日後就形成論物體伸縮性的「虎克定律」（Hooke’s Law）。虎克的實驗讓波以耳也跟著將他觀察到的氣體彈性稱為「空氣彈簧」，並想出一個實驗來測量氣體彈性的作用。

波以耳拿了一個十七英尺長的J形玻璃管，將低的那一端封住後灌入水銀，封入固定量氣體。然後他發現，如果將管內水銀的重量增加一倍，那段被封住空氣的體積會減半。要是三倍加壓，則管內空氣體積會縮為三分之一。但要是他將壓力減半，即移除一半的水銀，那麼管內空氣體積就會加倍。由此他歸納出「波以耳定律」（Boyle's Law），即氣體體積與外界壓力成反比。波以耳現在明白，既然氣體可以受到擠壓，那表示看似空無一物的氣體中有許多粒子在活動。當壓力增加，這些受到擠壓的粒子就會靠得更緊密。

十五年後，另一位法國神父科學家艾德梅．馬里奧特（Edmé Mariotte）也在不知道波以耳定律的情況下獨自發現同樣的道理，他的發現還加了一條波以耳沒發現的條件，那就是氣體的溫度在這個過程中必須維持不變，定律才成立。要是氣體溫度升高，其體積會自行擴大；如果溫度降低，體積也會自行縮小。這點波以耳差一步就發現了，但他難得一次不夠仔細，沒在他的實驗報告中提及此事。這值得所有學科學的人當作教訓：就因為這個疏失，「波以耳定律」在歐洲普遍被稱為「馬里奧特定律」。

其實，我們現在也知道，早在波以耳和馬里奧特之前，古希臘時期最後一位偉大科學家亞歷山大港的希羅（Hero of Alexandria）就知道這件事了，他是西元一世紀的人。他證明了亞里斯多德理論指四元素存在每個地方為誤，並指出空氣是單獨的物質，不與其他元素同在。他指出水無法進入內含空氣並倒轉的玻璃杯中：水位只會在瓶中升高到與瓶中空氣逸散同體積的部位。他也一樣注意到空氣可以壓縮，由此歸納出空氣肯定是由各自存在的粒子所組成，這早波以耳的理論足足有一千五百年之久。希羅同時也發現，當蒸汽加熱後，這些蒸汽中的粒子會更為活躍。也就是說蒸汽一旦加熱，其壓力就會升高。這就成了蒸汽引擎的原理。希羅也很快就意識到這可以做為動力來源的可能，甚至還想出世上第一台蒸汽引擎的雛形。他的蒸汽引擎由一個裝了一些水的中空球體組成，球體兩側插入兩根彎管，當球體內的水被加熱到沸點時，蒸汽就會湧入管中，造成球體旋轉。這個原理現在還被運用在花園灑水器的旋轉噴頭上。希羅的機器不僅超前他的時代，而且就和很多這類發明一樣，被同時代的人視為毫無價值和用處。明明有奴隸可以代勞的事，何必還要發明個機器自找麻煩呢？

波以耳的創意也展現在他把這些他獨立想到的理論進一步發展的研究上。要是空氣和其他氣體中含有獨立粒子，那水和固體中是不是也一樣？水蒸發時，就會變成一粒一粒粒子組成的氣體。水蒸汽的反應就跟所有氣體一樣，這表示它同樣是內含許多獨立的粒子跑來跑去。要是水化為氣體時真的是這樣，水作為液體時肯定也是同樣狀態，而且甚至化為固態的冰時也會是一樣的。要是水是如此，那可能所有物質都是如此。波以耳這一推論證據薄弱，幾乎沒有實驗支持——但卻讓人看到他作為具原創力科學思想家的特質。他其實對自己進行的實驗並不完全清楚，但已經為即將重出江湖的原子理論鋪好了路。

波以耳的大作《不輕信的化學家》（*The Sceptical Chymist*）在一六六一年首度發行。此書普遍被視為新時代化學的濫觴。而且，就是這本書的標題，讓人們從此全面性將鍊金術中的「al」兩字母去掉，而把這個字交給化學（chemistry）使用。化學這門新科學，也開始擺脫其神秘兮兮的過去。

大約在這個時候，波以耳開始以清晰明白的方式將其實驗過程記錄下來，目的是要讓其他科學家也能看懂，並且重覆他的過程以加以驗證。這種做法與鍊金術神秘兮兮的作風截然相反，成為科學進步的主要動力。波以耳為科學立下如此典範之舉一如古希臘人之於數學。數學的真理，必須經過演繹推論得出後再由證據加以驗證。而在波以耳的做法下，科學的真理也一樣是透過歸納推論得出，並建立一套驗證的方法。甩脫原本在陰森神秘小屋中偷偷從事的行為，新式化學搖身一變為一門任何實驗室中都能進行的通用科學。

《不輕信的化學家》一書主要是要批評亞里斯多德派的四元素理論，以及從其衍生出的帕拉塞爾瑟斯三元素論。波以耳主張元素是真正構成物質的原粒子。依他知名定義所言，他所指的元素是「某種原始的、簡單的、或者完全未混合的物體；並未由其他物體所構成或混合而成，而且其本身就是化合物所組成的成分，而這些化合物分解到最後就是它們。」換言之，任何無法再繼續分解成更簡單物質的物質就是元素。這是史上第一次有人對元素的瞭解符合今日的元素定義。

波以耳之後還為此定下更重要的區隔。這些元素可以同一類結合在一起或群聚形成化合物。（這個想法日後會發展成現代原子的概念，在這裡是第一次被人提出。）

波以耳在這裡所提的並非只是理論。他長期在實驗室的經驗和專業，讓他瞭解到這樣的原子群聚效應，是許多穩定化合物的結果。比如說，鐵在酸液中溶化後會形成鹽化合物。這是一種穩定的物質，但它是可以分解的，分解後還是可以再次取得鐵。波以耳於是推論，這類化合物質的性質取決於其所包含元素數量和狀態。他這樣的描述同樣正確到讓人驚訝：他的見解日後形成了原子理論。

雖然波以耳喜歡做出大膽的推論，但他跟其他化學家一樣，基本上都相信實驗的重要性。正如皇家學會的座右銘所言「不隨他人之言」。書中沒有真理，真理在實驗中。他們推翻包括四元素說在內的所有學說。但波以耳等一干人卻是相信他們自己的整體學說。這個學說相信世界由依機械方式運作的微小粒子所組成。雖然這個學說比起亞里斯多德學派沒那麼抽象玄奧，但這個機械微粒說基本上還是形上學的。這樣的理念怎麼可能在實驗室獲得驗證？老實說，這種看法根本就不科學。但它有一個讓人很難抗拒的優勢——所以被日後的科學界所採納。這個機械微粒說不同於四元素說，它能夠解釋許多的科學現象。也就是說，它能夠說得通——即使當時的科學還不明白其原因。

但如果再進一步檢視波以耳的「元素」概念以及化合物的概念，就會發現，其實只是比較貼近現代元素和化合物的定義一些而已，並不全然吻合。他並沒有說得那麼清楚。那為什麼他不說更清楚點呢？根據波以耳的定義，元素是無法再分割為更原始物質的物質。這表示當一個物質被發現是元素時，這個階段只是暫時的。總是會有別人發現可以將之更進一步分割的方法，然後它就不再是元素了。（直到二十世紀核子科學問世後，化學才有辦法提供斬釘截鐵的元素定義。）

這下波以耳是搬磚頭砸自己腳，自毀招牌了。他雖然定義了元素，但卻不知道元素究竟是什麼。這顯得很矛盾，因為根據他的定義，等到化學技術進步後，所有以前被認為不可再分割、屬於元素的物質，有可能都會變成可以再分解，最後只剩下四種元素——跟地、風、火、水非常類似！但波以耳認為不會這樣，看起來也不可能。這種自打耳光的說法讓波以耳產生嚴重的誤解——這誤解嚴重到可能讓他對科學的貢獻被一筆勾銷。出於他在實驗室的經驗，波以耳深信所有金屬都不算元素。他只是還沒找到可以將之分解到原初物質，也就是元素的方法，但他確信未來一定會有辦法的。這一點和古代鍊金師們的看法完全一致了。要是金屬並非原初物質，那就可以將之分解成真正的組合元素，透過再重組後——也就是點石成金——就可以變成另一種金屬。鉛會變成銀、銀會變成黃金。

要是到這邊波以耳能夠瞭解到這種鍊金術實驗理論上的可能性極低，然後就擱下不再碰這一塊的話，那就太好了。但偏偏波以耳沒有這麼做。他和帕拉塞爾瑟斯、布魯諾、范．海爾蒙特以及許多他之前的化學界先驅一樣，都受鍊金術荼毒甚深。多年來，科學史家總是不太愛提這件不太體面的事，草草帶過——彷彿這是當時化學家的某種不幸職災一樣。這的確也可以算是吧。我們很難想像伽利略、笛卡兒、史賓諾莎或巴斯卡會沉迷於鍊金術中；物理學家、數學家和哲學家似乎就有辦法免受到這一形上學思想的污染。（但接下來我們會看到，其實也不盡然。）

可惜的是，近年來進一步檢視波以耳的文獻後發現，他的鍊金術並不是一時興起的誤入歧途。他非常堅定相信鍊金術是真的。從他那些秘密藏起來、又以暗碼寫成的筆記本中，我們看到他對於找尋賢者之石孜孜不倦且上天下地的努力。只是他不像范．海爾蒙特那樣，說自己已經找到這個沒人見過的神秘寶物。波以耳弄起鍊金術來，跟他進行科學實驗一樣一絲不苟，任何他能找到、前人據稱成功的鍊金術實驗，他都會再三地重覆驗證。他運用歸納推理，主張自己要是能成功「完成這次實驗，將能證明賢者之石存在的事實，而不用再像其他鍊金師那樣，用謊言和神話欺騙外行和無知的人。」但波以耳實在是太出色的科學家了，所以鍊金術很多東西都瞞不了他：「因為這些文件，再加上各種確實且出色的實驗後，讓我們知道，這些理論要不像孔雀羽毛一樣華而不實、要不就如猿猴，看似人一般有智慧，卻只是荒謬怪誕，經不起再三檢視。」但他對於鍊金術「確實且崇高」方面卻信心依舊。他甚至用自己在皇家學會的影響力，推動國會廢除四百年前亨利三世針對鍊金術點石成金之術的禁令。這件事讓我們看到，波以耳之所以反對鍊金術禁令，是他深深相信鍊金術真能鍊出金子，而有更多的金子能讓英國富強。英國國會也跟過去數百年前的人一樣，在無知和貪婪驅使下，真的在一六八九年下令廢止鍊金術禁令。波以耳立刻鼓勵全國科學家投入鍊金的工作。

波以耳之所以會對鍊金術如此讓人費解的深信不疑出自他的宗教狂熱。他的寫作中，除了自然哲學外，也有數部作品是談宗教的。他花自己的錢資助了愛爾蘭文聖經和土耳其文聖經的翻譯工作——目的是要讓愛爾蘭不再信奉天主教，並讓土耳其不再信奉伊斯蘭教，因為在他看來這兩個宗教都是異端邪說。另外，他還花錢成立了長態性的波以耳講座，這個講座至今都還會在皇家學會舉辦。雖然選在皇家學會舉辦，但該講座的目的卻是要「證明基督宗教信仰為正信，並貶斥那些聲名狼籍的異教徒。」

波以耳相信世界是依「兩項最普遍的原則，即物質和運動」運作的。這個宛如機械鐘裝置一般的宇宙是由造物主轉動齒輪而運作的。因此，對於自然科學的研究是宗教義務。但是，上帝和人的靈魂是無形的，因此不受制於機械粒子的世界。然而，波以耳似乎相信賢者之石會和物質、精神兩個世界互動。比如說，賢者之石可以吸引天使。要是能找到賢者之石，將成為對抗無神論的有力武器。隨著年齡漸長，波以耳越來越痛恨無神論，因為他不斷在一些公開場合和社會趨勢中看到無神論正在滋長的證據。因為這樣，進行鍊金術對他而言就跟科學活動一樣，都是他身為教徒應盡的義務。

一六六八年，波以耳遷往倫敦和心愛的妹妹凱瑟琳・雷恩拉女子爵（Lady Katherin Ranelagh）同住於位在帕瑪街（Pall Mall）的家。這時期的帕瑪街是綠意盎然的郊區，前有龐德街（Bond Street）果園，後有皇家花園。英王情婦涅兒・桂恩

（Nell Gwynn）就住在隔兩棟屋子裡，只要英王查理在御花園溜狗，她就會在這屋裡朝英王騷首弄姿。這時的波以耳已經聲名大噪。甚至皇家學會還想請他當會長，但因為會長就職宣誓誓言有違他的信仰原則，所以他婉拒了。他的家也成為國外要人前來時必訪聖地，德國理性主義哲學家萊布尼茲、甚至改信基督的中國達官貴族也都遠道前來拜訪。萊布尼茲是知識文藝復興時期的達文西，他非常景仰波以耳，但還是對他著作量不夠豐富嚴詞斥責。雖然波以耳孜孜不倦地寫下實驗過程，他對出版卻似乎不當一回事。要是他能花更多時間系統性地闡述他的研究成果，那麼他的影響力和地位肯定不只如此。

波以耳的著作始終維持極高的水準。他對化學實驗最大的貢獻就是發現了區分酸鹼的方法。他發現紫羅蘭汁遇酸呈紅色、遇鹼程綠色，遇中性則顏色不變。就這樣，終於有人發現了可以正確定義酸鹼的方法。一如過去，這個方法是在實驗室找到的，而非靠理論推得。化學中最具影響力的酸鹼分辨法是靠實際操作得來的。

當波以耳在一六九一年以六十四歲之齡辭世時，牛頓已經發表關於萬有引力的革命性大作《原理》（*Principia*）。這本書詳盡地解釋了這個機械粒子世界運作的方式，以及引力如何讓這個世界不致崩潰的原因。但萬有引力只能解釋物理性。牛頓很清楚這點，也想要改善這項不足。在他論光學的著作《光學》（*Opticks*）中，附了幾道涉及更廣泛科學議題的問題。這些問題為未來科學研究指出了方向，其中就包含化學。「那些最小的粒子難道就沒有某種力量、性質或引力，使它們遙相互動……從而產生大部分自然現象嗎？」這些「互相吸引的力量」顯然不只是「這些粒子所用來互相吸引的萬有引力、磁性和電力。」

牛頓這劃時代解釋世界的前瞻科學見解，為科學立下了新的標竿。任何科學進展從今以後都要遵循牛頓式物理技術上的嚴謹和數學化的精確。問題在於，牛頓所研究的是量化的世界，而不是化學依歸的質性的世界。化學這門學科，即使是最基礎的概念，基本上都還是無法被量化。波以耳對於化學元素的概念在這時才剛萌芽，完全無法預期到科學有一天能夠針對化學元素的化學反應做精確的量性分析。

所以牛頓的正規科學標準對於當時的化學幫助很小，其重要性要等候來日方知。他另一個談物質質性問題的方式，則更是完全的失敗。毫不誇張地說，這可能是科學史上最浪費天才心思之舉。

牛頓為此投入鍊金術。波以耳在鍊金術上的實驗多少還有理論科學研究的動機，但牛頓則完全沒有。他之所以投入鍊金術，全然都是為了形上學的目的。他的出發點是形上學、目標也在形上學，完全和科學無關。牛頓和波以耳一樣，也對宗教著迷。而讓牛頓醉心的是三位一體論（Holy Trinity），他堅信這是一個錯誤的概念。他視此為極度的異端邪說。不過他也會看情況調整說詞，牛頓是劍橋三一學院（Trinity College, Cambridge）一員。身為三一學院成員，入會時他被要求宣誓支持學院和學院所代表的三位一體論。牛頓當時也很識時務地在聘用他的大老面前依要求宣誓了。

牛頓的精神生活有將近一半都浪費在與科學無關的事務上。除了不認同三位一體論之外，他花了好幾年時間在舊約聖經和神話中找尋深奧的數學運算問題——試圖建立關於創世紀、挪亞方舟、以及希臘神話中亞哥號（Argonauts）航行等事件的確切日期。他還去學希伯來文，以便逐句閱讀以西結書（Ezekiel），重建耶路撒冷聖殿的精確藍圖。（不過如果拉丁文版或希臘文版有用的話，他也不排斥參考。）然後，他又使用聖殿預言的象徵意義和啟示錄中的描述作為根據，認為自己能夠預言耶穌二次降臨還有世界末日的正確日期。這麼一位擁有古今最超凡入聖數學頭腦的天才，竟然會相信這才是最值得他費心思，將來最能讓他被後代記住的成就。

這其實和牛頓對於鍊金術也略有期待和野心有關。鍊金術是靈性世界進入現實世界的「魔法」；能瞭解鍊金術，就能瞭解靈性世界的運作。雖然與他的預言之怪異荒誕相比，牛頓在鍊金術上的作為乍看之下似乎只算是調皮搗蛋，但等我們看到真相後，那就不然了。牛頓藏有不下一百三十八本的鍊金術書籍，還針對鍊金術寫了六十五萬字的論述，在在顯示鍊金術對他而言不只是嗜好，而且他也投入許多實驗工作在這上面。雖然低調不想為外人所知，但他還是在大學住處的花園建了一座鍊金用的鍋爐以便鍊金研究。他的助理被折磨得很慘，曾說他「十分投入研究，為此廢寢忘食……弄到凌晨三、四點才睡，有時甚至五、六點……他也常常在實驗室一待就是六週，鍋爐中的火日夜燒不停，和我輪流不睡守著鍋爐的火，直到化學實驗結束才肯罷休……但我無法參透他的目的何在。」從牛頓的筆記中可以看出，他這些實驗全是為了形上學目的，就連點石成金這件事在他眼裡都有形上學上的目。對他而言，這不是化學，而是魔法。

雖然這樣，牛頓還是深信物質之中有著某種結構存在。他認為在我們所在的世界中，所有的物質一定有共同的定律存在。但我們也知道，當時的化學還沒有進步到可以解答他這些問題——不像當時的物理，已經被牛頓領先群倫解開了謎團。再加上，牛頓研究化學的動機並非為了科學，他找上化學的心態本身就已經不單純了。他的精神狀態本來就不穩定，但最終使他崩潰的是鍊金術研究失敗和對一名年輕瑞士數學家的暗戀。根據他一名劍橋同事轉述，一六九三年，五十歲的牛頓「患上了頭疾，整整五夜無法入睡。」之後他就不告而別，好幾個月時間沒有消息。再次聽到他的消息，是他在東倫敦蕭地奇（Shoreditch）布爾酒館（Bull Tavern）寫的一封信，信上字跡潦草、沾滿墨水漬，信是寄給他的哲學家好友約翰．洛克。他在信中為「好幾次誤會他要介紹女性給他認識」向洛克道歉。介紹女友給牛頓是他的大忌，因為他過著嚴格的獨身生活，而他這樣做是為了壓抑自己的同性戀傾向，好不用去面對這件事。

這件事對整個科學界產生了影響。牛頓在皇家學會擔任會長，讓這個備受尊榮的科學機構建立了厭女的風氣。這種風氣早在虎克擔任該學會幹事時就已經被鼓勵了，虎克自己也是立誓終身不娶的人。看來對這個地位崇高機構中的成員而言，與女性沾上一點點邊都是無法容忍的。現代科學史家隆妲・席賓格（Londa Schiebinger）就指出：「過去將近三百年的時間裡，皇家學會唯一出現過的女性，就是那具在學會解剖收藏中的女性骨骸。」

鍊金術似乎帶人走向瘋狂——而不單是走向化學。波以耳所定義的元素接下來將要名符其實地被以化學元素的方式發現了。

第八章　前所未見

如人們所見，古人已知九種化學元素，並在中世紀晚期又發現三種新元素，但是我們後來才清楚那是化學元素，當初發現的人並不知道它們是元素，因為他們並沒有元素的概念。是一直到一六六一年，波以耳將元素定義為不可再分割成更單純物質的物質，這個概念才形成的。

在這大約八年後，韓尼希．布蘭特（Hennig Brand）在德國漢堡分離出磷，發現新的化學元素。這是化學史上重要的一刻——不只是因為這是自中世紀以來首次發現的新元素（布蘭特當時並不知道這一點）。重點在於，這是第一次有人能發現不以遊離狀態存在的元素。也就是說，過去從來沒有人單獨看過這個元素。（磷有時候會單獨出現在土裡，但那是被隕石帶進來的。）

韓尼希．布蘭特這人本身就是異數。有人稱他是最後的鍊金術士，但也有人稱他是第一位化學家。十七世紀初出生於漢堡的他，是陸軍的低階軍官，可能曾參與過三十年戰爭後期戰役。退役後他行醫為生，但卻是無照醫師。有紀錄說他是「一個拉丁字都不懂的粗俗醫師」。所幸他老婆很有錢，讓他可以投入真正的興趣——在實驗室裡做實驗。我們尚不清楚他在實驗室裡是在搞鍊金術、還是進行嚴格講究的化學分析。總之，他有把培根鼓勵後進應向鍊金師學習的話聽進去。布蘭特也跟前人一樣，相信鍊金術點石成金的說法或許多少屬實。於是，他開始鑽研帕拉塞爾瑟斯的藥效形象說，相信大自然萬物以外形揭示其功效之秘。倘若此法為真，自然中呈金色的物質就有可能含金。不知是他瞎貓碰上死耗子運氣好還是慧眼獨具，他將這個想法與古代的鍊金術傳說連結起來，該傳說稱能夠點石成金的賢者之石就藏在人體排遺中。有了！人體排遺中只有一個東西符合這兩個條件——尿液。

布蘭特開始長期廣泛研究人體尿液的特質，這工作肯定考驗了他那個富家千金妻子的耐心，鄰居的忍耐力就更不用說了。他收集了五十桶人類尿液，任由其蒸發發臭到「生蟲」，然後再將這些尿液煮沸到成糊狀殘渣。他把這些殘渣放在地窖中幾個月後，發現全都發酵變黑。他那些鄰居肯定都來抗議過。布蘭特接著再將這些發酵過的黑色尿液濃縮物混進兩倍重的沙後倒進蒸餾器裡加熱，蒸餾器的長頸部則插入一個裝著水的燒杯中。最後從沉入燒杯杯底收集到的蒸餾物，是一種透明蠟狀的物質。這個物質從水中取出後，會在黑暗中發亮，有時甚至會自燃，並發出白色濃煙。他乃將這新蒸餾出的物質命名為磷（phosphorus），取的是希臘文中的「光」（phos）、和「引」（phoros），意即「引光者」。

說來令人難以相信，上面這個漫長的實驗在十七世紀科學界卻是個被嚴密保守的秘密。布蘭特自豪地向他漢堡的朋友們展示這個新物質，卻始終不願透露其製法。而他的發現以及磷的神奇作用很快就在整個德國傳開了。

古里克當年馬格德堡半球的示範，讓德國興起科學實驗狂熱。所以到布蘭特時，已經有一些化學家是靠著巡迴各地宮廷表演最新科學發現為生。磷最適合這樣的表演了。更有人認為或許這物質可以做為軍事用途。

於是終於有一位來自德勒斯登的約翰．克拉夫特博士（Dr. Johann Krafft）上門求教，他出兩百塔勒（thaler，銀幣單位）說服布蘭特賣出秘方，然後克拉夫特就帶著磷在歐洲各地宮廷表演。克拉夫特來到倫敦查理二世宮廷表演時，波以耳也受邀前來觀賞。克拉夫特說什麼都不願意將秘方透漏給波以耳知道，但波以耳從克拉夫特不小心說漏嘴的一些細節、再加上從旁仔細觀察，找到了些蛛絲馬跡。不到幾個月的時間，他就在德國化學家安布羅瑟・戈弗里・漢克維次（Ambrose Godfrey Hanckwitz）的協助下，獨立發現了提煉磷的方法。他寫下實驗的詳細步驟，封入信封後存放在皇家學會。而戈弗里・漢克維次則改掉自己德國姓氏，在倫敦開店，開始製作磷配銷到歐洲各地。不到幾年的時間，他就靠此名利雙收，有名到信封上只要簡單寫著「倫敦知名化學家戈弗里先生收」的字樣，就能送到他手中。

波以耳雖然知道配方卻保守秘密，幫了漢克維次個大忙（畢竟漢克維次也幫了他忙）。但波以耳這個舉動是反常的。他一貫的做法是把實驗過程鉅細靡遺並以淺顯易懂方式紀錄下來，希望所有科學知識都能透過像皇家學會這樣的機構分享出去。這樣，全世界的科學家才能得益於最新科學進展：讓培根烏托邦夢想，所羅門之家，得以在歐洲各地科學機構中實現。

波以耳這個想法當然沒有什麼錯，他自己很有錢，有家裡產業的收入養他，但有人會想靠自己的發現獲利也是人之常情。科學日後要走上謀利之途，還是應該造福全人類呢？這個問題至今依然爭執不下（比如說，新「創造」的動物基因的專利）。這樣的爭論在遇到誰先發現的問題時變得更為複雜。十七世紀的科學革命，讓越來越多的科學家面臨大家都不約而同想出同樣解決之道或發現的問題。到底是誰先發現的？如果一個人發表了他／她的發現，就能獲得認可，但每個人會知道當中的奧秘。但要是不發表，也許也會有其它人憑自己的實力發現，到時候就會掛上對方的名字了。

當時，專利法還在萌芽階段。過去，某個過程／方法的獨家專利往往是由君主所頒發。伽利略水力幫浦的獨家專利權，是由威尼斯共和國總督所頒。該專利權是永久的，但出了威尼斯共和國就沒有專利權了。隨著科學革命漫延到歐洲各地，這種處理專利權的方法就行不通了。一六二三年，英國政府通過一條「專利法規」（Statute of Monopolies），明令獲「專利特許證」（letter patent）包含「新製造發明」在內之新發現，得享十四年的專利保護。同時，歐洲各地的科學學院也開始如雨後春筍般湧現。英國皇家學會成立之前，義大利「猞猁之眼國家科學院」（Accademia dei Lincei）已成立在先；隨後則有從笛卡兒和巴斯卡等人非正式聚會演變成的「皇家科學院」（Académie Royale des Sciences）成立於巴黎；而在萊布尼茲的推動下，德國則有「柏林科學院」。這些科學院中不時有科學家前來為群眾發表科學新知，而這些科學機構也或多或少扮演著科學新知的寶庫和協助機構。但如果所謂科學新知屬於推論性或者未發表時，那其所牽涉的專利問題就更複雜了。

這裡面爭論得最劇烈的，當屬牛頓和萊布尼茲誰先發明微積分之爭。牛頓在一七〇四年發表《光學》時，論文最後附了他在三十年前發明的「微分法」（method of fluxions，即微積分）。不幸的是，他的宿敵萊布尼茲在二十年前就發表過他的微積分版本。於是兩方人馬互控對方剽竊。而且更糟的是，兩位天才人物的作為，全都不符他們天才的美名（其實天才的行為本來就不一定高尚）。但事實很簡單，牛頓的確曾給萊布尼茲看過他早期微分法的論文。問題在於，萊布尼茲的微積分和牛頓的非常不同，尤其是其使用的符號（今天我們用的是萊布尼茲的符號）。萊布尼茲錯在不該指控牛頓剽竊。因為牛頓這人素來最怕的就是這類指控，畢竟他反對三位一體論就夠讓他提心吊膽怕被指控是異端。所以他一聽到萊布尼茲的指控，立刻就氣到生病。儘管如此，他還是很大方地主動表示，願意將此事提交皇家學會組成的委員會進行仲裁。萊布尼茲聞言同意，似乎並不擔心牛頓就是皇家學會的會長。他沒想到的是，牛頓竟暗中攔截仲裁委員會的調查報告，再將之改寫成有利自己這方（當然不會簽他自己的名字）。萊布尼茲見仲裁結果後心生不甘，直到一七一四年斷氣前都還在為此判決提出抗辯。但牛頓這人一旦被惹火是絕對不會善罷干休的。仲裁出爐後他還是不放過萊布尼茲，只要一有機會就會貶損他一番。任何訪客只要提到萊布尼茲這四個字，就得聽他數落這位德國哲學家一頓，而牛頓日後發表的科學論文也一律會出現一段和論文毫無相關的段落，嚴辭譴責這位早已不在人世的宿敵。

如果連數學界在專利發明的認定都這麼多紛爭，那科學還有什麼進步希望可言？化學這門學科的本質有著先天上更不利的條件。物理、還有物理性質這些都是可以測量而得，可以很精確地描述下來的。但化學變化和其變化過程想要描述記錄地這麼詳細與精確，就很難辦到。我們現在回頭看從前化學家的研究過程就知道，很多時候他們其實都是瞎摸出來的。實驗過程中他們根本就不知道究竟發生了什麼事。只知道有什麼東西不一樣了，然後有個新東西誕生了。

布蘭特找到磷的過程正是如此。他事先根本就不可能知道尿液的成分。他原本只是想要藉由蒸餾和脫水等方式，從尿液中「濃縮」得出黃金，然後再靠著將得出的產物與另一種長久以來就被鍊金師們懷疑含有黃金的金色物質（也就是砂）混合以「強化」黃金成分。磷根本就是一個複雜、甚至還是錯誤化學程序的意外副產品。可笑的是，整件事發展過程中萊布尼茲也插了一腳。在克拉夫特購得布蘭特配方幾年後，萊布尼茲在為漢諾威公爵（Duke of Hanover，喬治一世的父親）工作過程中剛好來到漢堡。萊布尼茲好說歹說才讓布蘭特交出秘方供漢諾威公爵使用，並把布蘭特送回漢諾威，打算大量生產磷。萊布尼茲到底打算要生產多少磷我們不得而知。他曾建議磷可以用來當夜間屋內照明，但別人告訴他這太不切實際。因為就算屋內人沒被煙嗆死，也會瞎掉。

萊布尼茲並未因此退縮，他幫布蘭特找上附近軍營，由他們規律供應這些素來愛喝啤酒軍人的尿液。萊布尼茲接著又聽說在哈爾茲山脈（Harz Mountains）工作的礦工因為工作又熱又渴，比這些軍人更會喝啤酒。所以在取得滿心困惑公爵的許可後，他又派人用馬車從超過一百公里遠的哈爾茲山脈，千里迢迢一車一車地把更多的尿液裝桶運來，讓原本就忙到不可開交的布蘭特更不得閒。可惜的是，事情進行到這階段時萊布尼茲突然因公爵有緊急外交事務傳喚他前去而無法顧及後續，然後他就完全忘了製磷這回事。可憐的布蘭特和他越積越多的人尿池後來的命運，就成了歷史上最「臭」的一樁懸案了。

一七三七年時，製磷秘方終於因被巴黎的皇家科學院買斷並立刻對所有科學家公開而不再是秘密。半世紀後，瑞典化學家席勒（Karl Scheele）發現磷是組成骨骼的必要成分，於是發現了更簡便且更不噁心的磷提煉法。很快地，磷就被用來生產火柴，並於一八五五年被瑞典火柴生產商隆德斯壯（J. E. Lundstrom）申請到安全火柴專利，讓他藉此大發利市。可惜席勒來不及從自己的發現中獲利：他早在半世紀前就已辭世，當時才四十多歲。

席勒可能是科學發現史上最不幸的一位科學家。在他相對短暫的一生中，他做為主要參與者所發現的新元素數量可能是空前絕後的。然而，在他發現的七種新化學元素中，他的貢獻要不是被別人搶去風頭、就是有爭議性、或者被人忽視。

倒也不是說席勒本人會在乎這些。他為人謙遜，在專業表現上無人能及，但過著平凡藥劑師的生活。他出生於一七四二年現在德國東北海岸的史特拉爾松德

（Stralsund）。在十八世紀初，這個地區因為百年前三十年戰爭被瑞典所征服而納入瑞典波美瑞尼亞省（Pomerania）。因此，席勒這個姓雖然是德國姓氏，他卻自認是瑞典人，科學論文也都以瑞典文書寫。

席勒家中共有十一個孩子，他排行第七。家中無力負擔他的教育，所以他十四歲就到藥店當學徒。這個決定打開了他的眼界。席勒對於化學原料有著強烈的興趣，這讓他對原料特性可說是過目不忘，也讓他對於化學元素的組成有著無人能及的直覺力。因此，他很快就吸引到業界注意，並在首都斯德哥爾摩謀到一份藥局助理的工作。這職位現在聽起來沒什麼，但在一七七五年，他三十二歲時，就被選為瑞典科學院院士——這是該院第一次，也是最後一次，有藥局助理榮登院士頭銜。

不久，席勒搬到位於瑞典中部的鄉間湖邊小鎮雪平（Koping）定居。剛好當地藥師過世，留下藥局給遺孀莎拉·波爾（Sara Pohl）。席勒買下了藥局，在裡頭裝設了間實驗室進行自己的實驗。他無視鄉間小鎮無聊到讓人窒息的氛圍，埋首於工作，而寡婦波爾和妹妹則為他管家並料理店務。偶爾一些瑞典達官顯要和外國化學家會登門造訪，引得鄰里議論紛紛。柏林、斯德哥爾摩和倫敦等地的大學紛紛來函，提供教職邀他前往任教，但他卻不為所動。這位出色的藥劑師一點也不想成為眾多教授中的其中一位。

席勒長年受風濕和其他多種疾病所苦。大部分的病都是因為實驗後遺症。席勒堅持分解物質和發現物質性質的工作都要親自動手，他的實驗室筆記甚至精確描述了氰化氫嚐起來的味道，這可是劇毒，就算只是從口鼻吸入或是經由皮膚吸收都會死狀極慘且痛苦。這些筆記也顯示他可能在靠嘴巴嚐和鼻子聞以辨識硫化氫時中毒，硫化氫這種氣體的味道近似臭鼬排的氣，而一旦透過口鼻吸入，其毒性可比響尾蛇之死亡劇毒。

這段時期可能是化學界發現連連最讓人興奮的年代。擺脫了鍊金術的束縛後，十八世紀化學家得以在一個全新學科中大幅度並多方位地探索。有太多未為人發現的化學元素就像鋼琴鍵盤上的鍵一樣等著他們去發現。他們可以只按幾個基礎的音，也可以一次按好多個複合的和弦。但隨著他們的手在鍵盤上探索，他們第一次注意到原來可以創造出來的音色變化有這麼多。席勒在這副鍵盤上所找到的變化可能性是他那時代最多的。他找到了許多種不同的動物性酸類、植物性酸類以及礦物性酸類，同時還發現並辨別出許多種重要的化合物其組合內容。

席勒命很硬活了下來，且將專注力放在化學元素上。一七七〇年，他成為第一位製造出氣體元素氯的化學家。到過泳池的人都知道，即使已經過稀釋，但氯還是十分刺鼻刺眼：席勒獨立發現氯氣過程中要忍受多少氯氣之苦，那真是難以想像。可惜的是，席勒的化學直覺這次卻不靈了。他雖製造了氯氣，卻沒看出這是一種元素，還一直以為他所製造出來的氣體是空氣組成氣體中的一種化合物。直到三十年後，英國化學家亨佛萊．戴維（Humphrey Davy，礦工燈發明人）才發現這種氣體其實就是一種元素。事實上，氯（chlorine）就是由戴維依其顏色命名的，取自希臘文的「淡綠色」。

戴維好像是席勒的剋星一樣。鋇這個元素也是戴維早席勒一步搶先發現。席勒其實已經在鋇的發現實驗上有重大的進展，區分出氧化鋇（baryta），三十年後，戴維畫龍點睛地將銀白色的鋇金屬分離出來，並依希臘文「重」（barys）的意思將之取名為「鋇」（barium）。如今，鋇合金被用來吸取真空管內的雜質。

同樣教席勒難堪的情形也出現在鉬元素（molybdenum）的發現過程中，這個元素後來成為用於製造來福槍管的鋼鐵中的重要成分。席勒已經找到一個他很確定其中含有新元素的物質，只要用高溫就能將之分離出來。但因為他沒有鍋爐，所以就將這個物質交給他的年輕化學家朋友彼得．海姆（Peter Hjelm），現在他被認為是鉬元素的發現者。就在差不多這時期，席勒也把製出錳（manganese）元素的秘方交給他的礦物學家好友約翰．甘恩（Johann Gahn），甘恩誤將拉丁文「magnes」（磁鐵）用來命名錳，錳可溶於水。

從這些發現可以看出，當時的瑞典化學界非常先進並擁有一群能幹的化學家，這些化學界的先驅在化學的發展上扮演了重要的角色，但這遠非瑞典對科學界的唯一貢獻。同一時期，瑞典分類學家林奈（Linnaeus）正在為現代植物學奠基；而瑞典天文學家攝爾修斯（Celsius）正在建立溫度計標度；還有，早汽車大王福特（Ford）兩百年前的發明家波爾漢（Polhem）想出了生產線工廠的概念。這些先進的發明全都是出自一個僅有兩百萬人口、位於歐洲邊陲的小國。相對而言，瑞典對這時期科學革命的貢獻不下於任何一國。十八世紀可說是瑞典的黃金年代。到了這時期的尾聲，工業革命遍及歐洲，瑞典一國的生鐵產量就佔了世界總產量的三分之一。瑞典成立的東印度公司也開始和遠及日本等國家貿易。知名密契主義作家史威登堡（Swegenbord）則出版了好幾冊詳細描述他遠赴天國和地獄過程的著作。就連瑞典國王古斯塔夫三世（Gustav III）也和人合作創作歌劇。不過，他日後在斯德哥爾摩歌劇院遭到槍殺與他的作品無關。

與此同時，在雪平空曠的鄉間，席勒繼續進行著沒機會獲得外界肯定的化學元素研究。這時瑞典化學界已經開始吸引外國人前來朝聖了。兩名西班牙學生，唐．荷賽（Don Jose）和唐．浮士托．德盧亞爾（Don Fausto d'Elhuyar）兄弟就前來拜見席勒。會晤期間，席勒向他們解釋了他如何從白鎢礦（Scheelite，以他為名）中提煉出他稱為「重石酸」（tungstic acid）的物質。一年多後，戴爾輝雅兄弟成功從中分解出鎢（tungsten）這個元素，tungsten 為瑞典文，意為「重石」。日後鎢被用於燈絲。德盧亞爾兄弟後來移居美洲，唐．浮士托成為墨西哥礦業的總裁。

席勒最重要的研究是氣體，這對化學界下一個重大進展很重要。席勒證明了空氣中含有兩個不同的組成，而且只有其中一種可以助燃。他將這個可助燃的組成物稱為「火氣」（fire air），另一種則命名為「廢氣」（spoiled air）。從後者中他分離出氮元素，但他不知道早在四年蘇格蘭化學家丹尼爾・拉瑟福（Daniel Rutherford）就已分離出氮——拉瑟福是蘇格蘭著名小說家華特・史考特（Walter Scott）的舅舅。不過，席勒最重要的成就還是他發現的「火氣」。火氣就是氧。現在我們知道了，氧元素在許多自然發生的最重要化學反應中都扮演著關鍵角色。氧是日後化學發展的關鍵所在。席勒最早是在一七七二年加熱氧化汞時首先產生「火氣」的，氧化汞一經加熱就會釋出氧，還原成為汞。他在自己唯一出版的著作《火與空氣的實驗》（*Experiments in Fire and Air*）裡描述了這個實驗。可惜此書在出版過程中出了好多紕漏，雖然都不是席勒的問題，但造成該書在出版商那裡的耽擱，終於出版時已經是一七七七年了。而這時英國化學家約瑟夫・普里士利（Joseph Priestley）早就搶先發表了相同實驗的論文，因此這個最重要元素發現者的頭銜就落在了他的頭上。

席勒不為所動，還是繼續孜孜不倦於研究工作，產出許多超前時代的原創作品。其中最具代表性的一項，就是他發現光照對於含銀化合物的影響。半世紀後，法國藝術家暨發明家路易・達蓋赫（Louis Daguerre）就運用這個效果開發出攝影術（phogography，這個字原意就是「以光書寫」之意。）

但席勒這種堅持凡事以身試劑的化學分析方式終於要了他的命。一七八六年，才四十多歲他就身染重病，症狀顯示是汞中毒。在病榻上，他娶了寡婦莎拉．波爾，這樣她就能重新繼承被他買去的藥房。之後不到幾天，他就過世了。

席勒生前和全歐各地的頂尖科學家都有通信來往，信中他從不吝於分享，他究竟把自己研究所得慷慨分享給多少人，我們永遠無法得知。就跟他的發現一樣，他對於化學發展的影響似乎注定被世人忽視。

這時期發現的重要元素還有以下這兩個。

德國礦工很早以前就常被一種像銅礦的礦石所搞混。不過這種礦石不像銅礦在溶於酸液後會將玻璃染成藍色，這種礦石反而會將玻璃染成綠色。後來這種礦石就被迷信的礦工稱為「老尼克的銅」（Kupfernickel，被魔鬼下了咒的銅、或者是騙人的銅之意）[31]。一七五一年，瑞士礦物學家艾克索．克隆胥泰特（Axel Cronstedt）成功從老尼克的銅礦石中分離出一種和銅完全不像的金屬。這種金屬質地堅硬、呈銀白色，還會被磁鐵吸引——這種特性除了鐵以外沒有任何已知金屬有。克隆胥泰特將老尼克的銅一詞簡縮成「尼克」（nickel，日後才證實為「鎳」元素）後用來為新發現的金屬取名。但長久以來，歐洲科學家始終拒絕接受「尼克」是一種新發現的元素，認為這是一種混了鐵（因此會被磁鐵吸引）和其他如鈷或銅之類的金屬的化合物（因為銅和鐵合成的話會產生綠色，而「尼克」正好也是綠色）。一直到化學分析法進步了以後，才證明克隆胥泰特的研究沒錯。

化學分析法的進步其實也要感謝克隆胥泰特的推動。此前礦物的分類是依據其物理性質——即重量、顏色、硬度等等。克隆胥泰特為礦物分析引進了火燄吹管（blowpipe）。火燄吹管一端較寬一端較窄，從寬的一端吹氣後，窄化而集中的氣流會從窄端流出，再將此出口對準火燄，就能提高火燄溫度，集中在要分析的礦物。克隆胥泰特知道怎麼透過不同礦物在燄柱下的顏色來辨別不同礦物。這讓他得以識別不同礦石上燒出的氣體特色、其氧化物的顏色、以及其中所含金屬的特質。於是克隆胥泰特就用火燄吹管來全面研究礦物，將之依其化學成分和化學性質來分類，從而成為現代礦物學之父（此字的意思就如字面涵意，是研究出土礦物的學問）。之後的一百年間，火燄吹管成了分析物質化學成分的主要器材。

克隆胥泰特發現「尼克」百年後，瑞士政府首度用其來鑄造銅板。七年後，即一八五七年，美國政府也將「尼克」加進銅中鑄成一分錢銅板。那時的 nickel 指的其實是一分錢。直到二十五年後，美國政府發行五分錢鎳幣，這種幣的鎳銅比是一比三：此後美國人才將五分錢稱為 nickel，並沿用到現在。（雖然美國五分錢硬幣上刻的是總統頭像，但其名稱 nickel 是來自 Old Nick，即魔鬼的名字。）

這個時期發現的另一重要元素，則有著元素史上最精彩的發現過程。一七三五年，一名法國水手在哥倫比亞（Columbia）在靠太平洋岸河流出海口的沙灘上散步時，意外發現一塊重量和大小如砲彈一般的灰色黏土塊。他在黏土塊中發現了一種暗銀色金屬。這名法國水手隨手就拿了幾塊這種黏土回船上，交給正好也在船上的一名科學家研究。這位時年十九的數學神童唐・安東尼歐・德・烏洛亞（Don Antonio de

31 譯注：德文「銅」為 das Kupfel，Nickle 原是 Nikolaus 的暱稱，指的是一種地精哥布林（goblin）的名字。礦工迷信牠們會對鎳礦石下咒，被迷惑的礦工會以為那是銅礦。

Ulloa）當時所參與的這個遠洋計畫，是由西班牙和法國政府所共同贊助的。這個計畫共分成兩個探勘目的地——一個探險隊前往北歐拉普蘭（Lapland）、另一支則前往厄瓜多（Ecuador）——目的是要測量當地經度。這些測量日後要交給巴黎皇家科學院去繪出精確的地球形狀和大小。

在返航途中，載著德．烏洛亞的法國艦艇停靠在位於加拿大海岸布列頓島（Breton Island）的路易堡港（Louisberg）。他們在這邊發現該港竟然已經易主，不再是法國屬地而成為英國屬地——而英法當時又正好開戰，但還好西班牙置身事外。德．烏洛亞在船上的研究資料中有關於地球形狀的秘密，還有一種當時還沒被發現的金屬元素，這些全都被沒收送往倫敦海軍總部。不過德．烏洛亞本人倒是因為他是中立國的上流社會人士，因此被禮遇款待，還安全護送他回到英國。抵達倫敦後，他就立刻向英國海軍總部請願，要求歸還他的文件。海軍總部不識貨，認為地球形狀和這種比黃金還稀有的新發現金屬完全不重要，所以就把資料還給了德．烏洛亞，他將這些帶回家鄉後就對外發表。他形容這種新金屬元素為「平托河的小銀塊」（platina del Pinto），並認為這種金屬沒有商業價值。這種金屬不像金銀可以溶於高熱，所以無法製作飾品。數年後，溶化這種金屬的方法被墨西哥礦產總裁，也就是上文提到過的唐・浮士托・德盧亞爾發現。他寫信給住在新格拉那達（New Granada，哥倫比亞）的哥哥唐・荷賽，說將這種新發現金屬的海綿般鬆散的礦床用槌子敲在一起，再施以高壓，這時這種金屬就會變成和黃金一樣具有伸展性。很快，這種新發現的「平托河的小銀塊」就被製成小飾品。更重要的是，科學家發現這個元素比黃金還耐得住化學反應傷害；所以很快地，這種元素就被用在許多化學器材裡。

這個金屬的原始名字簡化後寫成platina（鉑），然後英國化學家戴維又將之改成platinum(鉑)，以使其原本的陰性拉丁名稱和新近發現其它金屬元素如鋇（barium）還有鉬（molybdenum）的中性字尾一致。看來將金屬命名為陰性學名是維多利亞時代英國科學建制傳統所不能接受的一件事，而戴維此舉正為這一要不得的趨勢開了先例。從一八三九年維多利亞女王登基後所有發現的新元素，全都一律只使用拉丁中性字尾「-ium」為學名，或是如果是惰性氣體的話，則會使用希臘中性字尾「-on」為學名。這種讓元素學名沒有性別的風潮甚至影響到鋦（curium）這個元素，這是依居禮夫人（Madame Curie）所命名的。唯一例外是砈（astatine）有陰性字尾，但此字卻來自希臘文 astatos，字意是「不穩定」。化學元素命名的性別選擇可能並非刻意貶抑女性，但還是不由得反映出當時以男性為主的化學界的現象。

第九章　燃素之謎

化學發展到這時已經充滿了各種可能前景。從事這門學科的人紛紛發現各種讓人興奮的新元素和化合物。而且其發現的腳步更因為新型實驗手法的發展而得以加快。但最重要的是，最新發現的原料和技術都可以獲得合理且非常有效的方法加以運用。化學不再是剛萌芽的新科學了。然而，化學的進步還是東一塊西一塊，全是獨立的化學先驅們在未獲得統合的情形下，各自完成的實驗。這門正在發展中的學科缺少了一個統一的動機。同時，在這裡頭還有幾項讓人費解的現象始終難以解釋。其中一項就是火。

自古希臘以來，燃燒就是嚴肅哲學論述的主題。在赫拉克利圖斯眼中，火是所有物質和變化的最基本要素。他之後的希臘自然哲學家們則主張，所有可燃物質都含有火元素，而火就是四大元素之一。物質在遇到適當條件時就會釋放出火元素——所謂的適當條件就是熱、火花或是閃電，這時火元素就有機會以火燄的方式現身。古代鍊金師後來將四元素說改為三元素說（水銀、硫和鹽）時，硫就負責燃燒的元素。帕拉塞爾瑟斯解釋過在木柴燃燒時這三種元素如何作用：木頭中的硫使木頭燃燒、水銀元素則化為火燄，剩下的餘燼則是因為鹽的作用。

直到十七世紀下半葉，才有人針對火提出新的解釋，而提出這個解釋的人卻是科學史上最厲害的大騙子。約翰．貝夏（Johann Becher）於一六三五年出生在萊茵河畔的德國小鎮史佩亞（Speyer）。當時正逢三十年戰爭尾聲，導致他幼年失學，十三歲時離開斷垣殘壁的德國到外地尋找機會。他最遠曾到瑞典和義大利，路上能學到什麼學什麼。所以他懂一點鍊金術的概念，也知道做生意的方法——但對他最有益的就是他學會以極大的自信展示自己，以及面對大好機會絕不放過。

三十年戰爭後，德國的版圖就像是從高處摔落的彩色花瓶一樣分崩離析。德語區各自成為四散的小國。這些小國為了生存，必須牢牢掌控經濟，並將其資產發揮到極致才行。一些如釀酒、織品和陶瓷等工業如雨後春筍般林立。為了有效管理這些微型經濟，每個小國的統治者都需要專家和顧問。二十六歲的貝夏靠著能言善道，成功進入美茵茲選帝侯（Elector of Mainz）宮中，成為這類專家。接著，他又改信天主教，以求迎娶財勢雙全的議員的千金，靠著她拿到醫學學位當作結婚禮物。因為這樣，貝夏被聘為美茵茲大學的醫科教授，還擔任美茵茲選帝侯的御醫。但他年俸一到手，就決定遷往巴伐利亞。

在巴伐利亞，他再次以如簧之舌弄到俸祿更高的巴伐利亞選帝侯首席諮政的職位，一展商業長才。他先是建議巴伐利亞選侯國減少對法貿易（尤其是絲綢產品），並培植國內絲綢工業。當地商人竭力阻止貝夏這個計畫，貝夏則匆忙建立了一座絲綢工廠。但不久後，貝夏又覺得自己在巴伐利亞得不到足夠的重視，於是撤回對絲綢工廠的投資，遷到維也納發展。他吹噓自己曾在兩個國家有過輔政經驗，成功說服奧地利皇帝雇他為首席經濟顧問。上任後，他第一件事就是成立大型絲綢工廠，讓當年由他創立的巴伐利亞絲綢工廠因此陷入財政困難而迅速倒閉。接著，他建議挖通一條連結多瑙河和萊茵河的運河，以促進奧地利和荷蘭之間的貿易，還提議奧地利全國改採一種新的通用語言（他甚至編了一本收錄一萬字該語言的字典）。他還列了一個計畫，要用鍊金術將多瑙河的砂變成黃金。但此時皇帝已經開始厭倦這些不切實際的計畫，當多瑙河鍊金計畫失敗後，皇帝便將貝夏押入地牢。

貝夏毫不畏懼，一年後他又出現在荷蘭，這次他提議在哈倫市（Haarlem）建立產絲企業。對於絲綢生產如此執著，顯示貝夏真心相信這是一門肯定會賺錢的行業。他似乎對鍊金術也有著同樣的信念，否則很難解釋他接下來的冒險舉動。貝夏向荷蘭國會毛遂自薦，提出一項野心勃勃的鍊金計劃，宣稱能將荷蘭大片沿海地區的海砂化為黃金。荷蘭國會主要由精明的商人組成，他們可沒那麼好騙。於是，貝夏先展示了一個實驗，將砂和少量的銀成功化為黃金，荷蘭國會也因此全力支持他的計畫。貝夏接著說明，因為海砂供應量源源不絕，為了從中大量鍊出黃金，他需要先備好相當數量的白銀。但就在大規模鍊金的前幾日，貝夏卻搭船前往倫敦，不告而別。他究竟帶走多少白銀我們仍不清楚，但荷蘭當局事後有一段時間始終很想查出他的下落。

貝夏隨後落腳倫敦成為礦業專家，靠著之前在多國管理國家經濟意外累積了相當多這方面的專業能力。他難得正正經經地做起一份工作來，為此還特地前往康瓦耳（Cornwall）和蘇格蘭的礦場勘查。但他老毛病又犯。回倫敦路上，他寫了一篇論文，描述可以永遠不停的時鐘，並將其遞交給皇家學會。接著，他又申請成為皇家學會會員，卻沒想到這次沒那麼幸運，他的入會申請被駁回，讓他大失所望。

有著這麼輝煌的詐騙過去，很難聯想這樣一個人會有科學頭腦，但貝夏卻靠著作品證明了自己的確有科學頭腦。他在商務繁忙之餘，居然還有時間閱讀並頗有見地地點評了兩位同時代化學大家的作品——范．海爾蒙特和波以耳。他還特別指出波以耳始終未針對化學元素提出符合科學的理論一事。波以耳在個別元素和化合物方面的看法確實很有遠見，卻缺乏具說服力的實驗支持。直到現在，我們才有證據可以說他的概念不算錯誤。

貝夏的大作《地底物性》（*Physica Subterranea*）於一六六七年在維也納出版，正值他絲綢工廠計畫失利之後、還沒提出多瑙河鍊砂成金計畫之前。書中他提出自己對於化學元素的理論，對其後一百年的化學界起了莫大的影響。

就跟本書中其他幾位在許多方面行徑自相牴觸的前人一樣，貝夏透過對上帝的深刻信仰來弭平自己行為互相牴觸的地方。他相信創造世界的上帝是一名化學家，為了讓所造萬物可以維持下去，會一再地修改、轉化、改造和交換所造萬物。（書中他還一度將此比喻為一個管理良好國家的經濟，可惜他這番理解沒能運用在絲綢產業上。）貝夏認為所有固體都含有三種不同的土：「液土」（terra fluida）是水銀類的元素、讓物質具有流動和揮發性；「石土」（terra lapida）是固化元素，讓物質具有結合力或凝聚性；以及第三種元素「脂土」（terra pinguis），讓物質具有油性和可燃性。這是物體可燃性的由來。脂土是這麼作用的：一塊木頭原本是由灰和脂土所組成；當木頭燃燒，脂土會被釋放出來，剩下的就是灰。

可以看得出來，貝夏的三種元素是從帕拉塞爾瑟斯和其他鍊金師所主張的水銀、鹽、硫三元素論發展出來的。脂土這個概念也不算是他原創，但在這個年代提出這個想法時機正好，因為終於出現一個原理，可以解釋影響物質的重要變化——這個變化就是燃燒。

除了對上帝的信仰外，貝夏也相信化學。他在化學的信念是科學史上最能激勵人的典範：「化學家們是一群獨特的凡人，被近乎瘋狂的驅力所推動著，埋頭於煙霧瀰漫、煤灰火燄、毒物與貧窮中尋找樂趣。但在這些惡魔之中，我卻過得格外愉快，讓我寧可死在這裡也不願成為波斯國王。」

說是這麼說，貝夏這麼冠冕堂皇的化學之愛究竟是否言行合一，那就是另一回事了。約翰・貝夏於一六八二年卒於倫敦，身無分文。據說他在死前又改信回原本的新教。

貝夏的《地底物性》在歐洲廣為流傳，前後發行過好幾個版本。一七〇三年，德國哈雷大學（University of Halle）醫學系教授喬治・史塔爾（Georg Stahl）正在為此書第三版的發行做準備。他替這本書寫了一篇序言，將貝夏的脂土概念推前一步，就是這份序言，讓脂土成為十八世紀化學進步的重要一角。

史塔爾跟他的導師貝夏一樣都異於常人，但性格卻完全不同。他喜怒形於色又不愛與人交往，堅信路德宗虔信派（Pietism），該教派是抗議宗中最具抗議性格的。儘管如此，他一生結了四次婚。倒不是他迷戀異性肉體喜新厭舊：而是他的老婆好像都紅顏薄命，嫁給他不久就過世。他對社交的不感興趣（卻為當時科學界帶來成果）就體現在他個人的座右銘中：「凡有爭議，一般大眾所主張的都是錯的。」

十八世紀上半葉的德國因為礦業蓬勃發展而進入經濟復甦階段。一開始，史塔爾之所以對貝夏的《地底物性》感興趣，是因為其主題為礦業（如書名所示）。但當他讀到貝夏關於脂土在燃燒中的角色後，他立刻知道這是一個有很大發展潛力的概念。史塔爾於是將這個想法帶進礦業並加以延伸。

在金屬礦開採過程最後的階段就是冶煉這個步驟，涉及將礦石用木炭加熱到礦石中的金屬熔化為止。人類早從史前時代就懂得冶煉技術，但在這個過程中發生了什麼變化卻無人知曉。史塔爾心知現在正是從化學角度去瞭解冶煉過程的好時機，並藉此帶動採礦技術的進步。正是貝夏所提出的脂土概念，讓史塔爾想通了冶煉過程就是燃燒過程的反向步驟。在燃燒過程中，像木頭這類的物質會釋放出脂土然後化為灰燼。在冶煉過程中，礦石則會吸收木炭中的脂土化為金屬。他這一見解因也能用來解釋金屬生鏽的過程而得到證實。在生鏽過程中，金屬會釋放出易燃的脂土，並被化為灰一般的金屬灰或者鏽。所以生鏽過程就只是較慢速的燃燒。

脂土的作用已超出貝夏原本的概念，史塔爾於是將之稱為「燃素」（phlogiston）——取希臘文中的「易燃」（phlogios）之意。史塔爾這個燃素理論似乎可以用完全符合科學的方式解釋數個物質轉化的重要謎團。許多當時歐洲化學家甚至開始猜想燃素理論可能就是化學變化的關鍵所在。但同時，這個理論也遭受到強大的阻力。反對者認為，燃燒或生鏽都無法在沒有空氣存在的地方發生。那為什麼不將空氣視為燃燒過程中主要的原料，而是把重點放在摸不到的燃素上呢？史塔爾深知理論要被接受的困難所在，他也頗能認同這意見。沒錯，空氣是燃燒過程中的要件——但它扮演的是將燃素從一個物質搬到另一個物質的角色。

更一針見血的反對聲音來自史塔爾最大的勁敵、萊登大學醫學系教授赫曼・貝爾哈夫（Hermann Boerhaave）。一七三二年，貝爾哈夫因為寫出第一本可靠的現代化學教科書《化學元素》（*Elementa Chemtae*）而名利雙收，但他之所以出版此書，是因為他的學生擅自將他在課堂上講的內容拿去出版卻錯誤百出又大受歡迎，讓他擔心自己清譽受損而不得不為。這可不是件小事。當時，貝爾哈夫在歐洲的聲望之高只有牛頓堪與之相比。日後當人們逐漸發現貝爾哈夫在科學發現上並未有創見後，便修正了這個觀點，但可別因此小看他知識之廣博和辯論的能力。所以當貝爾哈夫出聲反對燃素理論，史塔爾差點就被考倒了。要是生鏽跟燃燒是同樣原理，那為什麼在生鏽過程中不見火燄或溫度升高呢？貝爾哈夫質問道。此問逼使史塔爾想出了最具原創的論點。他是這麼回覆的，燃燒和生鏽是以不同速度發生的相同過程。木柴燃燒時，燃素逸散的速度之快讓空氣溫度升高，空氣乃以高速將燃素運送出來，進而製造出可見的火燄。

但這還是阻止不了更加嚴厲的反對聲浪。他們認為，沒錯，在遇到紙、木和脂肪這類易燃物質時情形的確符合燃素原理。燃燒後多半的原始物質會消失，只剩下重量變輕的一點點殘渣或灰燼。這顯然是因為燃素被釋放了。但是，在金屬生鏽時卻不是這樣。就連古代鍊金師也注意到，金屬鏽蝕爛掉後，最後收集到的鏽渣總重量會比原始的金屬更重。而如果將此過程反轉的話，只是進一步證實了這一點。史塔爾自己也觀察到，鉛的鏽渣加熱後會變成鉛，這塊鉛的重量會比原始的鉛鏽渣更輕，而根據燃素理論，它既已得到燃素那重量應該要更重才是。這問題可把史塔爾給問倒了。

但捍衛燃素理論的人很快就想出了反駁的答案。畢竟，化學學科正當性的基礎理論正面臨生死存亡。難道要眼睜睜看著這門新興學科因為不斷累積的數據而再次被貶為胡言亂語嗎？史塔爾的支持者認為答案再明顯不過，那就是燃素顯然有兩種。第一種可以在紙、脂肪等物質中找到——這種燃素是有重量的。第二種燃素——存在於金屬中——則沒有重量。反之，這種燃素具有負重量。這表示當它附著在金屬上時，會讓金屬往上浮，使金屬的重量減輕。

另一派支持者則認為這裡根本沒有問題。簡單來說，金屬在化為鏽渣時並沒有增加重量。這一說法似乎與許多實驗證據相悖，包括史塔爾所獲得的證據。然而，並不是所有化學家都同意這些證據。諷刺的是，這是由於實驗室操作的改進，特別是在加熱方法上。化學家在當時開始使用強力放大鏡集中太陽光在物體上，這種方法產生的高熱常常導致金屬鏽渣在過程中因過熱而揮發，因此剩下的金屬鏽渣往往會比原來的金屬輕。

測重所能達到的精細程度和雙方為燃素理論攻防提出答案的創意，顯示出這階段化學所達到的複雜程度。這時的化學羽翼已豐，所累積的發現和理論讓大家可以理性地辯論。奇怪的是，吵到這階段，重點已不在誰對誰錯，而是正反雙方藉由攻防讓化學界得以集思廣益更上層樓。有趣的是，整個答辯中最荒謬的一個主張——負重量——如今卻在量子物理極受推崇。

史塔爾本人倒是不特別在意這種重量增減對於燃素理論的否定與否。其實很多當時的化學家也不在意基於計量而提出的主張。伽利略瞭解物理中計量的重要性，波以耳也強調過化學中必須注意實驗方法；但實驗中計量的重要性卻不是當時所有化學家都普遍認可的。雖然化學這時終於褪去了鍊金術那過時的外衣，但其實本質上化學著眼的還是外型的轉變。外型的轉變是質的改變，這和物理中量的改變是完全不同的。計量在這時期還不被認為是化學重要的一環。

史塔爾傾向於將燃素當成像熱力一樣的非物質要素去解釋。它只是從一個物質流到另一個物質上（由周遭的空氣攜帶過去）。這種情形下，重量的問題就無關緊要。他之所以會抱持這種態度與他的宗教觀有關。他帶有密契主義的虔信派信仰讓他極度反對無神論和物質主義，而是相信生機主義哲學（vitalist philosophy）：無生命物質只能透過靈來獲得生命（生機）。史塔爾不為人所知的科學研究目的就是要發現靈如何與物質互動。燃素理論就是在提供這樣的解釋：燃素是使用火讓物質獲得生命的要素。這種中世紀的觀點潛藏於史塔爾的科學方法之下，但並不影響我們對他科學貢獻的評價。畢竟，同時代科學家中牛頓是少數比史塔爾更耀眼的科學家，而與牛頓的宗教信仰相比，史塔爾這種密契主義的信仰對科學有著更實際的幫助。更何況，即使是牛頓的極端宗教觀也都能和他的科學理念並行不悖，各奉其主。十七世紀末，科學家普遍都相當虔誠——而讓科學與宗教結合的那種中心思想對他們而言是非常有誘惑力的。本質上，這和早期穆斯林數學家的情形是一樣的。他們相信揭示科學定律就是在探知上帝想法。世界既是由上帝所打造，那自然法則無異上帝腦中的想法。

雖然遭遇到許多反對，但燃素理論很快就被許多前衛的化學家所接受。原因無它，就因為它能夠解釋太多現象了，這讓人難以抗拒。而在史塔爾眼中，燃素所能解釋的還不僅限於燃燒。他很肯定燃素也是辨別酸鹼的關鍵，或許更是所有化學反應的關鍵。甚至還可能有辦法解釋植物的顏色和氣味。我們現在來看就知道他這樣的推論有些牽強，但史塔爾深信大自然中存在著「燃素循環」，他更提出一項實驗證據來支持這一觀點。木頭顯然含有燃素，這從木頭燃燒就可以看的出來。同樣地，范．海爾蒙特知名的柳樹實驗如果解釋成是柳樹的木頭在成長時從空氣吸收了燃素，那就更具說服力了。如今回頭去看，我們很容易在史塔爾的說法中找到破綻——但這裡頭卻孕育著光合作用的原型，解釋了綠色植物如何從空氣中吸收二氧化碳以生長的基礎生物作用，而這個作用要一直等到史塔爾過世五十年後才終於被人們所瞭解。

到這階段，燃素理論已經被整個歐洲的化學家所接受。在燃素從未被真的分離出來、其存在也沒有獲得任何實驗證實的情況下，會有這種現象實在太不可思議。但說起來倒也不是那麼值得驚訝的事。范・海爾蒙特曾提出，除了固體和液體，可能還有第三種稱為「氣體」的狀態沒被研究到，但這個提議基本上被忽略了。化學家大都將注意力放在研究固體和液體。當木柴燃燒後只剩下灰燼時，煙霧和氣體都被忽視了。即使有人證實鏽渣比原金屬重，這些增加的重量可能來自空氣這個可能性依然沒人考慮到。

直到化學家開始針對組成空氣的各種成分進行全面性的研究後，這種情況才有所改變。而一旦開始進行研究，馬上就成效可觀。最早進行空氣成分研究的化學家中就有一位成功分離出「燃素」。進行這個研究的就是英國化學家亨利・卡文迪西（Henry Cavendish）。

在一個產生各種怪人的國家和時代，卡文迪西堪稱怪中之怪。他的行為讓其他人不敢稍越雷池、只敢在遠處指指點點，但他卻剛好有著繼牛頓以來英國最好的科學頭腦。

卡文迪西來自顯赫的貴族世家——雙親一邊是德文郡公爵（Dukes of Devonshire）之後，一邊則是肯特公爵（Dukes of Kent）之後。他體弱多病的母親為了生他避居到法國南部，但產後還是只多撐了兩年就撒手人寰。天才的一生總是多磨難，亨利在單親家庭中長大。父親查爾斯．卡文迪西公爵（Lord Charles Cavendish）是位出色且專精於實驗的化學家，連班傑明．富蘭克林（Benjamin Franklin）都對他讚譽有加，他也很早就把他這位個性有些古怪的兒子帶進實驗室當助手。亨利年輕時聲音很尖，說起話來總是結結巴巴——這毛病他一輩子都沒能改過來。或許是因為口吃的關係，他變得不愛和人說話，連帶地也不愛跟人接觸。遇到男人時，他會盡量避免接觸，不然就乾脆視而不見。如果遇到的是女人，他更是逃得比飛還快，甚至會直接遮住雙眼——這似乎暗示卡文迪西女爵在她短暫的兩年母親生涯中，在兒子幼小的心靈留下不少創傷。

卡文迪西四十歲時，繼承了全英國最大的一筆遺產，一拿到遺產他就立刻搬到位於倫敦郊區不受時人喜歡的克拉珀姆公有地（Clapham Common）一間貴族大宅園定居。他將屋裡多數房間改建為大型實驗室，出入則只使用他專用的側門以避開訪客和僕從。管家被嚴格規定不能出現在他面前，他會將每日要交待的事寫在字條上。他總是單獨用餐，餐點要蓋上銀製盤蓋擺上餐桌。英格蘭銀行（Bank of England）董事長有次大膽登門詢問他該如何處理他的數百萬英磅時（卡文迪西的銀行戶頭存有當時英格蘭銀行最大筆的存款），被卡文迪西大罵斥回。他告訴這位銀行家別再來打擾他，罵完就轉頭回去工作。

讓卡文迪西更加煩躁的是，他出門時都會成為眾人注目的焦點。其實這沒什麼好意外的，誰叫他硬是要穿家人穿過的破衣破褲上街，而且很多都是上個世紀早就退流行的款式。

但卡文迪西的非凡才智讓他在科學研究上很早就取得成果。僅靠少數幾篇論文，他在二十九歲便成為英國皇家學會院士。更讓人意想不到的是，不愛與人接觸的他卻成為皇家學會會議常客，而且終生不變。然而，正如一名皇家學會同儕所言，他「一輩子公開說過的話，比任何活到八十歲的人都少，就連特拉普嚴規熙篤隱修會（La Trappe）的修士說的話都比他多。」但這不代表他完全不說話。據另一名同僚所言，他經常會「在房間內悄悄走動並突然發出尖叫聲。」

但這些行為正好就是卡文迪西全然投入科學研究的證明。這些社交場合雖然明明讓他很痛苦，但為了能夠瞭解最新科學進展，他願意忍受。他非常支持最新科學發現應該公開分享，因為這對整體科學發展有益。然而，對於一個只要醒著就在實驗室工作的人來說，他發表的論文數量相對較少。所幸這些有對外發表的論文中，包括他對氣體所做的開創性實驗。

卡文迪西是在觀察到某些酸液在與金屬反應時會產生氣體後，開始對氣體感到好奇的。這類氣體過去波以耳已經分離出來了，不久前卡文迪西同時代的化學家約瑟夫·普里士利也再一次分離出來；但因為卡文迪西才是真正第一位以科學方法全面研究其性質的科學家，所以發現此氣體的頭銜一般都掛在他頭上。他率先採用以同一體積、不同氣體來測重量的方法，以此測知不同氣體的濃度。最早他是使用已知容量的氣囊來裝不同氣體，再測量其重量。之後他發明了一種很有創意的設備，讓他可以測到更高純度的氣體重量。在他的實驗下，他發現這種新氣體會在某些酸液與金屬作用時產生，其濃度只有空氣的十四分之一。他同時也注意到，當火燄接觸到這種氣體和空氣的混合物時，氣體就會燃燒。於是，他將這種氣體命名為「來自金屬的可燃氣」。卡文迪西誤以為這種「可燃氣」來自金屬而不是來自酸液。他跟多數同時代化學家一樣都相信燃素理論，相信金屬是由金屬灰渣與燃素所組成。再加上新發現的「可燃氣」本身極輕的重量和可燃性，更讓他自以為成功分離出了燃素！

還好，這一次退步伴隨著一個重大進步。普里士利在實驗時注意到，當他在燒瓶中將空氣與「可燃氣」點燃時，燒瓶的玻璃會留下濕氣。卡文迪西抓住這點蛛絲馬跡，用此法收集了更多濕氣後發現原來這是水。這表示水是這兩種氣體合成的產物——空氣和「可燃氣」。這一來表示水再也不能被視為一種元素：亞里斯多德四元素理論至此再無捲土重來的機會。

差不多就在同一時期（一七八四～一七八五年），發明蒸汽引擎的詹姆士・瓦特（James Watt）也在進行同樣的實驗。這讓雙方為了是誰先想到的而爭得不可開交，卡文迪西和普里士利也被迫捲入戰局。這時期越來越多新發現都在同時問世，比如瓦特的蒸汽引擎就和數個類似的發明同時。

科學這時已然成為一個知識學門，科學家無可避免會在同一時期都朝同一方向做研究。這會讓人有種感覺，科學發現似乎多少是可以事先預期的。「可燃氣」就算不在卡文迪西（或波以耳，或其他人）手中發現，也遲早會有別人發現。這樣的科學可以被視為一種文化歷史集體進展所促成的現象，而不是個別天才的功勞。

然而，這個新發現氣體的現代名稱卻不是由卡文迪西、普里士利或瓦特所命名的。十年後才由偉大的法國化學家拉瓦節（Lavoisier）稱之為「氫」（hydrogen），取自希臘文「水」（hydro）和「產生」（-gen）之意。

卡文迪西在氣體組成上還有多項重要發現，他甚至主張存在一種惰性氣體，而這類氣體的發現則要到百年後。他同時也進行過電的實驗，超前時代許多。（當時還沒有測電量的儀器，他是以身試法，靠疼痛度來決定電量！）除此之外，他還做了許多各形各色的實驗——但大部分都沒有發表，只記錄在他的實驗筆記裡。他不發表倒不是因為什麼古怪的脾氣。卡文迪西對自己要求極高，只要覺得稍不滿意或是還無法想通，他就不會發表。

也許他最大型的實驗就是測量地球了（沒蓋你）。他的實驗規模之驚人由此可見一斑。牛頓的萬有引力公式中必須寫出兩個互相作用物體的重量，以及相距的距離、以及引力常數G，G值始終不為人知。（牛頓的公式因此都只給了比例關係，而不是精確的數字。）卡文迪西為了發現G值，而想出一個很不得了的實驗。他將一顆鉛球繫在水平桿的一端，另一端也繫上另一顆鉛球。桿子中心點則由一條細線懸住，讓桿可以自由晃動。這樣就可以測得兩顆鉛球是如何受到另外兩顆更大型固定鉛球的引力所吸引。卡文迪西的實驗就是要求這麼精確的度量衡，所以才被視為「測量小作用力新時代的開端」。卡文迪西是第一位進行小型物件間細微引力作用實驗的科學家。藉由已知不同鉛球重量和相對距離，以及所測量到兩者之間的引力，卡文迪西得以知道牛頓萬有引力公式中所有的數值，並從而求出G值。藉此，他在計算地球和地球表面物體（該物重量當然輕易可測得）之間的引力時，可將G值代入方程式中，從而求出未知地球重量。他求得的地球重量是 66×10^{20} 噸——這個數字如此精確，直到二十世紀才被改正。而這也為牛頓在百年前展開的研究劃下重要句點，從此再無爭論。

在過了七十九年健康的獨居生活後，卡文迪西病倒了且很快就惡化。但他的行事作風始終一絲不苟。據他同一時代的化學史家湯瑪士・湯姆森（Thomas Thomson）所記載：

在他知道即將不久人世時，他吩咐僕人讓他一個人待著，並交待一個特定時間，要他們到時候再來，他自認到時他已經不在人世。僕人很清楚主人的狀態，替他擔心，所以時間還沒到就先開門進來探望已是一息尚存的他。卡文迪西先生這時還有意識，對被打擾深感不悅，用不悅的口氣要他出去，到吩咐的時候才能回來。當僕人在指定時間回來時，主人果然已經斷氣。

卡文迪西並未將他的百萬家產留給科學界。許多人誤以為在他於一八七一年過世後相隔六十一年創立的劍橋大學卡文迪西實驗室出自他的饋贈，但事實不然，這是由他一位親戚所捐。但透過此實驗室，卡文迪西的大名得以永遠與傑出的科學並列。該實驗室也始終與卡文迪西本人連結在一起，不只是因為這誤解。卡文迪西實驗室首位主任，偉大的電磁學先驅詹姆士．馬克士威（James Maxwell）收集了卡文迪西未出版的論文，甚至還重覆進行了他數個電力實驗。從這裡可以看出，卡文迪西早已預見電學領域兩位偉大先驅法拉第（Faraday）和馬克士威的研究結果。這些實驗與卡文迪西實驗室第一階段劃時代科學研究同一時間。至於第二階段是發生在一個世代後由拉瑟福進行的突破性原子結構研究；第三階段則是一九五三年由克里克（Crick）和華生（Watson）發現DNA結構。全世界沒有其他實驗室有這麼高的成就。

卡文迪西顯然發現了燃素，這讓貝夏所提出的「三土」元素理論得到支持。但這個理論基本上是亞里斯多德四元素論的變形，而亞里斯多德四元素論又已經被卡文迪西發現水是由兩種不同氣體所組成的結論所推翻。所以，燃素究竟是什麼？會不會這就是化學元素本質的關鍵所在？

答案必須等到對氣體和燃燒做更進一步研究後才會出現。這個問題同時也因為一些實用上的需要而成為當時關注的焦點。瓦特發明的改良式蒸汽引擎為世上帶來全新的能源概念，這是人類史上首次可以不再依賴自己或是動物的體力（或是靠天吃飯的風車或水車）作為動力來源。源源不絕的能源這下可以隨傳隨到。機械時代來臨了，英國於是催生了工業革命。報酬微薄的農村苦力開始離鄉背井到工廠上班，這些工廠的工作環境卻糟糕到嚇人。（在詩人布雷克〔Blake〕的預想中，這些工廠都將變成「黑暗邪惡的磨坊」，摧毀「英國綠意盎然且怡人的大地」。）由此產生的社會動盪更帶來種種不滿以及傳統價值的崩壞。隨之而來的一個現象就是異議宗教派別的擴張，其中就包括了極端到連正統英國抗議宗教派都難以接受的抗議宗支派（反三位一體）唯一神教派（Unitarian）。唯一神教派運動中最具影響力的一位領袖就是約瑟夫・普里士利，他正好也是少數與卡文迪西斷斷續續有在聯繫的同時代科學家。

普里士利出生於一七三三年，小卡文迪西兩歲。他的母親一樣在他幼時就過世，他也和卡文迪西一樣終生都有嚴重的結巴。但在其他方面，他們兩人是南轅北轍。普里士利對人類的困境非常關心，他和前人牛頓一樣，都將宗教工作擺在科學工作之上。普里士利的科學實驗或許改變了化學的未來，但他出自宗教情懷的同情心卻把全英國都惹毛了。

普里士利的正職是唯一神教派的牧師，科學活動只是他的業餘興趣。一七六五年，他基於對被壓迫的美國拓荒者的同情，而和美國愛國志士班傑明・富蘭克林展開聯絡，富蘭克林本身也是位有著虔誠宗教信仰的出色科學家。但卻沒想到這一聯絡，普里士利受到富蘭克林的啟發，轉而認真看待科學工作。

兩年後，普里士利接下了里茲（Leeds）當地的牧師神職，教堂就位於一家大型啤酒廠旁，這讓他有機會對氣體進行全面的研究。隔壁啤酒發酵桶不時冒出的氣泡，提供了充足的當時被稱為「凝氣」（fixed air，即二氧化碳）[32]的氣體。普里士利收集這些氣體後觀察其性質：如果將老鼠置於氣體中，牠會立刻死亡；置入火燄則會立刻熄滅；稱重時發現，在相同體積下，這種氣體比空氣重。為了獲得更純粹的「凝氣」，普里士利採用古老的製法，將石灰石投入裝了硫酸的燒瓶中。燒瓶上端接著管子，管子繞到一個裝滿水的容器裡，再接到該容器水面上一個倒置而裝滿水的瓶子，化學反應後所產生的氣體就沿著管子進入到這個瓶子中，並在實驗過程中慢慢將瓶中的水擠出瓶身。普里士利因此注意到「凝氣」另一個特色。部分氣體開始溶解於水，結果就變成「一瓶非常怡人的冒著氣泡的水」。普里士利所發現的這種水就是我們現在的蘇打水。（早在美國誕生之前，一位同情美國的科學家就發明了氣泡水製程，從而讓世界有了可口可樂。）

普里士利進一步按卡文迪西的提示進行實驗，將同一實驗中的水換成水銀，然後收集試管水銀上方的氣體。這讓他得以發現並瞭解到一些以往因為溶解於水中而無法收集到的氣體。透過這個方法，他逐一分離出我們現在所知的一氧化氮、氨、氯化氫和二氧化硫。他更發現這些氣體似乎都不是單一元素，而且除了氨以外，其它氣體溶於水時都呈酸性。

普里士利在一七七四年的水銀實驗成了他最重要的發現。他發現水銀在空氣中加熱時，會形成磚紅色的金屬渣。普里士利取了部分樣本到燒瓶中，然後用他剛買且迫不及待想用的放大鏡在一英尺上方聚焦太陽光加熱樣本。結果他發現，這些紅色金屬渣中開始出現銀色的水銀滴。同時，被分解的金屬渣散發出一種氣體。普里士利將這些氣體收集起來後發現這是一種「優氣」（a superior air），擁著很值得注意的性質。

將蠟燭置於這種空氣下燃燒火勢會驚人旺盛；將燒紅了的木頭放在這種氣體中，則會燒得奇快且劈啪作響，就像鐵在高熱下燒得白熱一樣，星火四濺。為了

32 譯注：「fixed air」一詞出自十八世紀的英國化學家約瑟夫·布拉克（Joseph Black）。https://journals.physiology.org/doi/pdf/10.1152/ajplung.00020.2014

證明這種氣體的優越特質，我放了一隻老鼠進去；同樣的體積下，如果裡頭裝的是一般空氣，老鼠大概十五分鐘就死了，但在優氣中，老鼠活了整整一個小時。

其實，要不是普里士利不小心讓老鼠凍死的話，牠可以活更久。他甚至還親自試吸這種新發現的氣體：「在我的肺裡感覺和一般空氣並沒有兩樣；但事後我卻覺得自己的胸部感到特別輕和放鬆。」他感到飄飄然！因此，他預測這種氣體未來可能有機會成為閒逸富人間流行的惡習，像是沒古科鹼那麼毒的毒品前身。

普里士利用他非常相信的燃素理論，解釋他新發現的「毒品」的化學組成和性質。因為物體在這種氣體之中特別容易燃燒，這表示它們加速釋放其燃素。用這方式解釋這種現象似乎很理所當然。這種新發現氣體是一種缺乏燃素的氣體，就是因為缺乏燃素，它才會這麼快速吸收燃素。基於此點，普里士利將新發現的氣體命名為「去燃素氣」（dephlogisticated air）。

普里士利非常擁護科學新知的開放分享，所以當他隨後在一七七四年造訪巴黎時，就將自己發現「去燃素氣」的事告訴了當代最了不起的化學家安端．拉瓦節

（Antoine Lavoisier）。此舉對化學史產生非常深遠的影響。

其實也就是因為這樣才讓普里士利被公認為氧氣發現者，雖然我們現在已經知道，早在他之前兩年，席勒就已經在瑞典利用水銀渣進行過完全一樣的實驗。普里士利的發現雖然嚴格上來說不算是他自己想出來的（雖然在他個人而言是原創），但卻是他將這個概念引進科學界，從而對科學界產生巨大影響。

這種非依發現先後順序掛名的做法在科學史上並非沒有先例，同樣的情形也出現在數項由十九世紀德國數學家卡爾．高斯（Karl Gauss）的原創發現上。一般都將他和阿基米德與牛頓視為史上三大最出色數學家。但高斯將一些極具原創性的工作保存在未發表的筆記本上，所以外界始終不知道他在數論（number theory）上獲得重大進展，青少年時期就發現了非歐基里德幾何、並建立了結的理論（theory of knots）[33]，其重要性一直到現在才被完全瞭解，他甚至還發明了電報。但這些發現幾乎都由比他

33 譯注：或譯「紐結理論」，在此沿用中研院譯法。

晚而自行發想出該理論的人掛名發現者，因為是這些人把這些發現帶到公眾面前，進而帶動該領域的進步。發現當為眾人所共享有，否則毫無意義。（就算是為了商業或軍事目的而保密，至少在實際上是某種程度的公開。）

普里士利無窮的求知欲和對於實驗的信念，讓他不斷在化學方面獲得新發現並將之公開。他同時代的戴維甚至曾說：「從未有任何一個人發現過那麼多新而奇特的物質。」普里士利因此聲名遠播。他發明了蘇打水，但拒絕申請專利，後來在歐洲掀起養生熱潮（英國海軍用它來嘗試治療壞血病，但並沒有成功）。他另一項留名青史的貢獻則是為一種剛被引進歐洲的巴西植物樹汁命名。他發現這種樹汁可以擦掉鉛筆筆跡，乃將之命名為「橡擦」（rubber）。

不過，他在科學上的名聲遠不及他在政治和宗教上的知名度，只是這次沒那麼受歡迎。一七七六年美國宣告獨立時他大聲叫好，一七八九年法國大革命他也同樣額手稱慶。他希望終有一天世上會出現平等的社會。當時英國反法情緒高漲，兩年後，普里士利在伯明罕（Birmingham）的住家被一群當局煽動的「保王護國」暴民一把火燒了。普里士利只好到倫敦避難，卻是人人避之唯恐不及。法國為表揚他對大革命的支持而頒發他榮譽公民身分。然而，當法國宣布成立共和國、將被罷黜的路易十六送上斷頭台並宣布對英國開戰後，讓擁有法國榮譽公民身分的普里士利在英國成為眾矢之的。他決定移民美國。一七九四年四月，年屆六十一歲的他帶著化學器材遠航到紐約。終其一生，他都抱持理性和宗教信仰所支持的寬容和樂觀心態。「我不會裝作離開英國……是毫無遺憾，」他這麼說，「但我深信，當反思的那一刻來臨時，我的同胞將給我公正的評價。」

普里士利航向美國時，依然堅信燃素理論可以解釋燃燒的問題。但這時化學界其他人已經開始對此產生質疑。

第十章　破解燃素之謎

普里士利在巴黎展示「去燃素氣」給拉瓦節看，拉瓦節立刻就意識到這項發現的深遠意義。普里士利充是位出色的實驗家，但拉瓦節卻是能看到實驗背後化學理論意涵的卓越科學家。他運用自己廣博豐富的化學知識，為化學建立起科學性的架構。也只有等化學進展到擁有這麼多樣的新發現後，才可能為化學建立科學架構。這時開始可以看到特定模式出現了：不同發現間有著暗示相關物質可以分成一類的相似性，相似的性質可能是相似類型元素所致。

化學走到這步乃具備足夠成熟的內涵供卓越科學頭腦來思酌。

拉瓦節之所以會被稱為化學界的牛頓，絕對有充分的理由。然而，身為這一領域的先驅，他絕非那種只專注一件事、鑽牛角尖的研究者。他在短短五十年的人生中，不只建立了現代化學，還有時間（同時）擔任多個行政管理工作，並在多個不同領域的技術進步上有所貢獻：包括載人汽球、法國全國礦業地圖繪製、城市街邊照明、巴黎供水、火藥威力以及大規模實驗農場等等。這位巨擘究竟是何方神聖？科學史家查爾斯．葛雷斯比（Charles C. Gillespie）將拉瓦節描述為「將精於紀錄、分類、報告之魂提昇到天才等級」，他這句話還真有幾分道理。在法國史上如此驚心動魄又讓人興奮的年代，他過著多彩多姿的人生，在許多方面有著高成就，但是關於他個人特質的描述卻少到驚人。這樣一個在各方面都留下印記的人，卻是那麼神祕。人們只知道他是拉瓦節。

安端．拉瓦節於一七四三年出生於一個富有的中上階層家庭。在他的成長過程中，狄德羅（Diderot）的《百科全書》（*Encyclopédie*）問世了。這是法國由笛卡兒等人揭櫫的啟蒙主義的終極產物。這套百科全書的目的是為了推廣正在歐洲遍地開花的藝術和科學，撰稿者囊括十八世紀法國知識界各方菁英：伏爾泰（Voltaire）、盧梭（Rousseau）、孟德斯鳩（Montesquieu）、數學家達朗貝爾（d'Alembert）、哲學家孔狄亞克（Condillac）以及狄德羅自己。有意思的是，主張未來科學發展應以實驗為主而非數學的人竟是狄德羅自己。牛頓的遠見現在被卡文迪西和普里士利等人的實用主義所取代——狄德羅此一洞見深深影響了年輕的拉瓦節。

狄德羅的《百科全書》意在對抗教會讓人窒息的壓迫和法國大革命前的舊政治與社會體制——尤其是法王路易十五和其揮霍無度、巨大的凡爾賽宮（內有超過一萬間房間和私室，卻沒有廁所）。但路易十五的情婦龐巴度夫人（Madame de Pompadour）擔憂地說出那句「我們之後是大水」（Après nous, le déluge）講的可不是修廁所的事[34]。除非啟蒙思想得以傳播並進行全面改革，否則法國必將陷入重大社會災難。

拉瓦節才能實在太出眾，才二十三歲就入選法國科學院（Académie des Sciences，前身為法國皇家科學院）。接著他卻作出讓其他啟蒙思想家都震驚的舉動，他竟然加入（還將自己繼承的遺產也投入）由舊政權所經營最壓迫人民的機關「總包稅所」（Ferme Générale）。這是一家由政府將收稅業務統包給民間代辦的機構。但這家公司的稅務員唯利是圖，用非常粗暴的手段徵稅。當時，在法國的所有政府機關已經很惹民怨了，這家公司更是成為眾矢之的。拉瓦節本人並非稅務員——他只是擔任該公司的行政管理職務——但他不可能不知道公司的種種惡行惡狀。每當他遇到質疑時，通常給出的理由都是他希望靠投資獲得足夠的收入，以支持他持續進行科學實驗。

但拉瓦節從這份工作首先獲得、同時也是最大的獲益卻非金錢上的。二十九歲時，他在眾人意外之下迎娶公司高層投資人的十三歲千金。新娘安—瑪莉（Anne-Marie）據說是被父親倉促下嫁，以免女兒在法國王室壓力下被迫嫁給一名五十歲又身無分文的貴族——安—瑪莉向父親形容這人是「魔鬼等級的人」（une espèce d'ogre）。儘管是迫於情勢之舉，但拉瓦節這麼一位炙手可熱的單身漢卻去娶個十三歲小女孩，難免讓人聯想到他要不是性格軟弱、就是把這當成飛黃騰達的捷徑。這麼說還算客氣的。不管原因為何，當我們看到他們婚後的情形後，種種的猜測懷疑都變得多餘了。這對夫妻儘管沒有子女，安端和安—瑪莉．拉瓦節夫婦卻鶼鰈情深過了一

---

34 譯注：此語有一些不同的詮釋，同時也有另一個版本據說是路易十五說的。比較常見的詮釋是：我們離開後，法國將是滿目瘡痍。

生。這樁婚姻成就了兩人。安—瑪莉婚後成為先生在科學研究上的搭檔。他們的合作不僅僅是互相配合而已。她為了能讓先生得知英國皇家學院最新的化學論文，還特別去學英文。先生最重要的一些實驗中也都有她的貢獻——有很多實驗就是她所設置、而且一律都是由她紀錄寫成論文報告。在化學理論的討論上她也貢獻良多。甚至有人將之比作百年後的皮耶和瑪麗・居里（Piettre & Marie Curie）夫妻——但這有點誇張了。

可以確定的是，若是沒有安—瑪莉的支持，拉瓦節肯定沒有那麼多時間和精力在行政工作上，而正是他行政工作如此成功，才能積攢那麼多的財富來資助自己科學和人道主義上的工作。後者包括他在家鄉自家農地上成立的示範農場，以及他在同一地區所成立的饑荒救濟組織。他抽稅所得的金錢中，至少有一部分是用在慈善事業上。

拉瓦節在總包稅所展露頭角，很快被提拔為高階合夥人。同時，他也在科學院被指派加入多個委員會。另外，他還針對軍工產業改善提出建議，進而被任命為火藥管理局的局長。這個職位配給他一間在巴黎軍火庫旁的官邸，他在那裡蓋了一座設備一流的實驗室。

拉瓦節和夫人就是在這官邸裡，讓當時最優秀的藝術家大衛畫下兩人那幅知名的肖像畫（參見下頁）。此畫雖然只是「偉大科學家和妻子」社交用的制式肖像畫，卻畫出不帶太多激情、但兩人眼中只有彼此的忠誠夫妻感情。在畫中，拉瓦節坐在紅絲絨布覆蓋的桌旁書寫著，桌上立著幾個玻璃儀器。安—瑪莉則站在桌邊看著他，她的手擱在他肩上，他的臉則半轉過來看著她。戴著假髮的他非常高雅，身著時髦的蕾絲高領和搭配的長袖，剪裁雅致的短褲和合襯的長腳襪；而她則穿著連身及踝藍色絲帶的平紋縐絲織洋裝。畫面中那幾個玻璃器材光滑明亮、畫得也很精準，擺在他帶扣的鞋子旁那易碎的大燒瓶，也呈現出不用擔心碎裂的平靜感。這幅畫展示出這位科學家作為以理性發揮影響力的知識分子，在衣著得體的妻子協助下，在窗明几淨的實驗室中進行精確測量的實驗。真實生活中當然不可能天天這樣；肯定也是有讓人心灰意冷又滿是嗆人化學煙霧、遭遇難題抱頭苦思、實驗檯上滿是碎掉的燒瓶這樣的日子。但至少已經不再是鍊金師一個人躲在讓人窒息、煙霧瀰漫、不見天日的密室中的情形了。化學研究已然成為文明的科學。

據安—瑪莉所言，拉瓦節一生之所以能成就這麼多大事，主要是因為他作息規律

賈克·路易·大衛（Jacques Louis David）於一七八八年繪製的安端與安—瑪莉·拉瓦節肖像。現藏於美國大都會藝術博物館（The Metropolitan Museum of Art）。

嚴明。每天早晨六點起床，進行科學研究到八點。接下來的白天時間則分配給總包稅所、火藥行政局和國家科學院委員會等行政工作。晚上七點，他會回到書房再進行三個小時的研究。他將週日稱為他的「幸福的日子」（jour de bonheaur），專門用來進行實驗。但他的日常肯定不會這麼沒有彈性，因為拉瓦節夫婦在軍火庫附近的官邸所舉辦的晚宴在巴黎頗富盛名。前來作客的嘉賓都是頂尖科學家和知識分子，甚至連湯瑪士・傑佛遜（Thomas Jefferson）和富蘭克林都曾受邀。餐後享用過咖啡和干邑白蘭地後，賓客會被帶到實驗室觀賞拉瓦節展示最新化學發現。

拉瓦節從一開始就採用現代科學方式來研究化學，這可以從他對於天秤的信任看出來，當時這類天秤是最精確的秤重儀器。化學再也不談神秘的鍊金術質變了：所有的改變現在都能有合理解釋，也可以測量。同時，他認為化學被那些什麼都解釋不了、反而阻礙突破的傳統理論所阻礙。其實，拉瓦節一開始是頗相信四元素論的，過去他曾被實驗證據說服，因為他親眼見到水在燒瓶中連續加熱數小時後，最後剩下一小坨沉積物。這說明了水中似乎就有土元素的存在，而再將這些沉積物繼續加熱後，則化為氣。但他心裡還是有些疑問。因為四元素論無法解釋任何化學作用和行為，是死路一條。

一七七〇年，拉瓦節決定在最嚴格的科學條件下，對水質變為土的現象進行完整研究。他採用可以在密封狀況下煮沸水、名為「鵜鶘」（pelican）的玻璃製水囊。在鵜鶘水囊中，水蒸汽會進到一根管子裡，在那裡凝結，凝結後的水滴又回到煮沸的燒瓶中，在此過程中不會有水逸失。拉瓦節在實驗開始前分別測了水和鵜鶘水囊的重量。水在密封的鵜鶘水囊中燒了足足一百零一天，最後也跟他之前的實驗一樣出現了沉積物。拉瓦節這時再測一次水的重量，結果發現水的重量與一開始時完全一樣！這表示沉積物絕對不會是水中的物質。他又測了鵜鶘水囊的重量，這時發現鵜鶘水囊比原來輕了一點點——減輕的重量正與沉積物重量一樣。所以「土」元素不是水中來的，而是水煮沸時從玻璃中萃取出來的。這一來，支持四元素論的最後一個可能證據也破滅了。

兩年後，拉瓦節將注意力轉到燃燒這個歷來多所爭論的問題上。他將鉛放在密封但內含有限空氣的容器中加熱。一開始，鉛的表面形成了一層金屬渣，接著金屬渣不再出現。如果按照原本的燃素理論，這表示鉛釋出燃素變成金屬渣，而容器中的空氣照理就該盡可能地把釋出的燃素吸收過去；然後這整個實驗就會停止，因為容器中的空氣會被燃素所飽和。

拉瓦節接著給整個器材秤重（包含鉛、金屬渣、空氣等），發現總重量跟加熱前一樣。接著，他給鉛和那一層金屬渣個別秤重，發現正如之前的人所發現的那樣，鉛的重量比實驗前重。要是金屬在部分化為金屬渣時增加了重量，那肯定容器中有別的東西失去相等重量才對。那唯一可能的來源就是空氣了。但要是空氣體積減少了，那就表示在實驗結束後容器中應該有地方是真空的才對。拉瓦節重覆實驗，發現當密封容器打開後，有空氣流進容器中的嘶嘶聲。這表示容器中真的出現部分真空！

拉瓦節的實驗證明了當金屬化為金屬渣時，跟什麼神秘燃素消失無關（理論稱燃素有負重量、要不然就是什麼非物質「原理」所造成，因此無關重量增加或減少）。拉瓦節證明了金屬事實上是和一個有重量的有形物質結合，而該有形物質是空氣中的一部分。

就在這時，普里士利到巴黎向拉瓦節展示他新發現的氣體元素「去燃素氣」。在拉瓦節眼中，這名不拘一格的英國牧師不過就是個業餘科學愛好者，其自由思想相當讓人欽佩、立意良善，但算不上是一流科學家。沒錯，普里士利是堅持實驗且有這方面的才能的人，但他欠缺對科學理論的理解。他跟很多英國人一樣是務實派，而不是個能進行理性思維活動的人——無法和法國理論家相提並論。普里士利或許能靠運氣發現新的氣體，但卻不能明瞭自己發現的重要性。但拉瓦節卻能一眼就看出來。這氣體怎麼會是「去燃素氣」，他不都已經證明沒有燃素這種東西了？

普里士利離開後，拉瓦節就立刻重覆了普里士利的實驗，取得所謂的「去燃素氣」。接著，他又進行更複雜的實驗，結果發現「去燃素氣」存在於所有空氣中。拉瓦節於是進行一項燭火的實驗。他在裝有水的碗中放一塊浮板，再將蠟燭擺在板子上。接著再將開口朝下的玻璃罐倒扣在蠟燭上，罐口深入到水面下。燭火持續燃燒的同時，倒扣玻璃罐中的水位逐漸上升——這表示蠟燭在消耗罐中的空氣。但拉瓦節注意到，蠟燭總是在水位上升到罐身五分之一處時就熄滅。顯然空氣中含有兩種氣體，比例是一比四。其中的五分之一用來助燃的就是普里士利所稱的「去燃素氣」。拉瓦節接著意識到，燃燒過程其實正好和燃素理論講的相反。燃燒時，並不會釋放出神秘的燃素，反而會和所謂的這占了五分之一的「去燃素氣」結合。

拉瓦節決定將去燃素氣重新命名為「酸素」（oxygen，氧）——取自希臘文的「oxy-」意謂「酸」和「-gen」意謂「產生」。這名字用在這種新發現氣體上非常合理：拉瓦節的實驗讓他獲得這種氣體元素存在於所有酸之中的結論。在當時看來是正確的，直到戴維發現氯是一種元素後才推翻了此說，這已經離席勒最早發現這種刺鼻綠色氣體一個世代之久。戴維之後又證明氯化氫酸（鹽酸）中只有氫和氯，但沒有氧，因此證明氧氣被稱為酸素並不正確。但那時已經來不及改這個學名了，酸素就這麼和西印度群島（West Indies）、文化大革命等共同成為舉世通用的錯誤名稱。

燃素理論終於被澈底推翻。拉瓦節發表一篇論文詳述氧氣在燃燒過程中的角色。他動了手腳刻意不提普里士利的研究對於此一重大發現的關鍵貢獻——還暗指自己才是發現氧氣的人。（拉瓦節很清楚自己是偉大的化學家，但他同時也很希望能透過發現元素好成為大眾的焦點。）據說拉瓦節夫人為了慶祝先生發表此篇論文，還特別辦了場「理性科學儀式」。在貝夏這位燃素理論創始人過世百年後，拉瓦節夫人穿著古希臘祭司的大袍，莊重地在祭壇上當著台下科學要人的面，將貝夏和史塔爾的著作一把火燒了。

儘管拉瓦節這麼大張旗鼓煞有介事，但科學界並非所有人都當它一回事。隨著工業革命到來，科學成為社會上人人關注的焦點，也因為太受關注，而被捲入歐洲各國的民族主義之爭中。（英國矢志要成為工業領先國，想盡辦法阻止新發明的機器、製造技術甚至優良工人出口，直到十九世紀。）在德國人眼中，燃素理論是偉大化學家史塔爾的心血結晶。法國人懂什麼科學？拉瓦節肯定是錯了。與此同時，英國也一如往常對歐洲的紛紛擾擾無動於衷：普里士利和卡文迪西固執地死守著燃素理論，畢竟他們有太多作品都建立在證實燃素理論上。

燃燒被視為化學發展的一大步；史塔爾在世時就注意過燃燒和生鏽相似。拉瓦節接著又進行一系列實驗，證實呼吸也是類似過程。吸入的空氣比吐出的空氣含有較高比例的氧氣。呼吸時，氧氣會被吸入，而「凝氣」（二氧化碳）則被吐出。有數幅畫描述拉瓦節使用人類當白老鼠，進行這些著名的呼吸實驗。受測的實驗對象赤裸上半身坐著、腳下踩著機器。恐怖的面具緊貼在他臉上，讓人看不到他臉部的正面，整個人看起來像裁縫店用的假人模特兒。一根管子從面具前端穿過下方數個燒瓶——另一邊拉瓦節則指揮那些穿著長禮服、戴著假髮的助手，拉瓦節夫人則專注地坐在一旁的桌子前，一邊觀看、一邊作筆記。

一如拉瓦節任何實驗，所有的材料都經過精確測量。接受實驗對象在室溫華氏七十七到五十四度之間進行。受試者會分別依「飽腹」、「空腹」、「空腹工作」等等條件進行實驗。拉瓦節操作的原則是，所有參與化學實驗的物質怎麼變化沒關係，但一定要維持前後重量沒變。他之所以能證實沸水中的燒杯並未產生土就是靠這個秘訣。這就是物質守恆定律背後的概念。拉瓦節這些實驗背後的基本假設日後成為十九世紀化學的基石。

除了為未來的化學點出一條明路外，拉瓦節同時也解開了一個化學史上的大謎團：燃燒，並展示這不光只是解開火的神祕，還解釋了更多問題。燃燒是氧化的過程，過程中會有氧的加入——氧化的現象出現在燃燒會形成灰燼、出現在金屬鏽蝕則形成「金屬灰渣」，出現在呼吸過程中則形成「凝氣」（二氧化碳）。

從上面這些名稱可以知道，化學這下遇到了作繭自縛的命名困境。依科學概念所取的學名如「酸素」（氧氣）（雖然不盡正確）和理論推斷出來的學名如「凝氣」，以及留下來的鍊金術名稱如「灰渣」（在拉丁文中指石灰）並存。同樣地，「去燃素氣」和氧氣還會在不同教科書中出現，但明明指的是同一種物質，只是所依據的理論不同而已。這還是簡單氣體的學名。如果是一些更複雜的物質或是化合物，那其命名就更讓人費解了——有些源於自然和採礦術語、有的則依其產生的效應或是性質（無論真實還是想像的）、還有更多源自鍊金術。不同語言對同一物質有不同稱呼——或依不同的領域，如醫藥或是地理，而有不同學名。很多都被冠上這個酊、那個油、或什麼精；水銀有人稱為快銀（quicksilver）、有人稱為汞（hydrargyrum），而這才只是舉其中之二而已；鉛黃（litharge）是我們稱為氧化鉛的物質；白礬（alum）是現在稱為硫酸鋁鉀的俗名。最後這兩種物質是步向改革的關鍵。拉瓦節在一七八七年合著的《化學命名法》（*Method of Chemical Nomenclature*）提出一個邏輯系統來進行化學命名。未來所有化合物都應依其所含的元素來命名。比如說，氫氯酸這個名稱就表明其中含有氫和氯；這樣的命名法讓化學組成一望即知。命名法改革也能改變對化學反應的預測。比如，這一來我們就可以預知，當鋅加入氫氯酸（即鹽酸）後，化學反應最後會生成氯化鋅——而這時只要用化學邏輯一推，就知道過程中一直冒出氣泡的氣體顯然就是氫。化學正透過精確度量、符合科學態度的實驗而進步——而這些現在

都能用科學語言來加以描述

這一步說有多重要就有多重要。這樣的語言甚至可以成為科學工具。（例如，學名讓人們能預測，鋅與鹽酸（氫氯酸）作用後會產生氫）。當時離建立這新語言就差一步——於是，拉瓦節在兩年後發行《化學元素論述》（*Elementary Treatise on Chemistry*）。書中他對元素的定義成了這種化學新語言的基礎，同時他也知道要做到這一步會有多大的困難。

我不該太過強求，如果元素一詞指的是組成物體單一且不可再分割的原子，這方面我們可能所知不多：但萬一，如果反過來，元素或物體要素指的只是分析所得到的最新進展，那所有還沒辦法以任何方式分離出來的物質，就全會被視為元素；這並不是說我們可以斷言這些我們視為單一的物體不是由兩種或更多種的要素所組成，只是，既然這些要素都是不可再分割、或者單純只是因為我們沒有辦法再分割，那對我們而言就是單一物質，這時就不該假設其為化合物，直到有實驗和觀察可以證明它們是化合物為止。

本質上，這是對一個世紀前波以耳的定義加以改進，但在態度上有顯著的轉變。這是在實驗技術改進和對其深具信心下所展現出的務實態度。拉瓦節這段話要說的是，人類或許永遠沒有辦法確切知道元素是什麼——我們只能依賴實驗操作然後推敲出元素的存在。化學開始願意面對並承認自己的無知——但也因為這樣，讓化學對於自己真正有把握的部分有更加深入的瞭解。這樣的態度也是科學方法的革命性進展。在過去，什麼是元素是由理論做假設性的定義。早期的自然哲學家覺得很有把握，認為自己就是確知元素的定義、以及哪些是元素（地、風、水、火之類）。但他們自信歸自信，其所推論出來的這個定義卻空有理論基礎，實際上完全沒有能力去加以證明。現在，拉瓦節提出了這個定義——但僅作為一個理想的指導方針，同時也時時提醒我們要記得實用操作技術上永遠有其美中不足之處。它不像四元素概念那樣如緊箍咒般束縛化學發展。拉瓦節甚至暗示這個理想的元素定義可能有一天會失效，在實驗科學中再無一席之地。

身為當時最偉大的科學思想家，拉瓦節會在這時候提出這樣形上學概念並非意外。因為就在同一時間，離巴黎一千英里之外、寒冷的波羅的海沿岸的科尼斯堡

（Konigsberg）中，哲學家伊曼紐爾・康德（Immanuel Kant）也正在勾勒著一個由兩個組成要件所構成的哲學世界：「現象」與「本體」（noumena）。前者指的是事物的外觀，是我們透過感官、丈量等觀察所得。後者則是不可知的事物的本質，是我們的感官所無法企及的真實世界：是支持並產生現象的真相。從那以後的哲學都希望能夠理解這一區分——這影響了後人在認識事物的態度，也影響了科學的態度。同樣地，科學界的進步一直都有理論和實證兩派——一派主張瞭解內在真相、另一派則主張瞭解周遭外界的真相。究竟怎樣才稱得上是元素？元素又有哪些？

拉瓦節的元素定義為上述第一個問題提供了暫時的答案，接著他更大膽地為第二個問題提出解答。拉瓦節在他的《化學元素論述》中所列出的元素出人意料地正確。他一共列了三十三種元素，其中包括「苦土」（magnesia）和「石灰」（lime）等八種物質現被證明是化合物（氧化鎂和氧化鈣）。這其中只有兩種錯的特別離譜，那就是被他命名為「光」和「熱」（caloric）的這兩種元素。這兩者當時被認為是有形物質，現在則已經知道這其實是能量的型態。諷刺的是，拉瓦節自己推翻了燃素，卻又主張「熱」這種元素是「無重量的流體」（imponderable fluid）或是要素，亦即跟燃素完全一樣。他竟然用一種偶爾也會出現「負重量」的神秘「要素」來取代另一種！雖然其影響不如燃素那麼重大，但這個「熱」的想法限制了後來對於熱能的研究長達半世紀之久。

但整體而言，這些小問題相較拉瓦節的貢獻實在瑕不掩瑜。他對化學元素的定義為未來元素的探索指明了方向。雖然拉瓦節本人沒發現任何化學元素，對此他也頗遺憾，而且任何重大發現也都不是由他單獨完成，燃素理論的錯誤不是他獨力證明，物質不滅定律不是他創始，就連化學元素的定義也不是他提出的（但他很希望大家以為是他）。他的貢獻在於使用革命性的方式，讓化學從此成為研究現實世界的一門科學。

然而，一七八九年同時是另一場革命的年。七月十四這天，巴黎人民衝進巴士底監獄（Bastille）。法國大革命於焉爆發——點燃了接下來一連串的事件，最後終於導致法王路易十六被送上斷頭台，法國宣布共和。拉瓦節這下置身於棘手的處境中。身為科學家他在帶動科學改革上貢獻良多，但他也是兩個與法國大革命前舊體制緊密連結的機構的成員，即法國科學院和國家總包稅所。革命成功的狂熱在法國國內很快就變成大規模的暴力殺人事件。拉瓦節在新共和政府依然是擔任火藥行政局的局長，盡力在大革命後驟變浪潮風暴之中穩定其行政職業生涯。但諷刺的是，讓他身陷險境的竟然是科學院院士的頭銜。

在大革命爆發數年前，曾有位心高氣傲的年輕新聞記者向科學院投遞論文，希望能成為這個地位崇高機構的一員。該論文的題材就是火的性質。記者在論文中說自己進行了一個實驗，「證明」在密閉空間燃燒的蠟燭如何自行熄滅。該論文稱，此現象是因為空氣加熱後擴張，造成火燄四周氣壓增加，逼使火燄變小，直到熄滅為止。這麼有創意的解釋，在燃素還沒被推翻的年代或許會稍微引人注意，但在拉瓦節眼中這根本就是無稽之談。科學院就派了院士拉瓦節去通知這位新聞記者，告訴他該論文毫無科學價值，用現代人的說法就是「連錯都算不上」。該記者因此惱羞成怒，就此和拉瓦節結下了樑子。

這位記者名叫尚—保羅．馬拉（Jean-Paul Marat）。一七九一年，馬拉成為推動「恐怖時期」（Terror）的激進民主主義雅各賓黨人。馬拉在雅各賓黨所辦的報紙

《人民之友》（*L'Ami du Peuple*）上公開抨擊拉瓦節，說他是「江湖騙子……半吊子的化學家……剽竊他人的科學新發現據為己有。他自己一點想法也沒有，全靠別人的點子來圖利自己。」這番對拉瓦節不留情的指控中雖有部分為真，但馬拉此舉目的不在端正視聽，他想要的是這名「年收入四萬磅（livre）的暴利銀行家……首席稅務官……一方之霸」的拉瓦節的命。馬拉更在文章最後宣稱：「希望他會在夜裡陳屍街燈桿上。」

在馬拉的帶領下雅各賓黨取得大權，法國恐怖統治達到最高潮。雖然馬拉不久就遭暗殺身亡，但拉瓦節也被逮捕。儘管拉瓦節夫人四處奔走，她的先生還是面臨審判。法官的判決是「法國共和不需要科學家」，並判處拉瓦節死刑，當天就送他上斷頭台。同為法國皇家科學院士、知名數學家約瑟夫—路易・拉格朗日（Joseph-Louis Lagrange）聽聞消息後感慨地講了一段話，可為拉瓦節一生蓋棺論定：「砍下這顆頭只要一分鐘，但即使再過一百年，也未必能再找到這等聰明才智。」

第十一章　化學方程式

普里士利直到抵美後才聽聞自己最大競爭者的死訊。雖然拉瓦節的實驗提出強力證據否定了燃素理論，普里士利直到臨終都還是堅持燃素理論是正確的。二十世紀德國物理學家馬克思・普朗克（Max Planck）就曾挖苦道：「新科學理論之所以誕生並非靠著說服反對者讓他們茅塞頓開，而是要等到反對者凋零。」

但其他人則不然，他們已經開始在拉瓦節奠定的化學基礎進行化學研究。其中最驚人的發展來自英國化學家約翰・道爾頓（John Dalton）。有人說，道爾頓一生在科學上只貢獻了一個想法，其餘作品都跟他本人一樣平庸，這話倒也有幾分真實。然而，他所貢獻的這個想法是化學領域中最深刻也最具影響力的一個。這個想法雖非他原創，但在運用上卻是他的原創。

約翰・道爾頓出生於一七六六年英國湖區（Lake District）外圍的偏遠小村

落伊格爾斯菲爾德（Eaglesfield），這片荒野之美數年後被浪漫詩人華茲華斯（Wordsworth）「慧眼發現」。那一帶盡是絕世美景，卻遺世孤立。同樣地，化學在當時也是這樣的狀況，而道爾頓就扮演了化學界的華茲華斯。不過，道爾頓這位科學的詩人靠的是精準的智慧，而非觸動人心的情感。道爾頓的父親是貴格會（Quaker）教派的手織紡織工。道爾頓十一歲時離開當地貴格會教會學校，一年後回來成為該校教師。他課上得並不成功，因為學生年紀都比他大，所以在管教上可想而知出了很大問題。少有人能看出他對教學的熱忱，只要稍加鼓勵就會變得非常執著。一開始他沉迷於氣象學。這名消瘦高眺的學者全心全意在紀錄每日氣象上的微小變化：這些平凡的小事，成為他最大的靈感來源。道爾頓終其一生都這麼孜孜不倦地紀錄天氣變化，前後近六十年的時間，就連過世當天都在紀錄。他這些紀錄原本都被妥善收藏以供後世瞻仰，直到一九四〇年，在納粹的轟炸下，所有的文獻連同一七九六年六月那個潮濕星期四下午的所有無價紀錄，全部毀於一旦。

道爾頓這人似乎對把自己的科學熱忱和才華花在一些小事上特別感興趣。雖然他天生色盲，但對氣候現象的興趣讓他開始觀察北極光，形容這樣的奇景為「鐵和磁鐵的彈性流動，這流動無疑來自其磁性，因此形成了圓柱狀的光芒。」

道爾頓直到過了三十歲以後才把專注力放在化學上。這時的他在曼徹斯特（Manchester）過著蟄居的生活，開了間小型個人家教班專門教授科學項目，上課內容都是用他自製的器材進行。同時，因為對於氣象的著迷，為了在這方面有所精進，他開始研究空氣的組成，對氣體流動和成分展開精細的研究工作。他採納了波以耳的氣體微粒說，很快就發現氣體的基本性質，就是今天我們口中的「道爾頓定律」。「道爾頓定律」講的是，在同一容積下，兩個或更多的氣體混合時的總壓力，等於其組成氣體的個別壓力之總和。

一七八八年，在他提出這個定律的十年前，法國化學家路易—約瑟夫．普魯斯特（Louis-Joseph Proust）發現了另一個重要的氣體性質，而這個性質也適用於其他物質的化合物。該定律指出，所有化合物中所含各元素之重量會呈簡單整數比。也就是說，一個化合物中的兩種構成元素比例可以是三比一，但絕對不會出現像三．二一比一或二．八比一這樣複雜的比例。道爾頓從這個定律領悟到，如果可以把波以耳的氣體微粒說推及所有物質，那普魯斯特的定比定律就能很容易解釋，這一來所有物質都可以視為由細小到已經不可再分割的粒子所組成。要是一個元素的粒子總重量是另一元素的三倍，而該化合物是由一個元素的一個粒子和另一元素的一個粒子組合而成，那就可以得出這兩種元素的單一粒子重量比例是三比一，絕對不會是三．二一比一或是二．八比一。

道爾頓看出這種再也不可分割粒子和德謨克利圖斯的「不可切割」原子的觀念相似，所以決定也用原子來稱這些粒子。但他的做法並不是將德謨克利圖斯的原子概念——那幸運透過伊比鳩魯、盧克萊修等人之手傳遞下來，最後又得以被保存在中世紀手抄本《論萬物本性》中的原子概念——原封不動地照抄。它也與十七、十八世紀的任何版本（例如波以耳的版本）不同，這些版本基本上也沒有任何實質上的推進。這些林林總總的原子論都停留在臆測與推論層面。道爾頓的原子觀念可不然，他的非常符合科學且務實，他用這個理論來解釋形成普魯斯特定比定律的那些實驗結果。德謨克利圖斯的概念純粹是假設性的，該理論還針對原子的大小形狀提出其假設（例如，水原子是既圓又平滑的，所以水才會流動且沒有固定形狀。）道爾頓的原子理論則只關注重量。雖然他不知該如何測定原子的實際重量，但他覺得可以透過原子組成的化合物來推斷其相對重量。道爾頓的原子論是量的理論，結合了德謨克利圖斯原始概念和拉瓦節的化學定量測量運用。

道爾頓的原子理論主張，所有元素都是由極小而不可分割的原子所組成。他承繼拉瓦節的說法，主張所有化合物都是這些原子的簡單組合。這個劃時代的觀念改變了後人對於物質的理解。發現此說後的兩百年間，科學進展超乎了所有人的想像。日後因為有更新的發現，道爾頓的理論有所修正，但其基本前提依然是我們現在對物理和化學理解的基礎。

事實上，二十世紀量子物理學家李察・費曼（Richard Feynman）就主張，要是人類從地球上消失後只容許一句科學知識留下來，那應該是這句：「所有事物都由原子所組成……」

道爾頓既已證實不同元素的原子之間的重量具有相對性，那很顯然下一步就是要建立一個定比基準點。氫是所有元素中最輕的，所以道爾頓就理論上將其相對重量設為一。這表示其他所有元素都可以依氫的重量推算。以水來說——它是氧和氫的化合物，兩者比重是八比一。假設水由一顆氧原子和一顆氫原子組成，就表示氧原子比氫原子重了八倍。道爾頓於是將氧的原子重量設為八。（這邊他犯了個錯誤：氧的原子重量是十六。水含有兩個氫原子，但道爾頓當時並不知道這一點。）就這樣，他建立了一張原子量表，列出每個元素相對於氫的重量。

道爾頓的原子理論的重要性迅速得到整個科學界的認可。然而，道爾頓除了照他往常一樣做了幾次不怎麼吸引人的公開演講外，依然在曼徹斯特過著他貴格派的簡樸生活，迴避公開肯定。但外界卻完全不顧他的意願，各種榮譽紛湧而至。他還被英國皇家學院秘密選為院士，擔任該院院士對他而言，是完全違背了他的信仰。他對於來自歐洲各國頂尖科學院院士的通知信全都視而不見。

一點也不想被人認識卻成為世界知名人物，道爾頓在一八四四年以七十七歲之齡過世。生前他希望死後一切從簡，但他的葬禮卻引來四萬人加上一百輛馬車前來瞻仰遺容。英國這時進入了維多利亞時期：對名人的仰慕、莊嚴的儀式（尤其是葬禮）都是這時代正在崛起的中產階級最看重的社會風俗。同時，工業革命期間，曼徹斯特也從原本的商業小鎮成長為全英第二大城市：這裡是英國製造工業中心，人口超過三十萬。（當時全球最大城市倫敦，人口達兩百萬。但曼徹斯特在某方面而言才是領先城市：它是世上第一個因快速工業成長而形成大規模市區的地方——這個現象也在下個世紀擴及全球各地。）

道爾頓的葬禮是曼徹斯特市民對於身為道爾頓鄰居與有榮焉的一場盛會，也是在歌頌讓曼徹斯特能有今天的科學。科學也獲得被人尊重的地位，甚至是有價值的行業。至少，道爾頓生前其中一個願望大家替他辦到了，那就是把他的眼球保存下來，因為他希望有一天有人能夠找到導致他色盲的原因。在他死後一百五十年，分析他的DNA樣本後發現，他缺少一種基因，缺少這種基因眼睛就看不到綠色。

化學要擺脫過去歷史的包袱，還需要進一步的完善。瑞典化學家優秀血脈的最偉大傳承者的瓊斯・貝齊里厄斯（Jons Berzelius）提供了這一步。他和不愛名望的道爾頓不同，他似乎很享受累積名望。在他功名顯赫的一生最後，一共被九十四所全球科學學院、大學和科學學會所網羅，瑞典國王也封他為男爵。到他過世前，他所寫的化學教科書已經被譯成所有主要語言，並被視為權威作品，他對最新化學進展的見解都被奉為金科玉律——即便是錯的，尤其在他年老後更常有這種情形。他甚至認為氯和氮都不是元素，沒什麼好商量的。

但貝齊里厄斯早年的研究大大彌補了他晚年跟不上新知的過錯。讓人意想不到的是，年輕時他只是個平庸的醫學院學生，但出色的物理表現讓他有機會挽救。直到學業接近尾聲，他才開始在化學方面嶄露頭角，這一轉換跑道，卻促成歷史上關鍵的轉變。他在化學界第一個重要研究是電化學（electrochemistry），他在這門新學科的發展上扮演重要角色。這個新領域是因為一八〇〇年義大利科學家亞歷山卓・伏打（Alessandro Volta）發明電池才得以誕生的，現代的電力單位伏特（volt）就是以他為名。貝齊里厄斯使用新發明的「伏打電推」（voltaic pile，電池最初的名稱）讓電流通過不同化合物形成的溶液中。這會讓溶液產生分離，一部分被陽極吸引（正）、另一部分則被陰極（負）吸引。例如，硫酸銅中的銅會被陰極吸引。負電荷會吸引正電荷，由此貝齊里厄斯可以知道該硫酸銅的銅化合物有正電荷。這個過程就被稱為電解法（electrolysis，字面的意思就是「電—分離」）。他用別的化合物實驗發現結果都相似，促使貝齊里厄斯提出一個影響非常深遠的理論。他認為，化合物都是二元性，是由一正一負所組合，因為彼此電荷相反所以才會結合在一起。

貝齊里厄斯由此列出一張元素表——一端是負電性最強的氧，另一端則是正電性最強的鹼金屬。他發現了全新的元素列表，但這張表的排列順序和原子重量沒有確切關連。貝齊里厄斯是最早採用道爾頓原子理論的人，他因此對原子重量進行詳盡的研究。到了一八一〇年，道爾頓已經確定了二十種元素的原子重量。貝齊里厄斯則發現道爾頓測得的數字有對有錯。（色盲、堅持自製器材，再加上天生笨手笨腳，使得道爾頓在實驗上並不是很出色；他的強項是能夠從大量資料中看到理論模式。）貝齊里厄斯則和他相反，他是個非常有毅力又一絲不苟的實驗家。到了一八一八年，他已經測得當時已知四十九種元素中的四十五種原子重量了。同時，他也分析了兩千種化合物，以證實他的二元性理論。可惜的是，他卻發現有些化合物並不具備這種正負結合的二元性。特別是有機化合物——多數從生物體得到、結構複雜的碳化合物都不具備此性質。

但貝齊里厄斯並未因這種不規則性而推翻自己的二元論，因為他覺得這提供了化學反應的關鍵。所以，他反而改而主張有機化合物因為有生命，所以會受到不被化學定律所限制的「生命力」影響。這一理論被稱為「生機論」（vitalism），並且持續了很長一段時間。生命力和燃素有很多地方相似。因為實驗中觀察不到生命力的存在，所以很容易被唯物論找到破綻，唯物論主張萬物都是物質、或仰賴物質而存在。到我們這時代，「生命力」和其他性靈世界的說法已經被科學所淘汰，但唯物論也不是沒有解釋不通的地方。就算萬物皆由物質組成，但究竟何為「物質」？人類又怎麼知道自己所知為真？我們的感覺器官和為了延伸擴大其功能而成的科學儀器，又能怎麼幫我們瞭解物質確實性質？眼睛只是我們用來觀看的器具，卻無法幫我們看穿事物本質。儀器只能紀錄、顯示其被設計來達成的功能，但它從觀察對象身上所紀錄、顯示出來的，並不見得就是觀察對象的實際本體。是的，儀器所紀錄顯示出來的肯定與真實的對象不同。這一來就又回到拉瓦節在定義化學元素時所預見的問題上——也就是康德在現象與本體上所提出的哲學問題。人類對所知無法有充分把握。一旦科學使用了跨出實驗證據範圍以外的說明或理論推想後，就會遭到質疑。科學重視的是要能用實驗證明，而非形而上理論的解釋。

這是否代表科學應該永遠仰賴實驗證據，摒棄像燃素或「生命力」這類對現象的說明只有一段時間有幫助、之後就被推翻的理論呢？在貝齊里厄斯的年代，化學開始只仰賴一種從來沒被實驗證明過的說法，而且它還成了所有實驗的必備要件。而且，這個說法的存在時間跟燃素以及「生命力」一樣長。這個說法就是原子論。在道爾頓提出他的原子論後一百年的時間裡，沒人能提出確鑿證據證明原子真的存在。直到二十世紀初，一些頂尖思想家如奧地利哲學暨科學家恩斯特・馬赫（Ernst Mach，音速單位「一馬赫」就是以他為名）等人都還認為原子並不存在。這些人可不是像主張地球是平的那些人漠視有地圓證據的反科學主義者。他們承認在過去一個世紀裡，原子論對科學界有著巨大價值，但終究是個未經實證的概念，而他們這話說的也沒錯。科學或許講的是「實證」，但這一百年間建構這些實證的基礎（原子論）本身卻始終不太牢靠。（直到一九〇五年愛因斯坦的論文才終於證實原子的存在。）在科學以龜速前進的那段歲月裡，鍊金術獲致了許多成果成為化學的基礎，但其巫術魔法成分現在看來十分荒謬可笑。如今的科學如脫韁野馬般全速前進，許多當前科學研究所建立的如鍊金術般不可能和如原子論般未獲證實的理論及假說，肯定會更快被揭穿而成為笑柄。有一天，在我們的子孫面前，我們都不過是如地平說信徒般荒謬的先人。

貝齊里厄斯孜孜不倦於化學化合物分析的研究，最終讓他發現鈰（cerium）、硒

（selenium）與釷（thorium）三個新元素。他所率領的團隊對他深具信心，也跟著發現了十多個元素。但並非所有偉大的科學進展都必須透過發現而得，甚至連原創的概念都不需要（不管有沒有獲得實驗證實）。拉瓦節為化學打好基礎，貝齊里厄斯則為化學研究發展的完備添上點睛之筆。化學現在已經具備國際性科學的樣貌了——可惜的是，它卻不像數學或其他學科那樣有著跨越國界的通用語言。拉瓦節曾主張所有化學物應依元素組成命名，但他的呼籲卻因為各國早就已經為元素取了自己的學名而無法推動。例如，在德國，氫元素（至今依然是）就被稱為「水素」（Wasserstoff），這是將拉瓦節的希臘學名「生水者」（hydro-generator）德語化的結果。拉瓦節也曾建議為新發現元素命名的原則應該像是為氧和氫命名那樣，採用古希臘文來描述元素性質。貝齊里厄斯就利用他的影響力，將這概念推廣到科學界，要求以後科學論文中提到化學元素都應採用其古希臘文或拉丁文學名。所以金元素（英、德文為 gold、法文為 or、瑞典文為 guldin）應依拉丁文學名稱為「aurum」；銀元素（英文為 silver、法文為 argent、德文為 silber）則應一律依拉丁文學名稱為「argentum」。

但這只是第一步。早從鍊金術初期，鍊金師們就會用公式、秘密符號、象形文字和圖案符號寫成公式，藉此代表實驗前的原料和實驗後的產物。拉瓦節瞭解這些公式本身很好用，只要把用來寫公式的符號都改成人人都懂的學名即可。可惜，他自己使用的符號卻和鍊金師們用的象形文字一樣晦澀難懂。道爾頓深明符號要簡單易懂的必要性，再加上他想像中的原子是小小圓形的物體，所以他選擇以圓形來代表各種元素。氫元素為圓圈中間帶有一點；硫元素則是圓圈中間畫個十字；汞元素則是沿著圓圈內有一圈虛線，有點像齒輪；銅則是圓圈中寫一個字母C，像現代的商標權那樣。化合物則是以裡頭有字的圈圈串在一起，成組成組地顯示。這樣的紀錄方式，產生了一圈又一圈或條紋、或斑點、或點狀或部分黑色的圓圈圖案——有點類似米其林（Michelin）輪胎人或是撞球的球組。這些圖案的優點是正確性很高——但可能連解密碼專家都會看得頭昏眼花，更不用說看化學公式的化學家了。

貝齊里厄斯看到了一個簡單的解決方法。他決定所有化學方程式中的元素都應由其學名第一個字母代表，而學名則都應採用古典時期的希臘和拉丁文學名。例如，氫就寫成H、氧就是O，以此類推。如果兩個元素首字母相同，就將正式學名中第二個字母也加進去。所以金元素就寫成Au、銀元素則是Ag。化合物現在也可用簡單符號書寫，而不是畫出來。比如，一氧化碳就寫成CO。如果化合物中不只一個原子，那就以右下角的數字來表示。二氧化碳就寫成CO_2；而氨（含一個氮原子和三個氫原子）則寫成NH_3。

化學這下終於跟數學一樣有了屬於它自己的通用語言了。而且這還是雖然看似獨特，卻很有數學概念的語言。這種化學式不像拉瓦節描述性的命名法，不僅可以預測化學反應會產生的化學物質，還能夠預測化學反應後所產生的化學物質的相對重量。例如，拉瓦節的描述性命名法如下：

zinc ＋ hydrochloric acid ＝ zinc chloride ＋ hydrogen（鋅＋氯化氫＝氯化鋅＋氫）

但貝齊里厄斯的化學方程式還能進一步能顯示化學反應所需要（以及所產生的）化學物精確的相對比例：

$$Zn + 2HCl = ZnCl_2 + H_2$$

化學方程式就和數學方程式一樣，等號左右兩邊必須等值。對化學而言，這就像數學家當年運算時把羅馬數字改成阿拉伯數字一樣。原本看得人一頭霧水的 XL×V＝CC 變成了清晰易懂的 40×5＝200。數學這下進入化學的最核心部位，把化學所有的變化與運作看得一清二楚。

第十二章　尋找看不到的結構

在拉瓦節之後，系統化的研究方法和進步的實驗方法，很快讓更多的新元素被發現。在貝齊里厄斯一生中（一七七九至一八四八年），至少有三十二種新元素被分離出來，讓化學元素總數達到五十七個。英國科學家亨佛萊．戴維爵士一個人就發現了六種。這些新發現的元素中，最重要的幾個都是靠電解分離出來的。一八〇七年，戴維打造了一具當時電力最強的電池，共用了兩百五十塊銅鋅板。這讓他可以以強力電流穿過一盆裝草鹼（potash）的水性溶液，因為他一直認為這種草鹼化合物含有一種未知元素。一開始電流只讓水分解，所以他就把水移除，重覆用草鹼化合物的火熔液（亦即燒熔的該化合物）。透過這樣的方式，他分離出一小滴呈鹼性的金屬物質，並將之命名為鉀（potassium）。當他將鉀投進水中，立刻爆出火焰，並在水面上快速滑行、嘶嘶作響。從化學的角度來看，這顯示該金屬被分離出來的型態活性非常高，所以就將水中的氧吸了出來，同時將氫原子釋放出來才會發出嘶嘶聲，並因為反應釋放的熱能而起了火燄。同一周，戴維又用電解法分離出另一種鹼金屬，這次他用的是燒鹼（caustic soda）。他將分離出來的新金屬稱為鈉。在當時，發現這種活性極高的鹼金屬所造成的轟動，就和一個半世紀前發現磷一樣——原因當然也是一樣的。

科學講座再次成為上流社會流行的盛會，課堂上展示這些新發現元素時更是引起騷動，參與的一些仕女往往還會因此暈過去。

聰明但未獲得適當教育的中產階級婦女被迫閒賦在家，然而她們對知識的渴求不減，因此這類提供知識的科學講座受到她們熱烈歡迎。但女性想真正深入從事這些科學活動，還是不為當時社會所允許的。不過，拉瓦節夫人投身科學的先例，鼓舞了許多勇敢的靈魂：拜倫那被人們所忽視的女兒艾妲·樂夫雷絲（Ada Lovelace）就是其中之一，她為貝比吉（Babbage）充滿原創的「分析引擎」（analytical engine）電腦寫了第一個程式。自學成才的蘇菲·傑曼（Sophie Germain），吸引了偉大數學家高斯的注意，成為法國史上最出色的數學家之一；還有德裔英籍天文學家卡洛蘭·赫歇爾（Caroline Herschel），她發現了不下八顆新慧星，並為英國皇家學會重新修訂約翰・法蘭史提（John Flamsteed）的經典大作《恆星觀測》（*Observations of the Fixed Stars*），但她還是不被允許成為院士。這少數幾位只是讓我們瞭解，如果科學界能不忽視女性，會有多大的進展。

鋁元素現在被認為是地殼最常見的金屬——但數百年來卻一直沒被發現。提出燃素理論、才智過人的德國化學理論家喬治・史塔爾可能是第一位猜測明礬（alum，即硫酸鋁鉀）含有未知元素的人，但這個猜測直到一個半世紀後才被證實。一八二七年，德國化學家菲特利希・沃勒（Friedrich Wohler）終於以高超的實驗方式分離出金屬鋁。（簡單的說，沃勒的實驗要先將脫水的氯化鋁加熱混合高活性的純金屬鉀，然後就可以將氯從鋁中剝離出來。）沃勒接著就檢視這銀白色結晶狀金屬的性質。

沃勒分離出鋁的方法實在太難了，而且這種新發現金屬外表又那麼耀眼，因此有好幾十年的時間裡，鋁比黃金值錢。發現鋁元素三十年後，一塊亮晶晶的鋁條來到巴黎展示，拿破崙三世乃命人用這種新金屬打造一套餐具。他想用這些刀叉款待歐洲各國君主皇后，但如今這種東西就連監獄食堂都不會想用。

除了分離出鋁金屬，沃勒另一個重大成就就是合成尿素（urea），這是屬於有機體的產物，但他卻是從無機物質合成的。這種以無機物質創造出有機物質的方式，推翻了過去廣泛為人接受的生機論（以及所謂的「生命力」），但人類還要頑固地過上好多年才願意接受並沒有所謂生命這回事。

這段時期，幾乎每十年就會發現數種新元素。而大量新元素的性質之多樣廣泛，也開始引發討論。究竟有多少元素存在？是否多數都已被人發現？或者元素種類其實是無限多？這些問題很快引發了更深層次的思考。因為在這些元素之間，隱隱約約存在著某種基本次序。道爾頓發現每種元素的原子有不同重量——但應該不僅僅如此吧？貝齊里厄斯則注意到元素似乎會受到不同電極所吸引。同樣地，有些元素有相似的性質——有些金屬具抗酸蝕性（像金、銀和鉑），有些鹼金屬則具可燃性（像鉀和鈉），有些氣體無色無味（像氫和氧）諸如此類。那這裡頭有沒有可能存在這某種基本模式呢？

化學到這時的進展以及其所獲的成功主要仰賴的是實驗，而上一段中的那些理論思考充其量只是一種推測。元素之間為何非要存在某種次序？畢竟並沒有證據顯示這樣的規律存在。但追尋次序是人性之必然，這種天性不單限於科學家。這樣的推測最終開始找到一些證據支持，即使只是一些零星的證據。

第一個證據來自耶納大學（University of Jena）化學系教授約翰・德貝萊納（Johan Dobereiner）的研究。德貝萊納是馬車伕之子，他的知識主要靠自學而成。他成功獲得製藥師的職位，且積極參加當地定期舉行的科學講座。他早慧的化學知識引起了威瑪（Weimar）公爵卡爾・奧古斯特（Karl August）的注意，於是安排他到耶納大學任職。他在這裡教授的課程歌德（Goethe）經常來聽，歌德對科學方面有著強烈興趣，有一段時期他甚至認為自己在科學方面的工作比寫作更重要。

說到這裡，我們應該來談談歌德的興趣，因為他很能代表那個年代歐美知識份子之間普遍的業餘科學興趣。歌德在科學方面所提出的假設因其文學才華而廣為人知，因為這樣，他在科學上的錯誤觀點反而獲得推崇，而沒被還以原色。當時，雖然牛頓已證實白光包含所有顏色的光，歌德卻仍堅稱白光本身就是一種顏色。他主張所有顏色其實都是明與暗的混合，再透過霧狀介質造成灰階從而賦予各種不同顏色。（哲學家叔本華〔Schopenhauer〕也是位不俗的科學思想家，照理他應該不會犯同樣的錯誤，但沒想到他也支持這一胡說八道。）歌德其他科學探索還包括長時間尋找「原植」（ur-plant）的存在，深信這是其他植物演化的根源。另外，他也發明了「形態學」（morphology），研究所有動植物之間共同點所在。但他這些想法純屬推論，所根據的不過就是不切實際的想像而已。（儘管如此，其實這個假設和推論元素之間存在共通模式的想法並沒有兩樣。）歌德錯了，因此淪為後人笑柄。其實他的想法正是一種過渡想法，從中不難看到達爾文在歌德死後不到二十五年後所構思出來的演化論的前驅。

認真對待自己業餘興趣的不只歌德一人。越來越多思想界人士，包括少數幾位引領時代風潮的女性，投入理論科學的領域，而鼓勵他們的動力有不少是來自工業革命的成就。但同樣的革命也帶來了陰暗的工廠，以及充滿骯髒和社會混亂的未來前景。歌德也不例外，這位受過科學洗禮的業餘愛好者在自己實驗室中遊走在理論邊緣的同時，也不自覺地受到其黑暗面的影響，利用人們對未知的恐懼。在歌德鼎盛時期，瑪麗・雪萊（Mary Shelley）也寫出《科學怪人》（*Frankenstein*）這樣的作品——打造出瘋狂科學家與其所創造的惡魔科學產物這樣的原型，至今仍具有強大影響力。

與此同時，歌德的化學老師德貝萊納教授則正在構思自己的形態學理論。一八二九年，他注意到新近發現的化學元素溴（bromine）的化學性質似乎介於氯和碘之間。不僅如此，其原子量也正好位於溴和碘的原子量之正中間。

德貝萊納於是開始研究已知元素之性質和其原子量，從中發現有兩類元素具有同樣的模式。

鍶元素（strontium）在原子量、顏色、化學屬性和化學活性都介於鈣和鋇之間；硒元素也同樣介於硫和碲之間。德貝萊納將這類元素稱為三元素組（triads），並開始全面性找尋類似的情形，卻一無所獲。德貝萊納的「三元素組定律」似乎只適用於五十四種已知元素中的九種，被當時學者認為只是巧合而已。

這件事在當時就這麼不了了之。化學過去已經受了太多錯誤理論的荼毒了──四元素說、燃素說等等。大家都把進步的希望寄託在實驗上。

一直要到德貝萊納提出三元素組定律三十年後，才有人在元素之間的共通模式方面提出值得注意的見解。亞歷山大—愛彌爾・貝古耶・德・項古德瓦（Alexandre-Emile Beguyer de Chancourtois）一八二〇年出生於巴黎。他原本有興趣的是地質學，還因此遠赴突厥斯坦（Turkestan）、亞美尼亞和格林蘭等地探勘。回國後，他確信一國居民的性情和其生活形態深受地理條件之左右。換言之，真正影響國家居民行為的，其實在於其煤礦、硫礦之蘊藏，而非天候、社會結構或種族特性。這看似沒什麼前途的觀點卻成為人文地理學（human geography）的開端，而德・項古德瓦如今被公認為人文地理學的創始人之一。之後他被任命為法國礦業督察長，他不循傳統的做法讓他不顧全國各地礦場業主的忿怒，也要推動全面性礦場安全措施和礦業工程技術現代化。德・項古德瓦直到四十歲以後才開始把自己的聰明才智轉到化學研究上。一八六二年，他寫了一篇論文描述他充滿創意的「碲螺旋」（telluric screw），表明化學元素之間的確存在著某種共通模式。德・項古德瓦的「碲螺旋」是在一個圓筒上頭畫了一排下降的螺旋線條，沿著這線條每隔一段距離就依元素原子量安插一個元素。他驚訝地發現，當從圓筒的垂直列讀取元素時，這些元素的化學性質往往會重覆。他發現每隔十六個原子量單位，上下兩個元素的化學性質會非常相似。德・項古德瓦的論文雖然正式發表，但可惜的是，他在提及特定元素時用了地質學術語，甚至還引入了自己的數字命理學（數學中的鍊金術，每個數字各自具有一個宗教意涵）。更糟的是，出版者漏掉了德．項古德瓦所繪的圓筒圖，結果就變成只有具備相關知識且最有心的人才能讀懂的一篇論文。之後我們會看到，只有一個人具備這個條件，此人因此受到德．項古德瓦啟發，進而改變化學的面貌。

這個主題顯然吸引了一些不怕被人嘲笑的科學思想家。一八六四年，年輕的英國化學家約翰．紐蘭茲（John Newlands）在不知道德．項古德瓦那外人難懂的研究情形下也想出他自己的元素模式。約翰．紐蘭茲於一八三七年出生於倫敦，是長老教會牧師之子。他母親是義大利後裔，這讓他相當自豪。二十三歲時，紐蘭茲中斷科學研究，前往義大利巴勒摩港（Palermo），當時加里波第（Garibaldi）剛在這裡高舉義大利國旗，宣布解放並統一義大利。紐蘭茲志願加入加里波第知名的紅衫軍。這是自從古羅馬帝國以來，義大利這片土地首次統一並由義大利人統治。歐洲這時逐漸凝聚成一塊一塊的大型民族權力陣營：義大利統一的同時，德國也從宗教改革以來就分裂的狀態統一了。我們現在所認識的西歐在工業革命後期逐漸成形，從瑞典到希臘，煉鋼廠、礦業和化學工廠紛紛林立。

結束義大利之旅返回英國後，紐蘭茲開始研究元素。他的發現和德·項古德瓦的有幾分類似，只是他更往前邁了一大步。紐蘭茲發現，要是依原子量大小往上排列，每縱列擺七個元素，那麼橫排線上的元素之間化學性質顯著相似。他這麼說：「換言之，從某個元素往後數到第八個元素時，其性質會和第一個元素相似，就像是八度音中第八個音一樣。」他於是將這個表稱為「八音律」（law of octaves）。畫成表格的話，鹼金屬的鈉（第九個元素）就排在類似的鉀旁邊（第十六個元素）。同樣地，鎂（第十）就和同屬性的鈣同一橫列（第十七）。紐蘭茲把所有已知元素都放進這個表後，發現鹵素氯（第十五）、溴（第二十九）和碘（第四十二）有逐漸類似的性質，而它們都落在同一橫列上。而鎂（第十）、矽（第十二）和硫（第十四）這三個元素也具有逐漸相似的性質，落在同一直行上。這表示他的八音律似乎也包含了德貝萊納三元素組定律中所提到的分散相似性。

可惜的是，紐蘭茲的八音律表還是有些不足之處。有些元素的性質，尤其是那些原子量較高的元素無法吻合定律。儘管如此，現在許多人認為這是第一個確切的證據，證明元素之間有一個整體模式存在。一八六五年，紐蘭茲將發現發表在倫敦化學學會（Chemical Society），但他的想法過於超前，與會學者均嗤之以鼻，其中一位還挖苦他，問他有沒有試過按字母順序排列元素。一直要等到二十多年後，紐蘭茲的成就才獲得認可，英國皇家學會終於在一八八七年授予他戴維獎章（Davy Medal）。

德貝萊納看出了不同類型元素之間的相似性。德．項古德瓦則發現了元素之間存在某種週期性性質的模式。紐蘭茲進一步擴展這個模式，將德貝萊納的三元素組也納入其中。但他的八音律卻不適用於所有元素。其中部分原因是因為當時的化學家算出的一些元素原子量是錯的，同時也因為紐蘭茲沒有考慮到尚未發現的元素。還有一個原因就是紐蘭茲的八音律系統過於僵化，無法真正呈現元素的模式。

很明顯的，元素間存在某種模式，但答案顯然很複雜。化學這時的進展已經幾乎能夠看到其所依據的元素的藍圖了。歐基里德為幾何學打下基礎，牛頓的萬有引力則以物理的角度解釋了世界，達爾文則解釋了所有物種的演化——那麼化學是否能發現物質多樣性的秘密？這可能是結合所有科學知識的關鍵所在。接下來嘗試挑戰這個難題的人，是自拉瓦節以來最傑出的化學家。

第十三章　門得列夫

狄米特里．伊凡諾維奇．門得列夫（Dmitri Ivanovich Mendeleyev）出生於一八三四年二月八日。如果照當時俄國還在施行的舊制儒略曆的話，就是一月二十七日。當時歐洲其他地區都已經改採公曆了，俄國奉行舊曆的結果就是日期晚了世界其他國家十二天之多。而這種落後的情形也出現在其整個文化中。一八三〇年代，俄羅斯大部分地區都處於與外界隔絕的封建世界中，多數居民是農奴，終生是地主的財產，工作沒有薪水可拿。沙皇（tsar，這個封號跟儒略曆一樣都源自凱撒大帝）被視為上帝在人間的代理人，依神授權力統治。帝俄時代沒有經歷過宗教改革，也沒有文藝復興。

門得列夫出生於西伯利亞西部的托博爾斯克（Tobolsk），是家中的老么，上有十四或十七個兄姐（正確數字不得而知）。他父親是當地高中的校長，但在他出生那年就失明，所以由母親擔起家計。幸運的是，母親瑪莉亞・德米特莉芙娜，娘家姓柯尼洛芙（Maria Dmitrievna, nee Kornilov）是位不平凡的女性。柯尼洛芙是商人世家，在開墾西伯利亞西部居功厥偉。她的父親在托博爾斯克建了造紙廠和玻璃工廠。不到五十年前，他還在西伯利亞開設了當地第一家印刷廠，並成立當地第一家報社，訂戶居住範圍廣達四千平方英里。瑪莉亞的祖先曾與當地吉爾吉斯韃靼人（Khirgis Tartar）女子結婚——因此，門得列夫一些兄姐有蒙古人的特徵，他本人倒沒有。

為了扛起一家生計，瑪莉亞重啟父親遠在托博爾斯克北方二十英里外偏遠小村的玻璃工廠。她在當地蓋了間木造教堂供工人禮拜所需，並創辦學校教育工人子女。門得列夫童年最初的記憶是大大的玻璃熔爐發出巨大紅光，照亮西伯利亞森林夜空的情景。

門得列夫在托博爾斯克上學，但表現不佳。在那個時代，教育主要是深入學習一些幾乎已經沒什麼人在用的古老語言。學校教授古希臘文和拉丁文，好讓學生能夠讀懂古典時期建立人類文明的理念。這些內容在十九世紀中葉的西伯利亞學生中引起共鳴的程度，就跟莎士比亞和歌德在現代學生中一樣低，也使得門得列夫終其一生都對上流社會的文化極為反感。幸運的是，他從流亡的十二月黨人、姐夫貝沙格林（Bessagrin）那獲得私人輔導。

十二月黨是一八二五年十二月革命推翻沙皇失利後留下來的殘餘份子，這場革命由一群自由思想、受過教育的軍官所發起（有趣的是，自由思想、受過教育和軍官這些詞在這邊一點也不矛盾）。這場革命要求俄羅斯由憲政政府統治，獲得民間共鳴，卻很快就被撲滅。事後，主謀全被處死，貝沙格林和其他黨羽則被流放到西伯利亞。

貝沙格林開啟了門得列夫小小心靈對科學的高度興趣，並強化了原本他母親就灌輸他們的自由派思想。門得列夫在他指導下很快就展現出高超的智力，開始進行一些實驗。（長大後，門得列夫為了強調自己出身自西伯利亞，聲稱他是被原始的韃靼人在遙遠的東西伯利亞養大，還說他直到十七歲才會說俄語。由於他一頭亂髮和大鬍子，這個故事常唬得人一愣一愣的。）

一八四七年，門得列夫一家遭到一連串的打擊。先是父親過世，隔年玻璃工廠也慘遭祝融，多年心血毀於一旦。一八四九年，門得列夫十五歲時，母親帶著門得列夫和莉莎這兩個還沒成年獨立的孩子，前往莫斯科。這趟旅程路途非常遙遠，共一千三百英里，交通工具主要是舊式馬車。瑪莉亞這時已經五十七歲了，獨自把孩子拉拔大的她，還要管理工廠和照顧工人，此時疲態已現，看起來比實際年齡還蒼老。但她還是硬撐著身子，決心讓聰明的狄米特里受到最好的教育。

但門得列夫在莫斯科申請大學時卻因為官僚作風而屢吃閉門羹。外地孩子要申請莫斯科大學有名額限制；但西伯利亞省尚未被分配到名額，門得列夫因此被拒絕入學。瑪莉亞轉而向其他教育機構申請，卻被告知莫斯科不承認西伯利亞的學歷。走投無路之下，門得列夫一家只好再度啟程，前往四百英里外的首都聖彼得堡。

但聖彼得堡的情況並沒有比較好：官方所立的種種不合理規定，斷了他們所有的路。所幸瑪莉亞發現負責訓練全俄羅斯高校教師的中央師範學校的院長，是她丈夫的老友。憑藉私人關係，門得列夫順利進入該校學習數學和自然科學，還獲得一筆小額政府獎學金，足夠維持他生活所需。

門得列夫進入中央師範學校不到十個月，母親便病倒在床。她留給她最疼愛的兒子的最後一句話充滿力量：「不要相信虛幻的夢想，要堅守工作崗位，不要聽信花言巧語。耐心追尋天道和科學真相。」這些話門得列夫銘記終生不敢或忘。三十七年後，他在一篇致敬母親的論文中引用這段話，並寫道：「母親臨終遺言，狄米特里・門得列夫字字句句言猶在耳。」

母親過世一年後，妹妹也跟著過世。又隔一年，門得列夫因吐血被送進學校醫院。他從小就體弱多病，這下又被驗出患了肺結核。醫生估計他只剩下幾個月的生命。

來到人生谷底的門得列夫索性就順應情勢裝起可憐來。他長時間臥床，還因此變成學校的吉祥物。他成了被科學收養的孤兒。門得列夫只要下床，就是到學校實驗室去，而且很快就想出很有創造力的實驗。實驗結束後他就躲回床上，把結果寫成論文，投遞到聖彼得堡各家科學期刊。這些深具原創性的論文被刊登時他還未滿二十，只是個大學生。這些論文的原創性主要來自門得列夫的聰明才智，但中央師範學校的卓越教學，讓他的才華得以充分展現。這所學校與聖彼得堡大學共同一棟校舍，聖彼得堡大學很多教授也都在這裡兼任講師。

約一百五十年前，彼得大帝在波羅的海沿岸的沼澤地建了聖彼得堡。他想讓該城成為俄羅斯的「歐洲門戶」。到了一八五〇年代，聖彼得堡逐漸發展成為歐洲人文中心，聖彼得堡大學更成為全俄最頂尖的學術中心，網羅了一群出色的科學巨擘擔任教授。該校物理學教授艾彌爾・冷次（Emil Lenz）因其「冷次定律」（Lenz's Law）名留青史，這是電磁學感應電動勢的基本法則。化學系系主任則是沃斯克雷森斯基（A. A. Woskressensky），他的化學元素課以詳盡的授課內容聞名。當時每隔幾年就會發現新元素，化學於是取代物理學，成為更受大眾注意的科學項目。沃斯克雷森斯基的課堂甚至連鈾和釕（luthenium）這類罕見元素的性質都詳加說明——兩者都剛發現不到十年時間。門得列夫熱情吸收著化學琳瑯滿目的豐富知識，卻也不因此見樹不見林。他從小就善於從看似沒有關連的知識中找到相關性的能力，正是這樣的天賦造就了他科學論文的獨特性。但在這出眾才能之下，其實他有一個更深不可測的才能正逐漸茁壯：從大量看似毫無關聯的事物之間發現共通模式的能力。

一八五五年，門得列夫獲得教師資格，並獲得該年度最佳學生。他的第一份工作是在克里米亞（Crimea）的辛費洛普（Simferopol）擔任教職。乍看之下可能會以為這是出自當局的好意：南方溫和的氣候有益他的健康。但事實正好相反。門得列夫或許不介意扮演學校吉祥物，但他也有不那麼可愛的一面。要是被惹毛了，他脾氣可是很壞的。而且他暴怒起來真的會氣到「跳腳」。有一次，他就當著一個教育部官員的面發脾氣。君子報仇十年不晚：這官員按兵不動，等到門得列夫畢業後，才把他調到辛費洛普。不明就裡的門得列夫興高采烈地啟程，以為自己能去南方享受驕陽。

到了那邊之後，門得列夫才發現克里米亞戰爭正打得不可開交，整個地區都被改造成大型軍營，他要任教的辛費洛普高中已經關閉了好幾個月。門得列夫這下進退兩難，沒有工作也不可能拿得到酬勞。在豔陽下發脾氣對他這種健康狀況的人可不是件好事。

但天無絕人之路，門得列夫竟然在這裡遇到了他的救命恩人。知名外科醫師佩羅葛夫（Perogov）碰巧在當地軍事醫院工作，他為門得列夫做了詳細檢查後確定他的病情並無大礙。被這消息所鼓舞，門得列夫立刻啟程回到聖彼得堡。在這裡，他以二十二歲之齡成為聖彼得堡大學編制外講師（不在正式編制內的無薪講師，酬勞來自報名課程學生的學費）。同時，門得列夫也繼續在該校實驗室進行研究，卻越來越感到挫折。

雖然聖彼得堡成為歐洲重要文化城市，但很多領域還是很落後，很難在這進行較高階的科學研究。其實，當時整個俄羅斯都是這樣。所以，門得列夫在一八五九年設法弄到政府公費，讓他到國外進修兩年。他聽從化學家兼作曲家好友鮑羅定（Borodin）的建議，到巴黎投入宏希・雷瑙（Henri Regnault）門下，他是當時最傑出的實驗家。雷瑙是第一位確定絕對零度為攝氏零下二七三度的人，很多實驗也幾乎可說都是他走在時代先鋒第一個完成的。可惜的是，一八七一年巴黎公社社員（Communards）佔領巴黎期間，巴黎進入無政府狀態，雷瑙大量的實驗室筆記毀於一旦。直到八年後雷瑙過世前，他始終無力將所有實驗重建完成，但他到臨終都堅稱自己比焦耳（Joule）更早發現能量守恆定律。

門得列夫結束巴黎之行後來到海德堡（Heidelberg），在這邊上了古斯塔夫・克許赫夫（Gustav Kirchhoff）幾門課，據說他是當時整個德國最無趣的講師。（要做到這樣可不容易，畢竟當時正是德國形上學興盛的年代，一些愛吊書袋的哲學家往往會在課堂上講出長達一整頁那麼長的句子，並以此自豪。）但撇開無聊的課堂不論，克許赫夫其實是一位才華卓越的化學家，發現不少新元素。

門得列夫沒繼續聽克許赫夫的課，轉而到克許赫夫在海德堡的重要搭檔羅伯・本

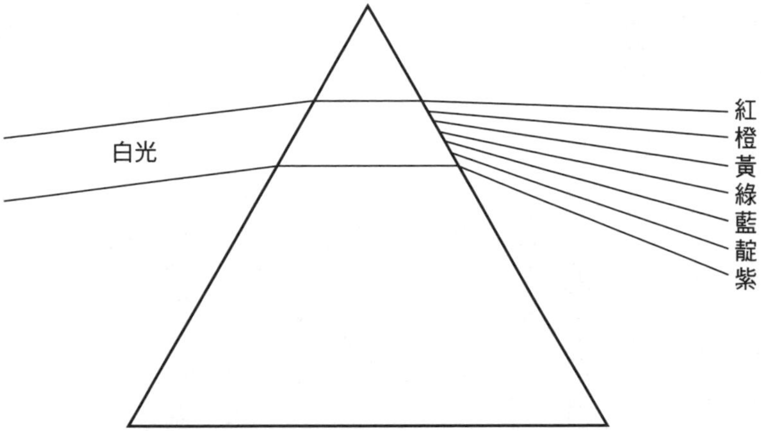

生（Robert Bunsen）實驗室幫忙。本生最著名的發明是本生燈（Bunsen burner），至今仍是每個學校實驗室的必備的器材。但本生一生最大傑作其實是和克許赫夫合作開發了光譜分析法（spectroscopy）。日後這技術成了找出新元素的重要工具。

克許赫夫和本生兩人共同發展出光譜分析法，利用稜鏡折射光線。牛頓已經證明，光線通過稜鏡時，不同波長的光會以不同角度被折射，分解成其組成顏色的光譜。例如，白光透過稜鏡後就折射出彩虹。（見上圖）。

克許赫夫和本生又發現，當元素受熱時，其所發出的光會產生獨特的顏色光譜。也可以說，每個元素都有其獨特的光譜「指紋」。

這個研究得利於本生發明的本生燈，其火燄不會製造太強的背景光，這確保了折射出的元素光譜不會被火燄光源所模糊。一八五九年，就在門得列夫來到海德堡前幾個月，克許赫夫和本生將一個化合物加熱後產生深紅色光譜，與已知的元素的光譜不同。他們因此發現新元素，將之命名為銣（rubidium，取自拉丁文「深紅色」之意）。

克許赫夫又想出一個很聰明的方法來拓展光譜分析的運用。當光線通過氣體後，會在光譜中出現暗色線條。克許赫夫發現，這些暗色線條正好與該氣體加熱後會產生的光譜吻合。這顯示該氣體會將自己專屬的光譜線吸收，然後投射出一種只有暗線條的負光譜。

克許赫夫又用光譜分析法研究太陽光，看到在光譜上出現數條無法解釋的暗帶。太陽照下來的光必須先經過其本身的大氣層，所以他從而推斷這些暗色帶是太陽大氣層中所含元素的光譜指紋。透過這個方法，他發現太陽大氣層中含有鈉蒸汽，表示太陽本身的組成元素中有鈉。克許赫夫又繼續使用光譜分析法，發現六種目前為止在地球上尚未發現的太陽新元素。科學這時已邁入了前人所無法想像的領域，遠遠超出已知世界的範圍。才不過二十五年前，法國實證主義哲學家奧古斯特．孔德（Auguste Comte）才宣稱有些知識將永遠超出科學所能企及。比如說，永遠也無法發現星星由什麼組成。孔德在巴黎過世時精神失常，幾年後克許赫夫就將他的哲學推翻了。門得列夫這時來到海德堡可說正是時候。門得列夫關於化學元素的知識，因當地許多新發現而獲益良多。和本生一起工作，更讓他無比幸運地得以第一手接觸到當代最新研究發展。

但門得列夫的壞脾氣再次壞了他的好事。他和本生合不來。在一次氣憤難耐之下，他衝出海德堡實驗室，誓言再也不回去。此舉讓他從此與德國最優秀的化學實驗室絕緣，更讓他的歐洲行目的付諸流水，但他卻似乎並不在意。相反的，他乾脆把住處其中一間房間改成克難的個人實驗室，在家繼續他的研究。但他在這裡能做的實驗，只能處理一些平凡到不行的化學問題，像是酒精的水溶性。

但就是這時候，門得列夫那種能在不相干事物之間找到關聯性的能力出現了重大的進步。他發展出一種超乎尋常的能力，能在一堆雜亂無章的平凡發現中找到暗藏的原則。原本只是想研究酒精水溶性的實驗（這是他博士論文的主題），很快就發展成溶液性質的研究，引領他深入研究原子、分子和原子價。

有些元素，像是氫，並不會以單一原子的型式（H）存在。例如，氫氣就是以一對氫原子組成（H_2）。這樣的多原子組合就稱為分子，可以由相同和不同元素組成。例如，兩個氫原子（H）再加上一個氧原子（O）就形成一個水分子（H_2O）。一個原子的原子價是其與其他原子結合的能力數值。把原子想成是一顆球，而其原子價想成是球週邊突出的手臂數量，這些手臂讓它可以和其他原子連接。比如說，氫原子價是一、氧原子價為二，如下圖。

元素的原子價與其性質一樣重要。這也是一個元素的定義特徵。門得列夫從他那看似不太重要的酒精水溶性研究中瞭解了這個關鍵概念。

在這不斷深入的研究中，他有了更重大的發現，瞭解到氣

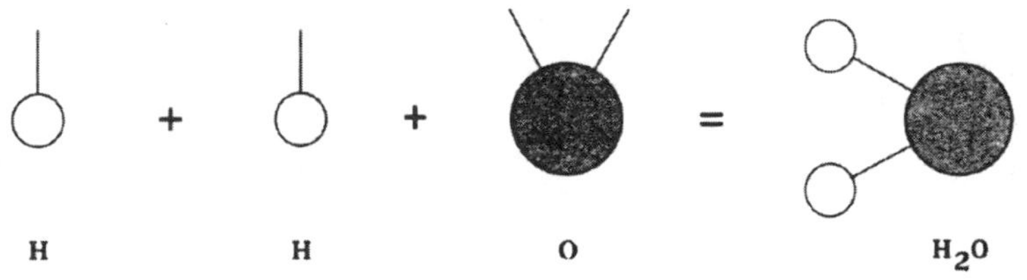

體和其性質。當溫度降低、壓力上升時，氣體會液化。這正是二氧化碳溶入水形成氣泡水的原理。我們也都看過相反的反應過程：每一瓶可樂中都含有液態二氧化碳，一旦打開瓶蓋，這些液態二氧化碳就會化成氣體從而減輕瓶中氣壓。而當溫度升高後，可樂冒氣泡的情形會更加劇。門得列夫一個人在海德堡實驗室中摸索，發現每種氣體都有其臨界溫度。要是氣體加熱到臨界溫度以上，再怎麼加壓都無法讓它化為液態。

這個發現通常都歸功於愛爾蘭化學家湯瑪士・安德魯斯（Thomas Andrews），但事實上他比門得列夫晚兩年發現臨界溫度。門得列夫在他的私人實驗室裡執著地獨自工作，他的發現無法獲得外界注意，無法獲得首位發現者的頭銜。就連安德魯斯也沒注意到門得列夫的報告——兩人之間並無剽竊問題。

誰先發現的爭議並不會阻礙科學持續進步。但另一種爭議就可能讓科學陷入泥淖難以前進。科學知識的發展需要科學家擁有一個共同的標準。到了十九世紀中葉，化學作為一門科學就面臨這樣嚴重的問題——元素重量的測量沒有一套通用的國際系統。

元素的原子太小，不可能單獨測得其重量。大家都知道，其重量只能以相對方式來確定。因此，依據道爾頓的建議，化學界一致同意以最輕的元素氫的重量為基準，氫就是一單位原子量的基準。但要如何測出相對原子量呢？一派主張原子量法，仰賴的是阿密迪歐・亞佛加厥（Amedeo Avogadro）的假說，即在相同溫度下同體積的氣體含有相同的分子數。因此，只要測出該氣體某一體積的重量，就能與同體積氫氣重量相比。

另一派則主張當量法（equivalent weight method）。這個方法是根據一個元素可與一定量的氫、或可測得相當重量的氫作用所需的重量，來測量元素重量。問題是，原子量和當量並不是同一件事。比如說，氧的原子量是十六，但其當量是八。化學論文中的計算越來越常使用這些數字，卻未說明該數值指的是原子量還是當量。這造成越來越嚴重的混淆——何況這還有可能導致實驗室操作出現重大危險。

一八六〇年九月，為解決這個問題，在德國卡爾斯魯厄（Karlsruhe）召開了第一屆國際化學會議。該會議吸引了全歐各地頂尖和未成名化學家前來，門得列夫也在其列。化學的未來就有賴這次會議的結果。

支持原子量方法的論點由脾氣火爆但極富個人魅力的義大利化學家史坦尼斯勞・

坎尼乍若（Stanislao Cannizzaro）提出的。他不僅是一位偉大的化學家，也是一位偉大的革命家。來卡爾斯魯厄會議前不過四個月，他才放棄熱內亞（Genoa）化學系教授的職位，投入加里波第在巴勒摩的紅衫軍革命。坎尼乍若在卡爾斯魯厄會議上的表現同樣英勇激昂。他以宏量的嗓音向與會代表指出，當量法是導致嚴重錯誤的誤解。他並解釋為什麼氧元素的當量只有原子量一半的原因：同一體積下的氧氣分子重量是氫氣分子的十六倍重。但同體積氫氣分子（H_2）只要和八倍的氧氣分子（O_2）起化學反應就能形成水（H_2O）。同樣的情形也出現在其他元素上。

門得列夫從沒聽過有人能把科學講得如此生動，讓他完全折服。「他的演說我至今歷歷在目，他毫不退讓，為真理奮戰……坎尼乍若的觀點是唯一經得起批判的，而且將原子視為『元素的最小部分，它可能組成分子或化合物。』只有這樣真正的原子量……可以被普遍化。」門得列夫對於原子性質以及原子量從此有了更深刻的理解。也因為掌握了原子量這個關鍵概念，讓發現元素性質之間的規律成為可能。

一八六一年，門得列夫回到聖彼得堡。這段時日是俄國史上最重要的一段時間：

沙皇亞歷山大二世下詔解放農奴。（一八三三年，英國議會通過廢除奴隸制度的法案，而美國南方各州的蓄奴問題直到一八六一年南北內戰爆發後才得到解決。）就這麼大筆一揮，千萬俄羅斯人不再淪為他人產業，不用終生被綁在主人的莊園。被解放的農奴以及他們反對解放的主人這下陷入了不知所措的狀況。大家都不知道該怎麼辦才好。

當時俄羅斯的化學教育也處於同樣貧乏和不知所措的狀態。門得列夫回到聖彼得堡後，在技術學院任教。這時他才驚訝地發現，原來俄羅斯對當時正在歐洲各地出現的現代化學重要進展一無所知，包括光譜分析法的出現、新元素的發現、原子量的爭論等等——這些還只是他不在俄羅斯期間，歐洲出現的許多重大化學新發現中的少數幾個而已。這位新到任的年輕化學講師滿懷教學熱忱，迫不及待地將歐洲讓人興奮的化學近況分享給學生，此舉也很快就讓他贏得關注。他深邃的藍眼睛、飄逸的大鬍子和長髮，宛如救世主一般。對俄羅斯來說，他是一種新型態的救世主：科學和理性主義的先知。當門得列夫發現竟然沒有談現代有機化學的俄文教科書時，他立刻著手編纂，在短短六十天內就完成了五百頁的教科學。門得列夫這下闖出名號，也開始獲得不錯的收入。

一八六四年，他成為教授。一年後，他在聖彼得堡東南方兩百英里外的特維爾買了一座小莊園。因為解放農奴造成許多地主的產業價格大跌。門得列夫效仿母親，也為莊園裡的農民設立人文教學計畫，同時引進科學務農法。這些方法成效可見後，鄰近的農夫紛紛上門討教。「你是有魔法嗎？還是務農你很在行？」一名半信半疑的農夫問這位剛從城裡搬來的鄰居。門得列夫分享了他的秘訣，該省各地農業合作社很快就採用他的建議，改良起司製作和提高作物產量。

門得列夫不吝與人分享科學實際用途的精神，令當局十分驚訝，在這些保守得像還活在中世紀的人的眼中，這一切宛如神蹟。到一八六七年，門得列夫已被派至偏遠的高加索巴庫（Baku），為當地一家煉油廠提供建議；他也被派往巴黎，協助籌辦萬國博覽會（Exposition Internationale）俄羅斯展館。

在忙碌的行程中，二十九歲的門得列夫也結婚成家了。這樁婚姻為他帶來一雙兒女，除此之外稱不上成功。門得列夫就像個媽寶一樣要人呵護，而且不接受任何反對意見、再加上他的壞脾氣和他一關進書房就能長時間工作不出來的超人能力，這種種問題都讓他不適合當個好爸爸和好丈夫。好在他太太倒是個很知道怎麼應變和自尋出路，索性待在特維爾鄉下的莊園裡，要是門得列夫從聖彼得堡來莊園時，她會適時帶著孩子前往城裡的住處。就這樣，這樁婚姻靠著夫妻不勉強住在一起而得以維持，不像許多人硬是要同住反而鬧得不可開交，終致勞燕分飛。

三十二歲時，門得列夫獲聘為聖彼得堡大學普通化學教授一職，對這麼年輕的學者而言這是非常高的肯定。他的資深同事中有俄國最優秀的化學家亞歷山大·巴特勒羅夫（Aleksandr Butlerov），他是鑽研化學化合物結構的先鋒。可惜的是，巴特勒羅夫後來迷上俄羅斯風行的神鬼之說。為了維持科學純粹性，官方委託門得列夫調查巴特勒羅夫研究中超現實、非化學的部分，結果發現這些主張都是無稽之談。不過，雖然兩人對於鬼魅看法不同，卻始終維持朋友關係。

門得列夫對化學充滿熱情的信念和奇特的外表，讓他很受學生歡迎。就連那些對化學所知不多的學生，也會被他講的那些化學相關軼事、傳聞和天南地北無關化學的話題所吸引——他能從天文物理學聊到動物學，從天文學聊到發酵研究。他的學生包括俄羅斯無政府主義領導人克魯泡特金王子（Prince Kropotkin），王子回憶道：「教室總是擠進兩百多名學生，其中許多人大概聽不懂門得列夫的授課內容，但對少數聽得懂的學生來說，是對我們心智的一大刺激，是對我們科學思維發展留下深遠影響的一門課。」門得列夫的課，除了他無心促成的無政府思想外，我們也可看出他對學生起了很大的鼓勵作用。另一位對他更瞭解的學者說：「多虧門得列夫，我開始把化學當成科學看待。」在許多人眼裡，化學還不夠成熟。這些人認為化學不過是技術知識和不相關事物的清單——細碎而看不出有什麼條理。

門得列夫很清楚自己研究的學科有這些不足之處。他在化學課堂上或許不避諱談一些題外話來吸引學生注意，但他始終不離一個原則，就是要將化學的包羅萬象整合成一門學科。他的天性稟賦不容許他把研究結果單獨看待。他自己這麼說：「科學體系不僅需要材料，還需要計畫。需要準備材料、組合材料、制定計畫和讓各部分比例對稱的設計。」對門得列夫而言，這不僅是一份知識性的工作：「要構思、瞭解、掌握科學體系的完整對稱性，包括未成的部分，這樣的工作就像品嚐由美和真理的極致所帶來的享受一樣。」他的興趣是在揭開「形成科學根本主題背後的重要哲學原理。」

這真的是立意崇高。然而，門得列夫從未忘記自己童年對於上流社會教育的厭惡。所以，儘管他有著那麼崇高的情懷，卻始終和經典以及哲學站在對立面。在他眼中這些東西只會讓人「自我欺騙、幻想、自負和自私」。在他看來：「古典名家就是地主、資本家、公僕、文人、評論家之流……但現代人沒有柏拉圖也可以活得好好的，但我們需要很多像牛頓這樣的人才，幫助發現大自然的秘密，讓生命得以和自然定律和諧相處。」

觀諸當時俄羅斯的教育狀態，我們或許會比較能諒解門得列夫這種科學的實用主義（說難聽就是反文化主義）。但這始終還是科學傲慢的典型例子，這種心態至今依然存在。美國量子物理學家李察·費曼（Richard Feyman）就經常表現出這種對於「文化」的不屑，他甚至視哲學為毫無用處、自命清高。這樣的態度至今依然普遍存在於科學界，但被厄文·薛丁格（Erwin Schrodinger）予以駁斥。來自奧地利的薛丁格是二十世紀最傑出的科學家，以「薛丁格的貓」聞名，同時也相當有文化素養，他說：「科學是必要的，但若想要建立起一個人的世界觀，光科學是不夠的。」法國哲學家孔德其實沒錯，他說有些事是科學永遠也搞不懂的。只是他舉錯了例子。

俄羅斯的落後又一次成了門得列夫的難題。他教授無機化學——學生卻找不到合適的俄文教科書可用。之前他已經創下紀錄，以最短的時間寫出有機化學教科書。於是他再度執筆，寫下一本極具權威性的無機化學教科學。

不管在當時或是現在，有機化學主要談的就是構成有機生物基礎的化合物，主要是與碳和氫、氧或氮所形成的化合物。無機化學談的則是有機化學沒談到的無生命物質：研究基本化學元素和其化合物的性質。

一八六九年，門得列夫完成計畫為兩冊的《化學原理》（*The Principles of Chemistry*）的第一冊。這部作品成為他的巨作：是當時最優秀的化學教科書。此書被譯成全世界所有主要語種，直到二十世紀初仍是必備教材。這並不是一本枯燥的傳統教科書，其書寫風格一如作者。跟上他的課一樣，書中穿插著各式的註解和題外話，談及各色主題、化學軼事趣聞和科學推論。而且，裡頭的註腳還比本文長。當然，正文本身也很精采。門得列夫會將《化學原理》譽為「我最鍾愛的孩子」並不是沒有原因的，他更說這本書「就像我本人一樣，有著我的人生經驗……以及我最真摯的科學想法。」

《化學原理》雖說書如其人，但在邏輯上可不像門得列夫那一頭亂髮蓄鬍般奇形怪狀。這套宛如知識寶礦般的著作，井然有序、頭頭是道。化學元素、化合物一一與同屬性的元素、化合物歸類在一起，一個接著一個。比如說，第一冊最後談的是鹵素族，包括氟、氯、溴和碘。這組元素的學名來自希臘文的「鹽」（halos）和「形成」（-gen）。鹵族元素與鈉結合的話，會產生各種性質相近的鹽，其中最為人所熟悉的就食鹽——氯化鈉。鹵族元素也容易和鉀結合。因此，最合理的做法就是以包含鈉和鉀的鹼金屬類元素開始第二冊。門得列夫打算在第二冊前兩章談這類元素。

到了一八六九年二月十四日清晨，這兩章已經完成。他要傷腦筋的是下一章該寫哪些元素。整部書的架構有賴於此，所以他一定要找出元素排序的基本原則，才好為全書各章定序。時間不多了：週末前一定要完成。下週一他就得搭火車前往特維爾，向乳酪農代表團發表演說，接著還要參訪當地農場進行為期三天的考察。如果能解決元素排序的問題，回到城裡後他就能立刻開始寫接下來的章節。

門得列夫坐在一團亂的桌前，一旁全是他的研究論文：只見一個滿頭亂髮、像花園裝飾小矮人的人不斷用左手去梳弄亂糟糟的鬍尖。在他頭頂牆上暗處，伽利略、笛卡兒、牛頓、法拉第的肖像向下瞪著他振筆疾書，桌面滿是揉掉的紙團、書本和各種儀器。

門得列夫在腦海中一一爬梳各個化學元素的性質，想在其中找到一個模式可以連結起各類相似元素。肯定有什麼關鍵是被他忽略掉的。元素之間不可能突然就冒出某種性質來：這不符合科學原則。沒錯，元素之間依原子量可以找出明確的順序，但肯定不只這樣。原子量只是物理性的性質。其不同化學性質之間存在怎樣的次序呢？德・項古德瓦曾說他發現了元素間一再重覆的模式，但從他的論文中很難確切理解他指的模式是什麼。何況德・項古德瓦也承認，他找到的模式無法適用於所有元素。他不斷提及某個神秘的「碲螺旋」，但論文中卻沒有詳加說明。顯然，德・項古德瓦也不全然明白這東西。但不管怎樣，他肯定有看到某個東西，讓他相信是這個模式。門得列夫確信德・項古德瓦是對的，他的化學知識告訴他這個方向肯定沒錯。但他想破了頭就是無法破解，一次又一次把元素從頭到尾依各種架構去排列，但每次那個架構都像疊紙牌一樣散落一地無法成形。到了二月十七日星期一早上，門得列夫依然什麼也沒想出來。

吃早餐時，門得列夫把收到的信件瀏覽了一遍，其中一封來自聖彼得堡東南方兩百英里外特維爾志願經濟合作社的秘書。信中詳述他預定週四與乳酪農會議的排程。接下來的三天，則按照他之前的要求，進行乳酪製造中心訪查。為了他的到訪，一切都已就緒。

門得列夫預定吃完早餐後就前往莫斯科車站搭火車。他的木製旅行箱已打包好放在大門旁，馬車則停靠在白雪靄靄的街上等著。

門得列夫從餐桌上拿起這封信，端著茶杯回到書房。他坐回桌前，將手中那封信翻到背面，放下茶杯，開始在背面空白處振筆疾書。這個過程我們很清楚的原因是，特維爾志願經濟合作社秘書的這封信被保存下來，信上還留著門得列夫茶杯底的茶漬壓痕。門得列夫在信紙背面寫的筆記依幾個元素的原子量排列。他顯然是覺得這個自然而明顯的線索——原子量升序排列——藏著答案關鍵。這明顯存在著一種次序。問題在於，這完全看不出任何模式：只能看出某元素比另一個元素重而已。那依元素性質相似性來排列呢？像鹵素中的氟（F）、氯（Cl）、溴（Br）和碘（I）這一組？但鹵族元素的原子量落差很大：

氟＝19　氯＝35　溴＝80　碘＝127

氧族元素也有同樣的情形：氧（O）、硫（S）、硒（Se）和碲（Te）。這一組同樣原子量相差很大：

氧＝16　硫＝32　硒＝79　碲＝128

氮族元素，氮（N）、磷（P）、砷（As）和銻（Sb）也同樣有著相差甚大的原子量：

氮＝14　磷＝31　砷＝75　銻＝122

但當門得列夫將這三族元素從上到下排列時，他發現出現了一種模式：

氟＝19	氯＝35	溴＝80	碘＝127
氧＝16	硫＝32	硒＝79	碲＝128
氮＝14	磷＝31	砷＝75	銻＝122

如果從縱列由下往上看（編按：請橫向看右表），原子量逐漸增加。只有在第四縱列的碲元素打破模式。其他列都是依同一模式。

這代表什麼呢？似乎沒什麼特別意思，但也肯定不是巧合。但即使如此，這只適用於這十二個元素。還有五十多個，其次序還沒有出現。

根據當天造訪門得列夫的好友伊諾斯特蘭傑夫所言，當時門得列夫已三天三夜不眠不休苦思這問題。我們都知道，門得列夫只要一有靈感，就能長時間專注——之前他就以短短六十天的時間寫下五百頁的有機化學教科書。排出這三列後，門得列夫接著就把其他元素排出來，他知道時間不多了，他還要趕火車去特維爾。這紙上的字跡有不斷塗抹的痕跡，顯示他越來越急躁。他知道方向是對的，他剛剛已經掌握到一個開端了，現在只差後面的部分。

肯定就是在這時候門得列夫突然恍然大悟——把元素模式的問題和他最愛玩的紙牌遊戲接龍連結在一起。他開始把元素名稱寫在一疊空白卡片上，並附上其原子量和化學性質。

大概就是這時候，他到書房門口要僕人把馬車請回，告訴他們下午再來接他去搭火車。他聽著窗外馬車遠去的鈴聲逐漸沒入雪中，轉而專注在桌面上那一大疊散落的卡片。

門得列夫在他早年的日記中提過，有時候，當他產生初步概念時，會感到特別興奮。但要是無法繼續把這個想法推進，他就會陷入嚴重的沮喪，有時還會痛哭失聲。就是在這樣的喪氣的狀態下，伊諾斯特蘭捷夫找上門了，他在二月十七日下午前來拜訪門得列夫。門得列夫知道自己即將有重大發現，但就是沒辦法掌握到要領。「都已經在我腦海裡打轉了。」他對好友抱怨，「但我就是沒把法表達出來。」精疲力竭的他就著一頭亂髮，倒頭往桌上的雙臂上一趴。

我們如今重讀他這話裡的不確定感，還是可以感受到門得列夫當時內心的挫折。

天色晚了。從莫斯科開往特維爾的下午班次即將出發，馬車也再次等在外頭街上，車伕在漸漸暗去的午後日光中佝僂著身子禦寒。面對眼前這一大片攤在桌上的紙牌，門得列夫已經沒有時間一一詳查其間的關連，也沒有時間細思每一種假設的優缺點。他必須速戰速決：隨便猜、靠直覺做決定。幸運的是，直覺正是他的強項。

門得列夫憑直覺注意到的是元素和接龍遊戲的相似性。在接龍遊戲中，紙牌必須同花色隨著牌的數字由高往低排，如下圖。

門得列夫在元素中想找到的也跟這頗類似：將元素依相似性質排列的模式（如同紙牌花色），而每族元素的先後順序則依其原子量（就像接龍中同花色紙牌依數字大小排列），如下圖。

這個他稱之為「化學接龍」遊戲，顯然證實了門得列夫一開始的直覺，同時也看到了更進一步的可能

性——即在鹵族、氧族和氮族元素間出現的那個有缺陷的模式。這下子全部都兜起來了。

此時窗外的天光已隨著夜幕低垂而暗淡成夜色。門得列夫雖然已疲憊不堪，但他知道現在不能停下來。他一心只想著自己就快要有重大發現這件事。

沒想到的是，這時的他卻不敵濃濃睡意。他往前一趴，把頭靠在手腕上，把一桌紙牌都壓在下面。他幾乎立刻就睡著了，並且做了一個夢。

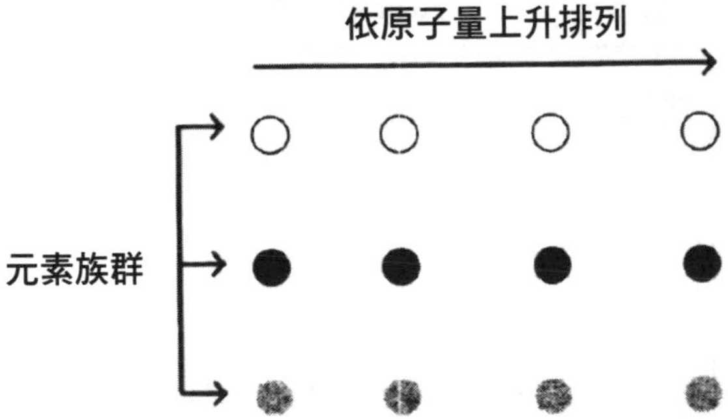

第十四章　週期表

據門得列夫所述：「我在夢中看到一個表，裡頭所有元素全都排得工工整整的。醒來後，我立刻依樣把它寫在一張紙上。」門得列夫在夢中想通了一個道理，那就是，當元素依其原子量排列時，其性質會依週期間隔反覆出現。因為這樣，他將自己的發現命名為元素週期表。

下頁圖是門得列夫在兩週後所發表的劃時代論文「元素系統之建議」中所繪週期表設計。從最左邊縱列由上往下，可以看到元素依原子量增加排列。橫列的元素則依其相似漸變性質排列。

我們可以看到，第二縱列的元素很像紐蘭茲的八音律，但在原子量較重的元素上就沒有出現這規律。同樣地，德貝萊納和德．項古德瓦所找到的模式也出現在門得列夫週期表中。門得列夫的週期表遵循了一種沒那麼嚴格的模式，不過這個模式似乎能

ОПЫТЪ СИСТЕМЫ ЭЛЕМЕНТОВЪ.

ОСНОВАННОЙ НА ИХЪ АТОМНОМЪ ВѢСѢ И ХИМИЧЕСКОМЪ СХОДСТВѢ.

			Ti=50	Zr=90	?=180.
			V=51	Nb=94	Ta=182.
			Cr=52	Mo=96	W=186.
			Mn=55	Rh=104,4	Pt=197,4.
			Fe=56	Rn=104,4	Ir=198.
			Ni=Co=59	Pl=106,6	Os=199.
H=1			Cu=63,4	Ag=108	Hg=200.
	Be=9,4	Mg=24	Zn=65,2	Cd=112	
	B=11	Al=27,4	?=68	Ur=116	Au=197?
	C=12	Si=28	?=70	Sn=118	
	N=14	P=31	As=75	Sb=122	Bi=210?
	O=16	S=32	Se=79,4	Te=128?	
	F=19	Cl=35,5	Br=80	I=127	
Li=7	Na=23	K=39	Rb=85,4	Cs=133	Tl=204.
		Ca=40	Sr=87,6	Ba=137	Pb=207.
		?=45	Ce=92		
		?Er=56	La=94		
		?Yt=60	Di=95		
		?In=75,6	Th=118?		

Д. Менделѣевъ

門得列夫的週期表。

夠涵蓋所有已知元素。

然而，就連門得列夫也不得不承認，乍看之下，這模式中有些說不過去的地方。首先，要是所有元素都依其相似性質排成橫列，就會發現當中有些元素的原子量並不是由低往高排列：比如說，在縱列第三列最下面的釷元素（Th＝118）。

針對這個情形，門得列夫對原子量提出質疑，認為測量可能錯誤。他甚至很有自信地宣稱，科學界是錯的，他才是對的！而且對於週期表中說不過去的地方，他的主張更是大膽。在找不到有符合該模式的元素的位置上，他乾脆就不填任何元素。他預測這些空白處將來會有新元素來填補，只是現在還沒發現而已。比如說，在第九橫列（硼族元素由B＝11開始往右），他推測將來會有一個未知的元素介於鋁（Al＝27.1）和鈾（Ur＝116）之間。他將這個元素命名為類鋁（eka-aluminium），並預測其原子量應該是六十八。他甚至還預測其化學性質會介於鋁和鈾之間。同樣地，在下一排橫列的碳族元素以C＝12開始，他預測在矽（Si＝28）和錫（Sn＝118）之間會發現一個新元素，他填入「？＝70」，稱此元素為類矽（eka-silicon），並形容其可能性質。

雖然他的週期表有這些不符模式的地方，門得列夫很有把握自己是正確的。另一項證據也可以證實他的看法無誤。在他週期表中顯示的這個模式，和用元素的原子價所排出的順序是完全吻合的，原子價是原子與其他原子結合能力的數字。例如，鋰元素（週期表中Li＝7）的原子價是一。也就是說，要是其原子是顆球，那它就有一支「手臂」讓它可以和其他原子結合。在排序上下一個原子量是鈹元素（Be＝9.4），其原子價是二，所以它可以和另外兩顆原子結合。其後的元素硼（B＝11）原子價是三；接著則是碳（C＝12）原子價是四。然後後面元素的原子價又往下掉，我們可以看到這一列排下來的原子價是：一、二、三、四、三、二、一。這個週期性的增減在整排原子量排列中，差不多都會依這模式重覆下去。但是，如果將元素像他的週期表那樣依性質相似垂直排列，那同族元素多半會有相同的原子價。可以看到在氮族元素（即由N＝14開始，由上往下數第十一列）其原子價都是三。往下一列的氧族元素（由O＝16開始），原子價都是二；再往下一列，該族元素原子價都是一。不過，同樣地，還是有一些元素不依這個原子價模式呈現，或者該元素不能依這順序排列，但門得列夫還是很有把握地說，這些不合模式的情形有一天能得到解釋。他始終深信這個被他稱為「週期定律」的模式就是正確答案。正如他日後所說：「雖然在一些抽象問題上我不是那麼有把握，但我對於這個定律的可涵蓋性一點懷疑都沒有，因為這不是碰運氣得來的。」

但其他化學家並不認同。所謂的「定律」在俄羅斯科學界太常被濫用了：缺乏西方科學界的嚴謹。簡言之，這份週期表有太多破綻。門得列夫怎麼能以部分元素的原子量計算有誤作為藉口？從未聽說過一個科學理論是建立在科學錯誤之上。

不過不用多久，門得列夫的週期表就獲得來自他最意想不到的支持。德國科學家朱利厄斯·梅耶（Julius Meyer）發表了一篇論文，稱這份週期表是他發現的。他這個說法可不是資訊不充足所造成的巧合這麼簡單。

門得列夫和梅耶兩人的人生有很多地方的確有許多重疊之處。在門得列夫來到海德堡就學後數年，梅耶也來到海德堡，跟隨本生和克許赫夫這兩位發明光譜分析法並發現了遠在太陽表面的新元素的知名科學家學習。不過梅耶不像門得列夫那樣怒氣沖沖地離開本生的實驗室，所以他從兩位恩師那獲得對於元素性質的深刻知識（而不像門得列夫那樣落得要關在自己租屋處，就著克難實驗室研究酒精與水的可溶性）。梅耶也參加了一八六〇年在卡爾斯魯厄舉辦的化學大會，而且也和門得列夫一樣受到坎尼乍若那番應以原子量為本的激昂發言所感召。

梅耶的研究方向與門得列夫相似，這讓他幾乎在同一時間發現了和門得列夫幾乎完全一樣的元素間模式。那麼，為什麼後來週期表的發現會歸功於門得列夫呢？首先，門得列夫的週期表論文是在一八六九年三月一日發表的，離他最初發現時僅隔兩週，梅耶卻一直拖到隔年才發表他的研究成果。另外更關鍵的是，梅耶論文中的結論比較沒那麼有把握。關於他發明的週期表中一些解釋不過去的地方他也未加以解釋——那些不依序列的元素，那些無法歸入特定類型的元素，以及一些空白處，都未獲得解釋。當反對者指出梅耶「定律」和事實落差的地方時，梅耶也無話可說。反觀門得列夫，他能夠一一提出他的說法。面對所有不利的「證據」，他願意據理力爭以支持自己這份創見。

不過科學界沒這麼快就接受他的理論也是可以理解的。畢竟科學定律怎能靠還沒有發現的東西來證明呢？想靠未發現的化學元素來支持理論真的是天方夜譚。隨著時間的流逝，門得列夫在化學界的地位越來越見動搖，卻始終未見足以支持他這瘋狂主張的科學證據出現。具備「類鋁」或「類矽」性質的新元素始終沒被發現。事實上，一八六九年以後化學界在新元素的發現上更是乏善可陳。然而，在一八七四年夏末，巴黎的法國科學院收到一封法國化學家保羅・勒考・德・波瓦布德朗（Paul Lecoq de Boisbaudran）非常慷慨激昂的信，信中他宣告：「前天晚上，也就是一八七五年八月二十七日凌晨三點到四點之間，我從庇里牛斯山〔Pyrenees〕的皮耶菲特〔Pierrefitte〕取來的硫化鋅（zinc sulfide）樣本中發現了一種新元素。」他依拉丁文中法國國名高盧（Gallia）將此元素命名為鎵（gallium）。雖然有人認為勒考並非出於愛國、又無關個人的動機而命名。因為勒考的名字 Lecoq 是法文的公雞之意[35]，而公雞的拉丁文正是 gallus。

勒考新發現的這個元素的原子量正好就是六十九，而其化學性質則顯示它屬於硼族元素，就介於鋁和鉈之間。這個新發現元素鎵正好就與門得列夫所預測的類鋁元素吻合。但當勒考計算鎵的比重時，發現它的比重是四・七——而門得列夫預測的類鋁

35 譯注：公雞的法文為 le coq，le 是冠詞。

元素比重則是五．九。這麼大的落差讓人難以忽視。會不會門得列夫其他的「預測」只是恰巧蒙對了而已？

門得列夫一聽說勒考實驗室結果與他的預測不吻合，他的反應一如往常。他立刻寫信給勒考，指出他的鎵元素樣本肯定不夠純粹，並建議他用其他鎵元素樣本再重覆一次實驗。勒考依言行事，採用更大量的樣本加以精密純化。這次他發現鎵比重果然是五．九，正如門得列夫所預測！

五年後，又傳來另一項結果證實他的理論不假。在一次針對最近在弗萊堡（Freiburg）附近礦場發現的硫銀鍺礦（argyrodite）的例行性分析中，德國化學家克雷蒙斯．溫克勒（Clemens Winkler）發現當中有之前無人發現的元素。他將之命名為鍺（germanium，以他的祖國命名）。在幾次小幅修正其週期表後，門得列夫計算出類矽的原子量不是七十，而是接近七十二——不過在元素其他方面性質的預測上維持不變。他預測這會是一個暗灰色的金屬元素，性質介於矽和錫之間，比重會是五．五，其氧化物的比重會是四．七，與氯的化合物比重則會是一．九。溫克勒果然發現鍺元素是有著金屬光澤的灰色物質，原子量為七二．七三，比重為五．四七，氧化物比重為四．七，氯化物比重則為一．八八七。這一來，再也沒有人可以質疑門得列夫的週期定律了。

隨著週期表的誕生，化學這門學科終於成熟了。就像是幾何原理、牛頓物理學和達爾文生物學一樣，化學也有了一個核心概念，從中可以建立新的研究領域。門得列夫為宇宙的基石做好了分類。

門得列夫很清楚這個發現會帶動科學深遠的發展。他預測未來他的週期表可能可以找到宇宙的起源、生命的模式、甚至是物質的終極秘密。他預測的這些事後來果然成真，但卻不是他預測的那樣。早在門得列夫生前，就已經有人發現週期表中有些元素會衰變。門得列夫無法接受這件事：對他而言，週期表是絕對不變的。但是沒想到的是，卻正是這些會衰變元素在週期表中的位置，讓科學家瞭解到元素週期的奧秘。原子並非最不可分割的粒子。核子物理因此誕生了。隨後，透過核子物理，又可以產生許多獨特的亞原子粒子（subnuclear particles）。有沒有可能這些亞原子粒子也會遵循一個類似元素週期表的模式呢？一九八一年，美國物理學家默里．蓋爾曼（Murray

Gell-Mann）效法門得列夫週期表之舉，提出亞原子粒子的分類表，他稱之為「八重道」（eightfold way），將粒子依性質用類似門得列夫最早用來分類元素的方法分類排列。但現代科學進展神速。如今，八重道也遭遇了跟門得列夫週期表相同的命運。八重道分類中的粒子被發現並非絕對的粒子，它們似乎含有更小的組成成分，也就是超弦（superstring）。

不過，雖然科學日新月益，門得列夫最初發現的週期表依然是現代化學的基礎。它被用來預測各種原子元素分子組合可能具有的性質，這在合成複雜的新藥時特別有用。同時，這個表中關於每個原子元素與其他原子結合能力的分析，也帶來化學界最耀眼的進步。如果沒有這些知識，我們就不可能瞭解極其複雜的ＤＮＡ分子（即「生命模式」）的構成。

門得列夫認為週期表有助於揭示宇宙起源的預測，也被證明不是胡說。宇宙學家就在推測宇宙誕生初始的大爆炸（Big Bang）後，從核粒子基礎（大爆炸前三秒）到最早原子形成（其後一百萬年）中間究竟發生了什麼事。這些最初的原子如何演變成週期表這麼結構複雜的元素，是宇宙演變的奧秘所在。我們知道宇宙是如何開始的；

門得列夫則讓我們瞭解這些原子發展到現在的樣貌。而從宇宙之初到現況中間的過程，是我們現在正在努力拼湊的。

自門得列夫最初發現後，元素週期表過去一百多年來經歷數次調整和重新排列。但現代的週期表版本（有好幾種版本）全都是萬變不離其宗，依著門得列夫的架構。這中間加入了超過原始週期表一倍的新元素，其中有一整族元素是新加入的，還有好幾種後來重新分類的元素。元素的性質、價和重量現在都知道是因為亞原子粒子在原子內的排列所造成的。但核子物理大致上證實了門得列夫最早關於原子量、空白元素位置、及其性質的預測。這些結果都來自依複雜的實驗證據所做的完整解釋，但門得列夫當時只能憑推測而得。門得列夫在一八六九年二月十七日所發現的，是人類兩千五百年歷史的累積：是人類追求點石成金和長生不老的野心所寫成的一則放蕩不羈的寓言故事。

一九五五年，元素一〇一被發現了，也放在門得列夫週期表所預測的位置上。這個元素被命名為鍆（mendelevium），以表揚門得列夫卓越的功蹟。物如其名，這是一個不穩定元素，會自發產生核分裂。

延伸閱讀

因為這本書是為大眾所寫的，我就不列出完整的參考書目。文中的引用大多有標明出處，許多相關著作也已在文中提及。下文僅列出我在每章所引用的書目，供進一步閱讀參考。

在搜尋相關資料時請注意：門得列夫的英文拼法 Mendeleyev 是將俄文西里爾字母用英文字母拼成。其英文拼法有很多種。本書使用的是英文中最合理的譯法，也是最普遍的。但其拼法並沒有正式規定使用哪一種，所以也有人採用其他種拼法（在書名、索引、論文等中）：Mendeleev（門得列夫本人用英文簽名時是這麼簽的）、Mendeléev、Mendeléïev、Mendeleïeff、Mendeleyeff，還有許多種不在此列。

前言

- *Dmitri Mendeleiev*, Paul Kolodkine, Paris, by Seghers, 1961. 法文。少數非俄文的門得列夫傳記。
- ‘On the Question of the Psychology of Scientific Creativity (On the Occasion
- of the Discovery by D. I. Mendeleev of the Periodic Law)’, by B. M. Kedrov, 出自
- *Soviet Review*, Vol. 8, 2 (1967), pp. 26-45. 對於發現過程的詳細研究，譯自俄文。
- ‘Factors Which Led Mendeleev to the Periodic Law’, by Henry M. Leicester, 出自 *Chymia*, Vol. 1 (1948).

第一章　話說從頭

- *Lives of Eminent Philosophers*, by Diogenes Laertius, London, Heineman, 1980. 此書是關於古代哲學家主要參考著作，可看性很高，但不見得都可靠。
- *A History of Western Philosophy*, Vol. 1, The Classical Mind, by W. T. Jones, New York, Harcourt Brace, 1970. 在古代哲學家科學思想上講得特別好的一本書。

- *The Discovery of the Elements*, by M. E. Weeks and H. M. Leicester, Journal of Chemical Education (US), 1968. 這本探討詳盡的著作全長達五百頁之多。書中有許多迷人的小故事，在撰寫本書過程我曾參考。

第二章　鍊金之術

- *Through Alchemy to Chemistry*, by John Read, London, Bell, 1957.
- *The Origins of Alchemy*, by Jack Linsay, London, Muller, 1970.
- *Avicenna: His Life and Works*, Soheil M. Afnan 著 , London, Allen & Unwin, 1958. 非常迷人的傳記，將僅有可靠的資料發揮得淋漓盡致。

第三章　天才與胡言亂語

- *History of Chemistry*, by J. R. Partington, London, Macmillan, 1962. 此書共四冊，是早年的必備著作；我全部都詳加拜讀過了。
- *Dictionary of Scientific Biography*, ed. C. C. Gillespie, New York, Scribner's, 1974. 這十

六冊的科學家傳記參考必讀作品，我撰寫本書時亦拜讀全作。

- *Alchemy and Mysticism*, by Alexander Roob, London, Taschen, 1998. 共七百頁附圖作品：豐富的時代背景與難得的資訊。

第四章　帕拉塞爾瑟斯

- *Paracelsus: Magic into Science*, by Henry M. Pachter, New York, Schuman, 1971. 這是關於帕拉塞爾瑟斯寫得最好的一本英文傳記。
- *Crucibles: The Story of Chemistry*, by Bernard Jaffe, Dover, 1998. 有一章簡短介紹帕拉塞爾瑟斯生平寫得很好。其他章則論及化學史上頂尖人物。
- *Gillespie's Dictionary of Scientific Biography* 其中第十冊的詳細介紹特別有幫助。

第五章　嘗試與錯誤

- *The Rainbow: From Myth to Mathematics*, by Carl B. Boye, New York, 1959. 此書將弗萊堡放入歷史大架構中，讓我們看到完整的來龍去脈。關於庫沙的尼可拉斯請見

Gillespie, op. cit., Vol. 3.

- *Nicholas Copernicus*, Fred Hoyle 著 , London, Heinemann, 1973. 由同時代頂尖天文學家所寫，有很多深入的專業見解。
- *Giordano Bruno: His Life and Thought*, by Dorothy Waley Singer, New York, Schuman, 1950. 可能依然是關於他最好的一本泛論傳記。

第六章　科學的元素

- Galileo: A Life, by James Reston jnr, London, Cassell, 1994. 最新出版關於伽利略的傳記，相當簡短但言簡意賅。
- *Descartes: An Intellectual Biography*, by Stephen Gaukroger, Oxford, OUP, 1995. 對於笛卡兒哲學與科學相當實用的探討，雖然書名似乎專指他的學術部分，但其實也提供相當詳細的一生紀錄。
- *Francis Bacon: The History of a Character Assassination*, by Nieves Mathews, New Haven, Yale UP, 1996. 糾正許多過去關於培根的迷思有，相當有幫助的一本書。

- *A Historical Introduction to the Philosophy of Science*, by John Losee, Oxford, OUP, 1993. 關於這個經常讓人眼花撩亂的主題的最詳盡指南。

第七章　浴火重生的科學

- *The Life of the Honourable Robert Boyle*, by R. E. W. Maddison, London, Taylor & Francis, 1969. 非常詳盡的傳記，有許多當代的細節、非常引人入勝。
- *Isaac Newton: The Last Sorcerer*, by Michael White, London, Fourth Estate, 1997. 這是較新的牛頓傳記，聚焦於他較具爭議性的鍊金術研究。
- *Van Helmont: Alchemist, Physician, Philosopher*, by H. Stanley Redgrove and I. M. L. Redgrove, London, William Rider, 1922. 這是英語唯一有關他的傳記，不容易找到且很短。

第八章　前所未見

- 前述提到的 Weeks 與 Leicester 的著作，有關於這主題的詳盡描述，包括發現者的生平細節。

- *Man and the Chemical Elements*, by J. Newton Friend, London, Charles Graham, 1951. 關於元素與發現者非常有意思的一本書
- 卡爾·席勒的傳記並無英文版，但在 *Dictionary of Scientific Biography*, Vol. 12, pp. 143-50. 中，他的生平與作品都有概括記載。
- *The Chemical Elements*, by I. Nechaev and Gerald Jenkins, Diss (Norfolk), Tarquin, 1997. 以簡短通俗的方式敘述化學元素與其他化學故事，非常值得一讀。

第九章　燃素之謎

- 並無關於貝夏的英文著作，但他的一生總論可在前面提到的 Jaffe 的著作中找到。史塔爾也沒有專門的傳記，但在 *Great Chemists*, ed. Eduard Farber, Interscience, 1961 中有一章簡短提到他的生平。
- *Joseph Priestley*, by F. W. Gibbs, London, Nelson, 1965. 關於這位傑出科學家最好的一本暢銷傳記。

- *Cavendish*, by Christina Jungnickel and Russell McCormmach, American Philosophical Society, 1996. 對這位了不起的科學家和其了不起的研究說得很詳盡，還有許多插圖。

第十章　破解燃素之謎

- *Lavoisier: Chemist, Biologist, Economist*, by Jean-Pierre Poirier, University of Pennsylvania Press, 1996. 譯自法文、非常詳盡的傳記，不管在其生活、研究和時代都巨細靡遺。
- *Lavoisier*, by Ferenc Szabadvary, University of Cincinnati,1977. 較短但非常有意思的傳記，譯自匈牙利文。
- *Fontana History of Chemistry*, by William H. Brock, London, Fontana, 1992. 關於化學史最好的一本暢銷書，有幾章談到燃素論化學家和拉瓦節寫得特別好。

第十一章　化學方程式

- *John Dalton and the Atom*, by Frank Greenaway, London, Heinemann, 1966. 對於道耳頓和其時代非常易懂又有許多細節的暢銷傳記，在科學和時代方面都寫得很好。
- *Enlightenment Science in the Romantic Era*, ed. Evan Melhado and Tore Frangsmyr,Cambridge, CUP, 1992. 談到貝齊里厄斯的化學以及十九世紀初的文化背景。

第十二章　尋找看不到的結構

- 對於德貝萊納和德．項古德瓦最詳盡的敘述出現在 *Dictionary of Scientific Biography*.
- *Chemical Age*, 59 (1948), 其中有一篇由 J. A. Cameron 所寫的文章標題為 'J-A. R. Newlands (1837-1898), A Pioneer Whom Chemists Ridiculed'.
- *History of Chemistry*, by Partington, Vol. 4, Part 4, 講述了更多找尋元素間模式過程中的細節。
- John Emsley 所寫 The Development of the Periodic Table 一文，收錄於

Interdisciplinary Science Reviews, Vol. 12 (1987).

第十三章　門得列夫

- *Eminent Russian Scientists*, by Cicely Kodiyan, Delhi, Konark, 1992. 記錄門得列夫之前與之後的頂尖科學家傳記的書籍。

第十四章　週期表

- *The Periodic System of the Elements: A History of the First Hundred Years*, by J. W. van Spronsen, London, Elsevier, 1969. 概論門得列夫之後的相關發展。
- *Graphic Representations of the Periodic System during One Hundred Years*, by Edward G. Mazurs, University of Alabama, 1974. 談論從門得列夫週期表出現後週期表的改變。

國家圖書館出版品預行編目(CIP)資料

門得列夫的夢：從四元素、煉金術到週期表，跨越 2500 年的化學與人類思想演進的故事 / 保羅．史查森 (Paul Strathern) 著；顏涵銳譯．-- 初版．-- 新北市：日出出版：大雁出版基地發行，2024.07
408 面；14.8*20.9 公分
譯自：Mendeleyev's dream : the quest for the elements
ISBN 978-626-7460-69-6(平裝)
1.CST: 門得列夫 (Mendeleyev, Dmitry Ivanovich, 1834-1907)
2.CST: 元素週期表 3.CST: 化學 4.CST: 歷史 5.CST: 傳記
340.9 113008702

門得列夫的夢

從四元素、煉金術到週期表，跨越 2500 年的化學與人類思想演進的故事

Mendeleyev's Dream: The Quest for the Elements

作　　者 保羅．史查森(Paul Strathern)
譯　　者 顏涵銳
責任編輯 李明瑾
封面設計 張　巖
內頁排版 陳佩君
發 行 人 蘇拾平
總 編 輯 蘇拾平
副總編輯 王辰元
資深主編 夏于翔
主　　編 李明瑾
行　　銷 廖倚萱
業　　務 王綬晨、邱紹溢、劉文雅
出　　版 日出出版
發　　行 大雁文化事業股份有限公司
地址：新北市新店區北新路三段 207-3 號 5 樓
電話：(02) 8913-1005　傳真：(02) 8913-1056
劃撥帳號：19983379 戶名：大雁文化事業股份有限公司
初版一刷 2024 年 7 月
定　　價 680 元

ISBN 978-626-7460-69-6